图4.14

图4.15

图4.16

图4.17

图4.18

图4.19

图4.20

图4.21

图4.22

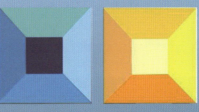

图4.23

图4.25

图4.26

图4.30

图4.42

图4.48

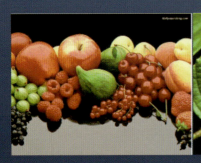

图4.49

图5.3

图5.10

图5.13

图6.5　　　　　　　　　　　　图6.6

  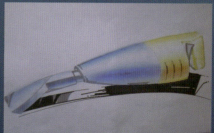

图6.7

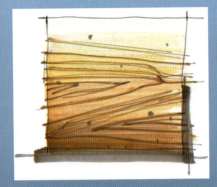

图6.15

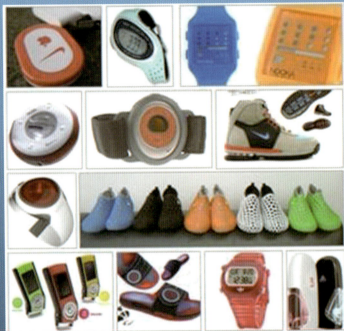

图8.12

图9.1　　　　　　　　　图10.7

图8.2

图10.29　　　　　　　　图10.43

"十二五"普通高等教育规划教材

21世纪高等院校艺术设计系列实用规划教材

工业设计概论

主　编　吴夕兴　高　敏
副主编　张志强　刘英丽
参　编　桑瑞娟　许丽君

内 容 简 介

本书内容包括设计和工业设计、工业设计简史、工业设计的主要特性、工业设计造型基础、工业设计工程基础等十部分。本书主要内容基本涵盖了广义工业设计所包括的产品设计、视觉传达设计、环境设计等各个方面的内容，并全面介绍了工业设计相关学科的相关知识和所需掌握的专业技能。本书内容紧扣当今设计学的热点、难重点，教学知识体系较为完整。本书各章中包含与内容紧密相关的实例和图片，以加深学生对知识要点的理解，也可增加教学的生动性和趣味性。

本书可作为高等院校工业设计、产品设计专业及艺术设计类专业学生的教材，也可作为工学、管理学等相关专业的选修课教材，同时可供从事工业设计工作的人员参考。

图书在版编目(CIP)数据

工业设计概论/吴夕兴，高敏主编. —北京：北京大学出版社，2015.11
（21世纪高等院校艺术设计系列实用规划教材）
ISBN 978-7-301-26354-9

Ⅰ.①工… Ⅱ.①吴…②高… Ⅲ.①工业设计—高等学校—教材 Ⅳ.①TB47

中国版本图书馆 CIP 数据核字（2015）第 237059 号

书　　名	工业设计概论
著作责任者	吴夕兴　高　敏　主编
责任编辑	孙　明
标准书号	ISBN 978-7-301-26354-9
出版发行	北京大学出版社
地　　址	北京市海淀区成府路 205 号　100871
网　　址	http://www.pup.cn　新浪微博：@北京大学出版社
电子信箱	pup_6@163.com
电　　话	邮购部 010-62752015　发行部 010-62750672　编辑部 010-62750667
印刷者	三河市博文印刷有限公司
经销者	新华书店
	889 毫米×1194 毫米　16 开本　18 印张　彩插 2　527 千字
	2015 年 11 月第 1 版　2021 年 7 月第 3 次印刷
定　　价	46.00 元

未经许可，不得以任何方式复制或抄袭本书之部分或全部内容。
版权所有，侵权必究
举报电话：010-62752024　电子信箱：fd@pup.pku.edu.cn
图书如有印装质量问题，请与出版部联系，电话：010-62756370

前言

国际工业设计协会(International Council of Societies of Industrial Design，ICSID)于2015年在韩国召开第29届年度代表大会，将沿用多年的"国际工业设计协会"正式改名为"国际设计组织"(World Design Organization，WDO)，会上发布了工业设计的最新定义：(工业)设计旨在引导创新，促发商业成功，以及提供更好质量的生活，是一种将策略性解决问题的过程应用于产品、系统、服务及体验的设计活动。(工业)设计是一个跨学科的专业，将创新、技术、商业、研究及消费者紧密联系在一起，共同进行创造性活动，将需解决的问题、提出的解决方案进行可视化，并重新解构问题，将其作为建立更好的产品、系统、服务、体验或商业网络的机会，提供新的价值及竞争优势。(工业)设计是通过其输出物对社会、经济、环境及伦理方面问题的回应，旨在创造一个更好的世界。简单来说，(工业)设计是一种战略性地解决问题的方法和流程，它能够应用于产品、系统、服务和体验，从而实现创新、商业成功和生活品质提升。工业设计概论是工业设计专业的一门专业基础课，作为工业设计专业的入门级课程，其重要性不言而喻。工业设计概论作为一门以设计理论为主的基础课程，其教学内容决定了它很难像其他专业课程一样容易激发学生学习的兴趣，这必然会增加任课教师的教学难度。在实际教学过程中，学生普遍反映这门课程的内容广而杂，而且市面上的同类教材大多比较晦涩，不易理解，且实例、图片等都较学科前沿滞后。

本书克服了同类教材的不足，其整体编写风格较为活泼，实例、图片丰富有利于学生理解消化，使学生在预习及课外阅读时不会遇到太大困难。全书共十章，按照"设计和工业设计→工业设计简史→工业设计的主要特性→工业设计造型基础→工业设计工程基础→工业设计设计表现→工业设计与相关学科→产品设计→环境设计→视觉传达设计"的顺序，由简至详，全面介绍了工业设计相关内容。本书教学体系结构如下：每一章前面介绍本章的教学目标和教学要求；每章后面附有与教学内容紧密相关的思考题，可供任课教师提问、课堂讨论和课后布置作业。由于是基础课程，因而本书将重点集中在基础部分，每章都在原来比较枯燥的理论部分分别穿插相应的实例和图片，通过各种实例把概念讲透，并让学生真正理解各种基本概念，而不仅仅是停留在概念本身。这样不仅加深了理解，而且增加了教学的生动性和趣味性，更激发了学生的学习兴趣，从而大大提高教学效果。本书针对现有部分同类教材存在的时效性不强，知识更新率不高等缺点，把国内外最新的知识和学科最前沿的知识补充到其中，并紧扣当今设计教学的热点、难重点，全面讲述设计学的知识体系，以扩充学生知识面。

通过本书的学习，学生能够了解工业设计的概念、特征、学科范围、发展历史等，了解工业设计师所需的能力及知识结构，了解工业设计的基本工作过程和思维方式，掌握工业设计的基础理论，从而逐步树立正确的设计观念和设计意识，较早地了解后续学习中应着重发展的能力及素质，为今后深入学习其他专业课程奠定坚实的基础。

本书的主编为吴夕兴老师和高敏老师，副主编为张志强老师和刘英丽老师，参编为桑瑞娟老师和许丽君老师。吴夕兴老师和高敏老师负责全书的总体思路和统稿，以及第 1 章、第 2 章、第 5 章～第 7 章的编写；张志强老师负责第 3 章、第 4 章、第 10 章的编写；刘英丽老师负责第 8 章、第 9 章的编写；桑瑞娟老师和许丽君老师参与了部分章节的编写。在本书的编写过程中遇到了很多困难，在此真诚感谢为我们编写团队提供的大力支持的学校领导，以及曾经帮助过我们的周仁和老师、高雅老师等！

由于编者水平有限，加之编写时间仓促，所以书中难免存在不足之处，恳请广大读者批评指正。

编 者

2015 年 9 月 25 日

目 录

第 1 章 设计和工业设计 / 1

    1.1 设计的概念 / 3

    1.2 设计的领域 / 10

    1.3 设计的基本原则 / 14

    1.4 设计展望 / 22

    思考题 / 29

第 2 章 工业设计简史 / 30

    2.1 设计萌芽阶段 / 32

    2.2 手工艺设计阶段 / 33

    2.3 工艺美术运动 / 39

    2.4 新艺术运动 / 42

    2.5 德意志制造联盟 / 45

    2.6 格罗皮乌斯与包豪斯 / 46

    2.7 20 世纪二三十年代的流行风格 / 49

    2.8 设计师的职业化 / 50

    2.9 第二次世界大战后工业设计的发展 / 52

    2.10 设计的多元化发展 / 59

    2.11 信息时代的工业设计 / 62

    思考题 / 65

第3章 工业设计的主要特性 / 66

3.1 工业设计的文化内涵 / 67
3.2 工业设计对企业的服务性 / 85
3.3 工业设计与环境 / 91
思考题 / 98

第4章 工业设计造型基础 / 99

4.1 形与态 / 101
4.2 形态的构成 / 104
4.3 色彩的基础知识 / 108
4.4 色彩与造型 / 111
4.5 产品造型要素及形式美法则 / 117
思考题 / 129

第5章 工业设计工程基础 / 131

5.1 关于工程材料 / 133
5.2 成形工艺 / 143
5.3 表面技术知识 / 150
5.4 数字化技术知识 / 155
思考题 / 160

第6章 工业设计表现 / 162

6.1 设计速写 / 164
6.2 手绘效果图表达 / 167
6.3 计算机辅助工业设计 / 174
6.4 设计模型制作 / 177
思考题 / 182

第 7 章 工业设计与相关学科 / 183

    7.1 人机工程学 / 185

    7.2 设计心理学 / 193

    7.3 产品语义学 / 199

    思考题 / 202

第 8 章 产品设计 / 203

    8.1 产品设计概述 / 205

    8.2 产品设计的要素 / 208

    8.3 产品设计的流程 / 214

    8.4 工业设计师应该具备的素质 / 222

    思考题 / 223

第 9 章 环境设计 / 224

    9.1 环境设计概述 / 226

    9.2 环境设计的要素 / 229

    9.3 室内环境设计 / 232

    9.4 园林设计 / 242

    9.5 城市规划设计 / 244

    9.6 景观设计 / 247

    9.7 室内外装修设计的未来趋势 / 249

    思考题 / 250

第 10 章　视觉传达设计 / 251

　　10.1　视觉传达设计概述 / 252

　　10.2　视觉传达设计的特征及原则 / 256

　　10.3　视觉传达设计的要素 / 263

　　10.4　视觉传达设计的主要领域 / 272

　　思考题 / 276

参考文献 / 277

第 1 章　设计和工业设计

教学目标

掌握设计的概念。

了解对于设计定义的不同观点。

了解各种中国传统设计思想。

掌握设计的领域划分。

掌握工业设计的概念。

了解设计的各种原则和各种设计趋势。

教学要求

知 识 要 点	能 力 要 求	相 关 知 识
设计	(1) 掌握设计的概念； (2) 了解设计具有目的性和创造性	设计的概念和不同观点
传统设计思想	(1) 了解现存各种古籍中的先进设计思想； (2) 了解各种传统设计思想对现代设计的影响	传统设计思想
设计的领域划分	(1) 了解设计的领域划分标准； (2) 掌握设计的各种领域； (3) 掌握工业设计的概念	工业设计
设计的各种原则	(1) 了解设计的几个设计原则； (2) 理解各个设计原则含义	设计原则
未来设计展望	了解工业设计的发展趋势	设计理念

基本概念

设计：设计就是设想、运筹、计划与预算，是人类为实现某种特定目的而进行的创造性活动。

工业设计(广义)：广义的工业设计是指在工业革命之后具有批量生产工业化特征阶段的现代设计。

工业设计(狭义)：狭义的工业设计是指就批量生产的工业产品而言，凭借训练、技术知识、经验及视觉感受，而赋予材料、结构、构造、形态、色彩、表面加工、装饰以新的品质和规格。根据当时的具体情况，工业设计师应当在上述工业产品全部侧面或其中几个方面进行工作，而且，当需要工业设计师对包装、宣传、展示、市场开发等问题的解决付出自己的技术知识和经验及视觉评价能力时，这也属于工业设计的范畴(1980年ICSID对于工业设计的定义)。

要了解工业设计，首先要了解什么是设计。对于设计，不同的学者、专家、设计学家都有不同的观点和看法。设计存在于人类的整个活动轨迹中，是人类为改造世界所进行的创造性活动。现存的一些中国古代书籍所展示的传统设计思想，与现代设计中某些设计理念交相呼应。按照不同的标准，设计可以分为不同的领域，包括了广义和狭义的工业设计。同时，为了使设计更加有序地进行，工业设计还需要一些评价的尺度，即工业设计的各种原则。随着时代的发展，工业设计也在不断前进，并衍生出不同的发展方向。通过本章学习，可以对设计和工业设计有一个大概的了解。

1.1 设计的概念

1.1.1 什么是设计

所谓设计，按照语义可以简单解释为设想与计划。"设计"的产地不是中国，中国古代是没有"设计"这个词的。中国古代书籍《周礼·考工记》中有："设色之工，画、缋、锺、筐、㡛。"从工艺流程来看，锺、筐、㡛是材料的准备过程，画、缋应该是最后的完成过程，也是最重要的设色过程。这里"设"的词义是"制图、计划"的意思。

而《管子权修》中有"一年之计，莫如树谷，十年之计，莫如树木，终身之计，莫如树人。"这里"计"字有计划的意思。

在《说文解字》中，有对"设""计"二字的字义进行的解释。设：施陈也，从言役。役，使人也。"设"，就是陈列摆设的意思。言，指以语言完成。役，指可运旋的物，转意为使役。从言字旁与役，是表达以言语，来使役人的意思。计：会算也，从言十。计就是合计、计算的意思。言，指思考。十，指具体的数(相对于抽象的数)。从言字旁与十，是表达以思考、以言语来完成具体的数的计算。这里，"设计"则有人为设定，先行计算，预估达成的含意。

《新华字典》将设计解释为"在做某项工作之前预先设定方案、图样等"。"设"在汉语中作为动词，有安排、建立、构筑、陈列、假设等含义，由此复合为设置、设想、设法、陈设、设施、设计等词。"计"在汉语中动词、名词兼用，名词有计谋、诡计等；动词有计算、计议、计划等。计议、计划又有名词的词性，因此"计"作为名词有计划、策划、筹划、计算、审核等意。"设计"一词几乎综合和包容了"设"与"计"的所有含义，从而具有较为宽泛的内涵。

《现代汉语词典》中，将"设计"一词解释为"在正式做某项工作前，根据一定的目的和要求，预先制定方法、图样等。"

日本《广辞苑》(相当于我国的《新华字典》)辞典中将汉字"设计"解释为："在进行某项制造工程时，根据其目的，制定出有关费用、占地面积、材料，以及构造等方面的计划，并用图纸或其他方式明确表达出来。"在这里，设计包含了两层含义，一层与计划有关，另一层与表达有关。设计应是进行计划后并进行表现的整个过程。

设计的英文为"design"，最初来自于拉丁语 designare 或 designum(名词)，意思是指"将计划表现为符号，在一定的意图前提下进行归纳"。"design"作图案解释是在15世纪前后，曾定义为："以线条的手段来具体说明那些早先在人的心中有所构思，后经想象力使其成形，并可借助熟练的技巧使其显现的事物"。在19世纪，"design"用来表示对工艺美术品或者大量生产的产品的外表进行美化与修饰，属于艺术和美术领域，所以当时的设计家同时也是装饰图案或花样设计家。20世纪二三十年代，科学技术的发展和工业经济的繁荣使得设计的中心不再是装饰和图案，而是逐步转向对产品的材质、结构、功能和美的形式进行规划与整合，反映出工业化大生产(批量生产)前提下赋予设计以时代的意义。

英文"design"有多重意义：①设计，订计划；②描绘草图，逐渐完成精美图案或作品；③对一定目的的预定与配合；④计划、企划；⑤意图；⑥用图章、图记来表达与承认事件。其中①与②与目前我国设计专业所称的"设计"最接近。

设计是把一种计划、规划、设想通过视觉的形式传达出来的活动过程。人类通过劳动改造世界、创造文明、创造物质财富和精神财富，而最基础、最主要的创造活动是造物。设计便是造物活动进行预先的计划，可以把任何造物活动的计划技术和计划过程理解为设计。总之，设计就是设想、运筹、计划与预算，是人类为实现某种特定目的而进行的创造性活动。以下是对于设计的不同定义和对设计的不同理解：

一般来说，设计这一字眼包容了我们周围的所有物品，或者说，包容了人的双手所创造出来的所有物品(从简单的日常用具到整个城市的全部设施)的整个轨迹。——瓦尔特·格罗皮乌斯(包豪斯设计学校 BAUHAUS 的创始人和第一任校长)

设计对我而言，是探索生活的一种方式，它是探讨社会、政治爱情食物，甚至设计本身的一种方式，归根结底，它是关于建立一种象征生活完美的乌托邦的或隐喻的方式。当然，对我而言，设计并不一定限于那些或精或简的工业生产的或好或坏的产品提供某种形式。——埃托·索特萨斯(后现代设计领袖、艺术家、建筑师、工业设计师，玻璃设计师、出版者、理论家和陶艺家)

原始的形体是美的形式,因为它使我们能清晰的辨识。轮廓线是纯粹的精神的创造,它需要造型艺术家。——靳·柯布西埃(现代主义建筑设计大师)

设计并不是对制品表面的装饰,而是以某一目的为基础,将社会的、人类的、经济的、技术的、艺术的、心理的多种因素综合起来,使其能纳入工业生产的轨道,对制品的这种构思和计划技术即设计。——莫霍利·纳吉(包豪斯现代设计大师)

当我能够把美学的感觉和我的工程技术基础结合起来的时候,一个不平凡的时刻即将到来。——雷蒙德·罗维(美国设计大师)

设计是为赋予有意义的次序所做的有意识和有动机的努力。——维克多·巴巴纳克(堪萨斯大学教授写在《为真实世界而设计》一书中的表述)

人活在世上主要做两件事:一是改变物体的形状和位置;一是使别人这样做——罗素(英国哲学家)

设计是为构建有意义的秩序而付出的有意识的直觉上的努力。第一步,理解用户的期望、需要、动机,并理解业务、技术和行业上的需求和限制。第二步,将这些所知道的东西转化为对产品的规划(或者产品本身),使得产品的形式、内容和行为变得有用、能用、令人向往,并且在经济和技术上可行。(这是设计的意义和基本要求所在)——维克多·帕帕奈克(工业设计师)

设计是追求新的可能。——武藏野(日本设计大师)

人们的生活行为、过程是对设计具有真正作用的直接外因,这种外因决定了设计的产生和演变。研究设计最根本的是要通过研究设计的外因,得出人的真正需求,并把它转化为产品。——柳冠中(我国著名的教育专家,工业设计专业的创始人之一,原系中央工艺美院工业设计系主任,现为清华大学责任教授)

设计源自心灵,是为地球上一切有生命的东西而存在。——程能林(现为全国普通高等院校工业设计专业教学指导组组长,享受国务院特殊津贴专家,湖南大学教授)

所谓设计,指的是把一种计划、规划、设想、问题解决的方法,通过视觉的方式传达出来的活动过程。它的核心内容包括三个方面,即:①计划、构思的形成;②视觉传达方式,即把计划、构思、设想、解决问题的方式用视觉的方式传达出来;③计划通过传达之后的具体应用。——王受之(我国设计理论和设计史专家)

1.1.2 中国古代设计思想

早在几千年前,中国古人就提出了他们的设计观。不得不说,中国古人是很有智慧的,他们提出的许多观点在千百年后被后人证明是非常正确和有先见之明的。在这里我们以《考工记》《老子》《天工开物》为例,来介绍我国历史上曾经出现过的一些设计思想。

1.《考工记》及其设计思想

《考工记》(图1.1)是我国先秦时期一部详细记载古代工艺的书籍,全书7100多字,涉及的内容非常广泛,对运输和生产工具、兵器、乐器、容器、皮革、染色、建筑的设计和制作都做了规范性总结。《考工记》的结构可分为两部分:前一部分为总论,论述百工的重要,把百工与王公、士大夫、商旅、农夫、妇功同列为国家六职之一。后一部分记载了轮人、舆人、辀人、筑人、冶人、桃人六大类30个工种的内容,反映出当时中国所达到的科技及工艺水平。它蕴含着丰富的设计思想,其中"实用"和"审美"对现代设计仍具有积极的指导意义。而且古代匠人在造物的过程中,除了首先考虑实用与审美外,还会下意识地将一些更深层次的思想意识和他们所造之物联系起来,从而使得造物具有一种超脱造物本身之上的特殊含义,这种无形的韵味我们只能去体会联想、感悟,是只可意会不可言传的。

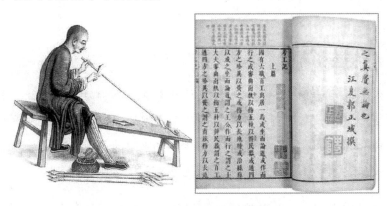

图1.1 《考工记》及其中制箭场景

《考工记》中的设计思想水平很高,"物以致用"的设计理念在现代设计中仍然很受重视。其所提倡的工巧,是使用技艺,并不赞成烦琐的设计。《考工记》里"天有时,地有气,材有美、工有巧,合此四者然后可以为良。"这段话是中国古代传统设计思想中一个十分重要的美学观和价值标准。它所强调的是人与人、人与社会、人与自然的相辅相成,和谐共生。"天时、地气、材美"共同构成了生机勃勃的自然环境。而且那时的人们已经认识到大自然虽然没有意志和目的,但是它有自己的客观规律,并且这种规律是不以人的意志为转移的。但《考工记》指出了人虽然无法控制大自然,但是可以利用自然规律来改造自然界,这就是书中提出的建立在协调"天时、地气、材美"

的基础上的"工巧"之造物原则。所以"巧工"应尊重大自然,其设计行为应遵循自然规律;能主动认知材质之美,并在设计中做到合理地选材及用材;当然,巧工全面而精湛的技术也是设计成功的关键所在。更可贵的是,除了基本的"实用"和"审美"设计思想外,古代匠人们更加崇尚和追求物外之理、物外之意。他们造物的过程并不是机械地制作,更像是在和一个生命对话、交流,可以说是真正意义上的和谐设计。虽然有些设计思想不符合现代设计思维,但是对于防止现代设计功利化、设计中传统文化的丢失、设计使自然环境进一步恶化、设计的不可持续性都具有积极的意义。

《考工记》中具有丰富的科技内容,反映了先秦时期我国古代科学技术领域的成就,英国科学史家李约瑟博士认为《考工记》是"研究中国古代技术史的最重要的文献"。

2.《老子》及其设计思想

《老子》(图1.2)对古今中外的思想和文化都产生了深远的影响。老子的人本主义观揭示了艺术设计必须以人为中心,人性化设计就必须按照老子天人合一的思想,做到"人化"与"物化"的统一,同时满足人们物质和精神的双重需要,"天下万物生于有,有生于无"(《老子》第四十章),整个人类、生物世界诞生于有限现实世界,而有限现实世界是由无限的本原世界创造的。"道生一,一生二,二生三,三生万物"(《老子》第四十二章),道创造了常有与常无统一的宇宙无限,天、地、人类与生物诞生于这无限。老子论述了宇宙是如何生成的,提出了其宇宙生成论,但并没有否认人类的存在。老子进一步提出,"人法地,地法天,天法道,道法自然"(《老子》二十五章),既然道是以自身独立自在的自身为法则,那么,作为最终由道生成,最终"法道"的人,也就完全应该以自然、自由独立的方式去生存,这充分体现了老子的人本主义观点天人合一,人和自然的关系不是对立的,而是亲密无间,互融互通,统一于道,作为人类造物的艺术设计也不能例外。作为设计客体的物,必须体现物的自然属性,符合物的自然规律,也即要顺其自然,设计的主体及设计物的使用者是人,必须满足人的独立自在生存法则,符合人性,而且这两者必须统一。

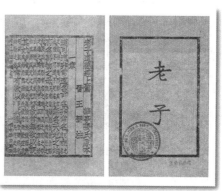

图1.2 老子及《老子》

老子的施法自然的观点在现代著名设计师的作品中屡屡得到诠释。赖特(Frank Lloyd

Wright,1869—1959)是美国的一位最重要的建筑师,在世界上享有盛誉。赖特提倡"有机建筑",他认为建筑之所以为建筑,其实质在于它的内部空间。他倡导着眼于内部空间效果来进行设计,"有生于无",屋顶、墙和门窗等实体都处于从属的地位,应服从所设想的空间效果。这就打破了过去着眼于屋顶、墙和门窗等实体进行设计的观念,为建筑学开辟了新的境界。这种思想的核心是"道法自然",就是要求依照大自然所启示的道理行事,而不是模仿自然。自然界是有机的,因而取名为"有机建筑"。

案例 1:流水别墅(图 1.3)建立在瀑布之上,赖特实现了"方山之宅"(house on the mesa)的梦想,悬空的楼板铆固在后面的自然山石中。在材料的使用上,流水别墅也是非常具有象征性的,所有的支柱,都是粗犷的岩石。别墅主要的一层几乎是一个完整的大房间,通过空间处理而形成相互流通的各种从属空间,并且有小梯子与下面的水池联系。在正面的窗台与天棚之间,是一金属窗框的大玻璃,虚实对比十分强烈。流水别墅整个构思非常大胆,它也是世界最著名的现代建筑之一。

图 1.3 流水别墅外观及内部

案例 2:Whiting 住宅(图 1.4)位于美国爱达荷州太阳谷,是赖特为私人所设计的住宅。Whiting 住宅位于山谷上方,根据所在的地势延伸,主人的私人空间和客房朝向相反的两端伸展,两个地点各自都有独特而引人入胜的景色,可以看到远山。起居空间位于房子中央,且在车库上方抬升起的一层上。一个斜坡从外部引导人进入可关闭的入口,入口处左转即是上层的起居室。拱顶用胶合板制作,内部多装饰以朴素的木材材质。该建筑完成于 1991 年,是赖特的另一名作。

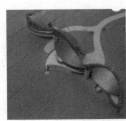   

图 1.4 Whiting 住宅模型、内部、入口及平面图

"有机建筑"主张建筑应与大自然和谐,就像从大自然里生长出来似的,并力图把室内空间向外伸展,把大自然景色引进室内;相反,城市里的建筑,则采取对外屏蔽的手法,以阻隔喧嚣杂乱的外部环境,力图在内部创造生动愉快的环境,这和几千年前中国古人的观点不约而同。

除"施法自然"理念和对中外建筑产生巨大影响的"有无"思想外,老子的"大象无形""有形之器传达无形之象"的道器设计观,"大巧若拙""天人合一"的形态观,"五色"与"五行"的色彩观,"有之以为利,无之以为用""朴散为器,大制不割"的设计技术观,都体现了老子朴素的设计思想和设计理念。另外,老子的"自然、无为"和"知足、节俭"等思想对当今社会提倡合理利用资源,保护生态环境,实现可持续发展具有重要意义,同时也与生态设计的理念是相通的,对于在现代设计中正确处理好人与自然的关系也可起到借鉴作用。

3.《天工开物》及其设计思想

宋应星的《天工开物》(图1.5)是我国明代末年出现的一部重要的手工业技术专著,书中保留了大量的手工业生产技术、工艺美术资料、手工业的器物制作规范和制造工艺,几乎涵盖了除漆器之外造物设计的各个方面,同时阐述了一些重要的设计思想和设计原则。"天工"意思是自然的职能,或者自然形成的技巧;"开物"是指人工开发万物;《天工开物》这一书名,其意思是人凭借自然界的工巧和法则开发万物。从书名的含义看,作者把"天工"与"人工"看作一个对应统一的系统,在这一系统中自然与人这两个要素既相互对立,又相互协调,这就是说,自然界有其自身产生和运动的规律,是不以人的意志为转移的。人应效法天,按天道(自然)运行的法则办事,取得天人协调的效果。《天工开物》记载的种种工艺技术,每个技术单元系统都一律包括3个要素:法、巧、器。法指各种产品的设计方法和工艺操作方法,如冶炼之法、纺织之法等;巧指参与生产的劳动者的操作技能;器指生产中使用的各种工具和设备。设计之法固然重要,但只有通过巧与器才能实现法。《天工开物》不仅是部优秀的技术著作,而且也包含了作者对于古代儒、法诸家重民生实用的设计思想。

图1.5 宋应星与《天工开物》及内部插图

中国五千多年的文明发展史中,对传统文化的继承与发扬,形成了中华民族一脉相承的文化积淀。中国传统的设计思想在很大程度上促进了传统设计观的形成,同时也深深影响了现代设计。现代设计中的实用、经济、美观、以人为本等设计观点,正是对传统设计思想传承、延伸的结果。

1.2 设计的领域

如今,设计所涉及的内容和范围越来越广泛,甚至包括整个人类的需求。

按照艺术的存在形式进行分类,可将设计分为一维设计、二维设计、三维设计和四维设计。一维设计,泛指单以时间为变量的设计;二维设计,也称平面设计,是针对在平面上变化的对象,如图形、文字、商标、广告的设计等;三维设计,也称立体设计,如产品、包装、建筑与环境等;四维设计,是三维空间伴随一维时间(即 3+1 的形式)的设计,如舞台设计等。

按工艺特点分类,可将设计分为传统设计和现代设计,如图 1.6 所示。传统设计是指手工业阶段及之前所有的手工业设计;现代设计(广义工业设计)是指在工业革命之后具有批量生产工业化特征阶段的设计。广义的工业设计大体上包括产品设计(狭义工业设计)、视觉传达设计和环境设计 3 个领域。狭义的工业设计是指与立体的工业产品有关的设计。下面主要从传统设计和现代设计这个分类角度进行介绍。

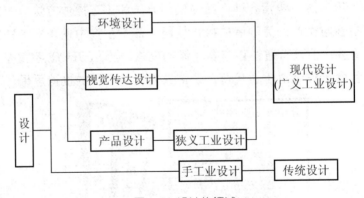

图1.6 设计的领域

1.2.1 传统设计

传统设计是指对以传统的手工工艺手段制作的产品所做的设计,也就是工艺美术设计。在进入资本主义之前,手工工艺最终形成了两大流派,一派是继承了实用产品的"用""美"结合、以用为主的手工工艺的优良传统;另一派则失去了产品的实用价值开创了几乎仅有象征价值的陈列工艺品制作的先河。进入了资本主义社会后,占人口绝大比例的第三阶级民众,开始了对各种实用产品最广泛的现实需求。当采用传统的手工工艺制作实用产品的生产手段再也无法满足日益增长的需求时,终于导致了产业革命,导致了以工业化手段对实用产品的生产,也导致了手工工艺的衰落。

1.2.2 现代设计

现代设计(广义工业设计)是由现代的生产手段生产的既有实用价值,又具象征价值的一切实用品的设计。现代设计出现在工业革命之后,与传统设计有很大的区别,最根本的区别在于现代设计与大工业化生产和现代文明的密切关系,与现代社会生活的密切关系,这是传统设计所不具有的。现代设计是以社会的进步、批量生产和大众市场的形成、新产品和新生活方式的出现、技术与艺术的关系变化等为背景而出现的。它既是工业化大批量生产的技术条件下的必然产物,又是设计界改变专为权贵服务的方向,转而提出要为民众服务的口号下的产物,是设计民主化的进程。同时,现代设计的产生也是基于中产阶级日益在社会生活中起主导作用、社会日益向消费时代转化、科技的发展、世界结构的变化等因素。现代设计在不同国家、不同地区有不同的模式和发展,其内容包括产品设计(狭义工业设计)、视觉传达设计和环境设计 3 个领域。

1. 产品设计

产品设计(狭义工业设计)主要是指和产品有关的设计。工业设计既是为了满足最广大的社会需求,又是立足于产业基础上的行为。所以它在实现以人为本设计理念的同时,在进行投资之前,必须有能取得被广大消费者所接受,又能广泛销售的确实形态这一目标,应当是能以获得利润的成本来制造的形态。

产品是指能够提供给市场,被人们使用和消费,并能满足人们某种需求的任何东西。关于产品设计的本质可以这样说:人类基于某种目的,有意识地改造自然,创造出自我本体以外的其他物质。这种基于生活需要所发明制造的物品,除了实用性外,还应包括美感及社会性的动机和用途。其中,实用性是指物体被使用的价值和功能;美感是指物品被使用的价值和功能;社会性是指物品在生活中所扮演的角色。一般来说,设计出来的物品多半具有双重价值,甚至于上述 3 种价值共存,只是各自的价值程度不同而已。

"工业设计"一词是工业化发展的产物,目前较为权威的是 ICSID 在 1980 年第 11 次年会上公布的对工业设计的定义:"就批量生产的产品而言,凭借训练、技术知识、经验及视觉感受而赋予材料、结构、形态、色彩、表面加工以及装饰以新的品质和资格,叫作工业设计。根据当时的具体情况,工业设计师应在上述工业产品的全部侧面或其中几个方面进行工作。而且,当需要工业设计师对包装、宣传、展示、市场开发等问题的解决付出自己的技术知识和经验以及视觉批评能力时也属于工业设计的范畴。"随着世界工业和社会、经济、科学技术的不断发展,其内容也在不断更新。一般狭义工业产品的对象,主要有以下几种。

1) 家用产品

家用产品是指用于家庭和类似家庭使用条件的日常生活用产品，这类产品是面向广大消费者的产品，是工业设计中最大宗的重要对象，包括厨房用品、卫生间用品、园艺用品、家用电器、个人电器、家具、服饰与床上用品、家居用品等。家用产品具有使用范围广，消耗量大，更新换代周期短，与日常生活紧密相关等特点，是工业设计的主要设计对象。如何使家用产品的设计更符合使用者的使用习惯，更方便人们的生活起居，与使用环境和家居氛围更加协调，是家用产品设计的设计重点。

2) 商业服务业产品

商业服务业是社会经济链条中的重要一环，商业服务业产品包括餐饮业专用厨房用品、美容业专业用美容用具、办公用具、医疗器械、自动售货机、机场码头用具、旅游相关设施等，移动通信、传媒、咨询、中介、会展、物流等也属于现代商业服务业的范畴。商业服务业产品与家用产品不同，具有公共性、流通性等特点。现代化城市要求使其成为重要组成部分，现代商业服务业必须与其发展相适应，因此相关产品也必须满足现代人群和现代化城市的发展需求。随着城市的发展和生活水平的提高，要求商业服务业产品更舒适、更便捷、更有效率，符合现代化城市的功能，使人与自然、人与环境、人与社会全面协调、实现可持续地发展。

3) 交通运输工具

交通运输业包括陆路运输、水路运输、航空运输、管道运输和装卸搬运 5 大类。交通运输工具是人类出行及运输的代步工具，包括汽车、飞机、航天器、火车、自行车、船类、地铁等交通工具和运输工具。其中家用汽车随着社会的发展正占据越来越多的市场份额，成为新的消费热点。家用轿车的造型、舒适性、安全性、性价比、节能等条件成为消费者购买的主要考虑因素。概念车(Concept Car)是一个汽车公司是否具有设计潜力和设计实力的衡量标杆。概念车可以理解为未来汽车，汽车设计师利用概念车向人们展示新颖、独特、超前的构思。概念车可以体现该公司的新设计、新技术，具有一定消费导向。概念车是展示一个公司设计及工程团队专门技术及提升品牌特色的最佳方式。

4) 生产机械与设备

生产机械与设备是指农、林、渔、牧等第一业务与各类工矿企业等第二产业中所需的生产机械与设备。这类产品往往既不是民用机械，有时也不是批量生产，如何利用设计来提升他的附加价值，在商业上的考虑往往不如前几类那么强烈。随着社会的发展，这类产品不仅要满足功能和安全的要求，而且越来越需要从工业设计角度出发进行考虑。在这类设备设计中，必须按照一定的美学原则进行设计，如尺度与比例、对称与均衡、过渡与呼应等，按照色彩规律，使造型与结构相结合，获得整体和谐的审美效果。近年来，我国的工业机械和设备在工业设计方面都有了较大进步。

2．视觉传达设计

视觉传达设计是对人与人之间实现信息传播的信号、符号的设计，是一种以平面为主的造型活动。人类利用视觉、听觉、嗅觉、味觉、触觉5种感觉器官，来感知形、音、色、味表面状态及重量等各种信息，其中视觉所接受的信息最多。据统计，人类的信息83%来自眼睛，11%来自耳朵，其余的6%来自其他感觉器官。视觉性信息传达具有特殊的重要性。

视觉传达设计这一术语流行于1960年在日本东京举行的世界设计大会，其内容包括报纸杂志、招贴海报及其他印刷宣传物的设计，还有电影、电视、电子广告牌等传播媒体，它们把有关内容传达给眼睛从而进行造型的表现性设计统称为视觉传达设计，简而言之，视觉传达设计是"给人看的设计，告知的设计"。

从视觉传达设计的发展进程来看，在很大程度上，它是兴起于19世纪中叶欧美的印刷美术设计(Graphic Design，又译为"平面设计""图形设计"等)的扩展与延伸。随着科技的日新月异，以电波和网络为媒体的各种技术飞速发展，给人们带来了革命性的视觉体验。而且在当今瞬息万变的信息社会中，这些传媒的影响越来越重要。设计表现的内容已无法涵盖一些新的信息传达媒体，因此，视觉传达设计便应运而生。

视觉传达设计是通过视觉媒介表现并传达给观众的设计，体现着设计的时代特征和丰富的内涵，其领域随着科技的进步、新能源的出现和产品材料的开发应用而不断扩大，并与其他领域相互交叉，逐渐形成一个与其他视觉媒介关联并相互协作的设计新领域。

视觉传达设计多是以印刷物为媒介的平面设计，从发展的角度来看，视觉传达设计是科学、严谨的概念名称，蕴含着未来设计的趋向。就现阶段的设计状况分析，视觉传达设计的主要内容主要是Graphic Design，一般专业人士习惯称之为"平面设计"。"视觉传达设计""平面设计"在概念范畴上的区分与统一，并不存在着矛盾与对立，当然"视觉传达设计"所包含的设计范畴在现阶段较"平面设计"范围更为广泛。

3．环境设计

环境设计是以整个社会和人类为基础的，以大自然空间为中心的设计，也称空间设计。环境艺术设计的叫法，始于20世纪80年代末，当时的中央工艺美术学院室内设计系为仿效日本，而将院系名称由"室内设计"改成"环境艺术设计"。一时间，全国众多设计院校步其后尘，纷纷效法。在中国，"环境艺术设计"就是指室内装饰、室内外设计、装修设计、建筑装饰和装饰装潢等，尽管叫法很多，但其内涵相同，都是指围绕建筑所进行的设计和装饰活动。环境艺术设计广义的概念和范围几乎涵盖了地球表面的所有地面环境和与美化装饰有关的所有设计领域。

环境设计从广义上理解，主要是指景观环境设计，如按环境空间划分的类别，可分为室内环境设计与室外环境设计。室内环境设计内容主要包括空间环境设计、灯光环境设计、装饰装潢设计及由温度、湿度、照度等组成的物理环境设计；室外环境设计内容主要包括景观建筑设计、雕塑、绘画、色彩及其他相应的实用工艺美术的设计、园林植物造景设计、景观构筑设施设计、道路广场铺装设计、灯光环境设计、垒山理水设计等。

产品设计、视觉传达设计、环境设计只是对工业设计的一个大概分类，其分类范围多有重叠，如家具设计既是产品设计的一个重要组成部分，又是环境设计不可缺少的内容，因此属于产品设计和环境设计的交叉部分。包装设计是产品设计的附属和扩展部分，是产品运输、销售过程必需的，但它同时符合视觉传达设计的定义，因此又属于视觉传达的范畴。认识工业设计的分类要从宏观角度出发，以便正确了解广义工业设计的包括范围及分类依据。

1.3 设计的基本原则

在设计活动中，为了使设计过程合理有序，设计的结果完美地实现其目的，人们通常要遵守一定的原则。设计的基本原则是指设计应当遵从的一般准则，这些准则是指导设计过程和进行设计评价的基本标准。设计的几个原则之间并不是孤立的，而是彼此联系、制约的。设计的原则既是设计的规范，又是评价的尺度。设计的基本原则一般包括以下几个方面。

1.3.1 实用性原则

"虽有乎千金之玉卮，至贵而无当，漏不可盛水"，这句话出自两千多年前战国时期的思想家韩非子之口，意思是一个酒杯价值千金，但若是它漏了不能盛酒，也就失去了基本的功能，就没有了使用价值。因此，在设计时必须要遵循实用性原则。实用性原则是指设计对象为实现其目的而具有的基本功能。其实，人类最初始的目的就是在自身的生存，为了生存所采取的一切手段与方式都必须尽可能有效地服务于这一目的。也就是说，手段与方式必须是实用的。于是，实用性就成为人类能动性活动的最初和最基本的原则。不管怎样,实用性必将永远是设计的重要原则之一,因为它是保证人类造物功能性的基础和前提。实用性原则体现了人类务实和理性精神,以及设计以人为本的特点。只有满足生活的切实需要,设计才能反映设计的最终目的,才能真正反映时代特征和人类共同的意愿。

人类历史上最初的设计是从有益于人类生存的实用性出发,甚至原始的审美标准也是以实用性为基础。当一种设计可以减轻劳动量或者有利于人类生存,其造型会使人产生愉悦感,最基本的审美法则即由此而来。物之所以为物,是因为物可以为之用,能够满足人的某种需求,因此实用性是设计的最基本原则。

原始设计中不乏实用性设计的佼佼者,如图 1.7 所示的小口尖底瓶。小口尖底瓶是仰韶文化半坡类型的典型水器,用作汲水。因为其底尖,容易入水,入水后由于浮力和重心关系自动横起灌水;因为口小,搬运时水又不容易溢出。正是由于这些优点,小口尖底瓶成为仰韶文化最为典型的器类之一,也充分反映了当时科学知识的萌芽,体现了先人们通过长期实践,对物体的力学原理和平衡原理已经有了初步认识。比较其他容器的使用,尖底瓶具有非常方便的适用性。同时,其细颈的设计,便于手握和肩膀背,灌满水后不易漫出,能有效保持水量;尖底可以很容易地插入泥土,这个设计也体现了原始设计的实用性要求。

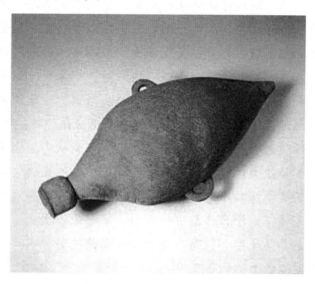

图 1.7 小口尖底瓶

课堂提问:卡洛曼壶(图 1.8)由法国艺术家卡洛曼(Carelman)设计,卡洛曼称之为"专为受虐狂设计的咖啡壶"。由于壶嘴和壶柄在同一侧,而几乎无法使用。但它却是一件被许多人珍视的收藏品。这个设计是否有意义?

图1.8 卡洛曼壶

点评：产品设计必须考虑到其实用性，作为水壶，作为盛水与用水的容器，应具有方便倒水的功能，以达到使用目的。卡洛曼壶造型新颖，然而在功能方面存在明显不足，由于壶嘴和把手在同一侧，倒水时极为不便，作为批量生产的产品，是不成功的，可以被视为一件体现某种设计情感的艺术作品。

1.3.2 美观性原则

美观性原则是指设计要体现时代和社会的审美情趣，体现设计物本身的特色。无论从形态、色彩还是功能上，要让大多数人在视觉、触觉、听觉、味觉等方面得到美的体验。对于设计而言，美观性原则主要指的是外观美。因为人们视觉接触的首先是物的外观，诸如造型、线条、色彩等，给人第一感官的印象非常重要，它往往左右着人们的购买行为。但对设计的美观原则，不能片面地停留在把它看成是外在的造型、装饰或某些外加的因素，即把它看成是纯粹的外在因素，应该"由外而内"，从外观的美透视到内在的深层次因素，只有从内在因素与外观美的统一综合，作出对美的整体效果的评判，才能符合美观原则的正确性与客观性。美观性原则是设计师应该把美学标准作为设计的首要准则，"按照美的规律"来设计，消费者也必然"按照美的规律"对设计作品进行评价。同时由于历史、民族等因素，社会上还存在有广泛性的共同美感，只有在尊重共同美感的前提下，才能设计出为社会大众喜爱并具有艺术生命力的作品来。

1. 艺术审美的基本法则

"美是各部分的恰当比例，再加上悦目的颜色。"（圣·奥古斯丁）人类在长期的社会实践中积累和总结出的形式美的一些基本法则，如统一与变化、比例与尺度、对比与调和、对称与均衡、稳定与轻巧、节奏与韵律、过渡与呼应等，也是设计的基本美学法则，从而使之更符合人们对产品的审美需要。在设计中，结构、外观、色彩等都可以依据一定的美学法则进行具体设计活动,也是设计作品宜人性的一个重要方面。

案例 3:尺度比例关系是在古希腊建筑中非常重要的理论,很多古希腊建筑都利用此关系来进行设计,达到完美效果。被称为最完美的雅典帕提农神庙(图1.9),其正立面的各种比例尺度一直被作为古典建筑的典范,正面符合多重黄金分割矩形,立面高宽比、柱高与柱顶至屋顶距离之比,均十分接近黄金比例。这样的比例使古希腊建筑富有艺术感与美感。

图1.9 雅典帕提农神庙

案例 4:装饰性元素也是为实现美观目的而进行的设计手段,表现在设计的多个领域中,如产品表面的装饰性纹理、纹样,建筑物的装饰性雕刻及配件,包装设计上的装饰性图案等,范围非常广泛。在现有技术支持下将各种平面图案添加到产品表面,修饰产品外观。如2008年北京奥运会火炬"祥云"(图1.10),造型为卷轴,其上的装饰纹样为对中国古代的祥云图案的现代设计,凸显了装饰图案的美感,浮雕形式也具有特别的装饰效果。

图1.10 北京奥运会祥云火炬

2. 设计审美的社会性和时代性

这里的审美不是个体的审美,而是普遍性的美学标准。不同时代,不同民族,不同社会环境,审美口味和审美要求也不会相同,设计应根据审美格调的改变做相应调整,满足使用者心理和精神双重需要。如图 1.11 所示为电饭煲的造型演变。

图 1.11 电饭煲造型演变

那么，艺术创作之美与设计之美的区别在哪里呢？艺术创造与批量生产的产品虽然都是人造物，但两者之间有着天壤之别。艺术创造与一般的设计很不同，艺术的创造者直到最后才知道自己创造了什么东西。这种不确定性和随机性，是艺术家工作的本质。在艺术家的创作中，不是预先对自己的作品有一个明确的概念，然后再去创造，而是创造活动与概念生成同时进行，两者相互依赖。而设计却是一种有计划的步骤，最后的产品，是设计者预先设计好的，在制造之前就知道它的形态和特征。设计者的工作要按照预先设定的图样和规则进行，因而是标准化和规则化的。另外，艺术创造主要追求的是一种精神上的满足，而设计的目的是有一定的功能性，体现一定的技术感的。设计之美体现了艺术之美，设计之美不等于艺术之美。因此，对设计之美的评价和艺术之美的审美评价是不完全相同的。

设计之美还包括技术之美。技术美不同于艺术美，是一种与工程技术有关的美，结合功能的要求和审美要求，核心为功能美，表现为技术上完善，外形上美观，使用上舒适。实用、结构、工艺、材料等方面，都可以产生技术美。

案例 5：埃菲尔铁塔(图 1.12)设计新颖独特，是世界建筑史上的技术杰作。整体结构形式为钢架镂空结构，建筑层数为 4 层，其中一、二楼设有餐厅，第三楼建有观景台，从塔座到塔顶共有 1711 级阶梯，极为壮观华丽。除了 4 个脚是用钢筋水泥之外，全身都用钢铁构成，塔身总重量 7000 吨。铁塔采用交错式结构，由 4 条与地面成 75°角的、粗大的、带有混凝土水泥台基的铁柱支撑着高高的塔身，内设 4 部电梯。它使用了 1500 多根巨型预制梁架、259 万颗铆钉、12000 个钢铁铸件，并且没有用一点水泥，技术之美在这里得到淋漓尽致的体现。埃菲尔铁塔是世界上第一座钢铁结构的高塔，就建筑高度来说，当时是独一无二的。它和纽约的帝国大厦、东京的电视塔同被誉为西方三大著名建筑。

图 1.12　埃菲尔铁塔

案例 6：不同工艺、制造水平给人的审美感觉比较如图 1.13 所示。在 4 张图中，从左向右分别是工艺从高到低的效果展示。相同的结构条件下，部件制作的工艺水平较高时，视觉方面也会随之具有技术美感。如从图 1.14 中，我们可以看出正品和"山寨产品"工艺差别所引起的视觉感受差异。当工艺水平低下，部件给人的视觉感受因为细节部分的拙劣缺少美感。

图 1.13　精密、均匀、粗糙、劣质不同工艺水平的视觉感受

图 1.14　经典产品的正品和"山寨产品"

1.3.3　经济性原则

能够顾及加工制造方法的简化及材料方面的节约的设计才是好的设计。经济性原则即设计要充分考虑经济核算问题，考虑原材料费用、生产成本、产品价格、运输、储藏、展示、推销等费用的便宜合理。在一般情况下，力求以最小的成本获得最适用、优质、美观的设计。设计必须考虑从材料选择到使用过程中整个经济价值实现的全过程，而不是简单意义上的便宜与价廉。

产品的生命周期指产品从进入市场开始，直到最终退出市场为止所经历的市场生命循环过程，分为导入期(Introduction)、增长期(Growth)、成熟期(Mature)、衰退期(Decline)4个阶段。绝大多数产品的市场需求量将经历逐渐增长至一个最高点后再逐步下降的过程，因此，根据产品的类型和所处生命周期阶段，设计也应做相应调整，以期获得更多价值。

1.3.4　创新性原则

创新是产生新事物的过程，是通过引入新概念、新思想、新方法、新技术等，或对已有产品的革新来创造具有相当社会价值的事物或形式。中国工程院院士、浙江大学校长潘云鹤曾说，创新有两类，第一类是原理的改变，是从无到有的创新，原理上发生变化；第二类创新是在第一类的基础上进行改进，这类改进更符合使用者的行为习惯和个性需要。今天我们所处的时代是一个高度现代化、信息化的社会，新材料、新技术的不断涌现，新思想、新观念的产生为创新提供了肥沃的土壤。设计应以人的需求为出发点，综合各方面知识，创造各种创新模式，实现社会发展与技术进步。

1．独创性

设计是一种创造性解决问题的过程，设计的创意应是与众不同的，而不是依葫芦画瓢。当设计失去了创造性，设计也就不称之为设计了，重点在于在不同于前人的看法与思路中，找出最新和最佳的方案。只有从多角度考虑问题，利用创新性思维，才能够产生众多新颖的设计。海尔集团创新设计了海尔画架系列电视并荣获德国 IF 产品设计金奖(图 1.15)，采用画架的创意，可以在一定范围内调整观看的角度，并通过位于框架内的不同按钮可以让用户找到最适合的角度，多元化的观看和使用体验为用户带来了新的可能性。该产品为如何展现电视推出了一个新的概念，设计巧妙的框架可以让电视挂靠在墙上，并美化了整个装置。

图 1.15　海尔"画架"电视

海尔在全球推出的第一款"不用洗衣粉"的洗衣机产品是我国家电企业实施技术创新的典型案例。对于洗衣，多年来已经形成了必须要借助化学物质，才能够将衣物真正清洗干净的习惯。洗衣机也是要添加洗衣粉才能够达到清洗衣物目的，并没有太多的改变。该产品的"不用洗衣粉"功能带来的绿色、环保、不伤衣物等个性化特点，具有创新亮点。

2．合理性

设计贵在创新，在超前和独创与大众消费观中找到平衡点。著名设计大师罗维的设计原则为"MAYA"原则"设计要非常先进，还要可以被接受"(Most advance yet acceptable)就是这个含义。设计的最终目的是人，要考虑到使用者的使用感受和接受程度，独创性是有前提和条件的。

案例7：图1.16所示为蛋清、蛋黄分离器，该设计通过一个人物的头部造型完成整个分离过程，蛋清从人物的鼻孔中流出，蛋黄留在头部容器内。整个设计可以完成其功能，但从鼻孔中流出的蛋清和鼻涕非常相像，因此绝大多数人对于该设计较为反感，不愿意使用。

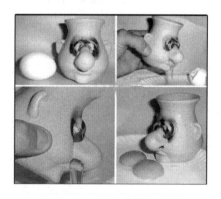

图1.16　蛋清、蛋黄分离器

案例8：Chrysler Airflow公司利用先进的空气动力学知识设计了著名的"第一辆流线型汽车"(图 1.17)，由著名设计师和工程师共同完成。由于造型上打破了常规给人们带来了心理落差，因此被认为非常丑陋。虽然在功能方面非常优秀，也进行了大规模的宣传，但在销售方面遭遇了市场的惨败。Chrysler Airflow公司是设计史上因为设计超出大众的接受范围而失败的一个典型案例。

图1.17　第一辆流线型汽车

1.4 设计展望

1.4.1 绿色设计

在很长一段时间内，工业设计在为人类创造了现代生活方式和生活环境的同时，也加速了资源、能源的消耗，对地球的生态平衡造成了巨大的破坏。工业设计的过度商业化，如"有计划的商品废止制"等，使设计成了鼓励人们无节制消费的重要手段，这些都迫使设计师重新思考与定义工业设计。20 世纪 80 年代以来，不少设计师尝试通过设计活动，协调人、社会、环境之间的关系，探索工业设计与人类可持续发展的可能途径，绿色设计(Green Design)的概念应运而生，并成为当今工业设计发展的主要趋势之一。绿色设计源于人们对于现代技术文化所引起的环境及生态破坏的反思，体现了设计师的道德和社会责任心的回归。绿色设计着眼于人与自然的生态平衡关系，在设计过程中充分考虑环境因素，尽量减少对环境的破坏。对工业设计而言，绿色设计的核心是"3R"，即 Reduce、Recycle 和 Reuse，不仅要尽量减少物质和能源的消耗、减少有害物质的排放，而且要使产品及零部件能够方便地分类回收并再生循环或重新利用。绿色设计需要设计师以一种比以往更加负责的方法去创造产品的形态，用更简洁、长久的造型使产品尽可能地延长其使用寿命。

对于绿色设计产生直接影响的是美国设计理论家维克多·巴巴纳克(Victor Papanek)。早在 20 世纪 60 年代末，他就出版了一部引起极大争议的著作《为真实世界而设计》(*Design for The Real World*)。书中强调，设计应认真考虑有限的地球资源的使用问题，并为保护地球的环境服务。对于他的观点，当时能了解人不多。但是，自从 20 世纪 70 年代能源危机爆发，他的"有限资源论"得到了普遍的认同，绿色设计也得到了越来越多的人的关注。

20 世纪 80 年代开始，一种追求极端简单的设计流派兴起，将产品的造型化简到极致，这就是所谓的"减约主义"(Minimalism)，"小就是美""少就是多"具有了新的含义。法国著名设计师菲利普·斯塔克(Philip Starck)是减约主义的代表人物。菲利普·斯塔克是一位全才，设计领域涉及建筑设计、室内设计、电器产品设计、家具设计等。他的家具设计异常简洁，基本上将造型简化为最单纯但又十分典雅的形态，从视觉上和材料的使用上都体现了"少就是多"的原则。菲利普·斯塔克设计的路易 20 椅(图 1.18)，椅子的前腿、座位及靠背由塑料一体化成型，就好像靠在铸铝后腿上的人体，简洁而又幽默。1994 年，菲利普·斯塔克为沙巴法国公司设计的一台电视机采用了一种用可回收的材料——高密度纤维模压成型的机壳，同时也为家用电器创造了一种"绿色"的新视觉(图 1.19)。

图 1.18　菲利普·斯塔克设计的路易 20 椅　　　　图 1.19　菲利普·斯塔克设计的电视机

案例 9：在不少国家和地区，交通工具不仅是空气和噪声污染的主要来源，并且消耗了大量宝贵的能源和资源，因此交通工具，特别是汽车的绿色设计备受设计师们的关注。新技术、新能源和新工艺的不断出现，为设计出对环境友善的汽车开辟了崭新的前景。福特 Model U 型车(图 1.20)的绿色环保材料是为生态效应设计的，可再生利用，而不是采用一次性废弃的材料。这些材料永远不会成为废品，而是作为有益成分或是播入健康的土壤，或是回到生产过程而不对价值链造成损害。它的内部设计采用模块化，可以不断升级与改良，满足个性化的需求并实现任何类型的功能。

图 1.20　福特 Model U 型车

案例 10：减少污染排放是汽车绿色设计最主要的问题。从技术而言，减少尾气污染的方法主要有两个方面，一是提高效率从而减少排污量，二是采用新的清洁能源。另外，还需要从外观造型上加强整体性，减少风阻。美国通用汽车公司的 EV1 是最早的电动汽车，也是世界上节能效果最好的汽车，采用全铝合金结构流线造型，一次充电可行驶 112～114km，是 20 世纪 90 年代电动车的经典之作。

案例 11：日本利用硬纸板制作机箱外壳(图 1.21)，是对绿色材料的一次大胆尝试。这种机箱除了重启和电源开关之外，从外壳到内部的扩展槽，全部采用硬纸板质地，电扇等零件的固定方法与一般的 PC 机箱一样。一般情况下，PC 机箱在报废之后都成为垃圾，而这种纸质机箱在报废之后可付之一炬。

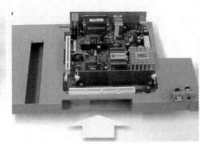

图1.21　硬纸板制作的机箱外壳

进入21世纪，人类社会的可持续发展将是一项极为紧迫的课题。绿色设计是工业设计理念自我完善的必然选择，是保证人类自身生存、实现可持续发展的必然选择，是人类社会进步的必然产物，是工业设计理念完善的必然选择。绿色设计必然会在重建人类良性生态家园的过程中发挥关键性的作用。

课堂提问：请举出你所能联想起的有关绿色设计的案例，也可以是自己周围的例子。

1.4.2　个性化设计

以充分重视人的内心情感需求和精神需要为基础的情感化设计已成为一种崭新的设计思潮，因此，现代社会进入了重视"情绪价值"和"情感价值"的时代，即感性消费时代。当人们物质文化生活水平的提高，消费需求便日趋差异化、多样化、个性化、情绪化，物质上的富足使人们更加注重自我的情感需求。而"个性化"的产品个性鲜明，突显情趣化、概念化、差异化的特征，恰恰满足了消费者求新、求异、追求多层次的心理欲望，因而倍受青睐。由此可见，产品"个性化"设计引发求异心理消费。

"产品具有好的功能是重要的；产品让人易学会用也是重要的；但更重要的是，这个产品要能使人感到愉悦。"（摘自Donald A. Norman《情感化设计》）。产品也可将情感信息元素从设计者那里传递给使用者。产品在设计的过程中融入情感的因素，便颇具人性化的气质。如从普适设计到Do it yourself再到Design it yourself的转变，充分体现了这一发展趋势。设计的个性化总的来说有这么几种方式。

1. *差异性设计*(Otherness)

差异性设计是使设计的产品与市面上已有的产品不同，是吸引消费者眼球并刺激购买欲望的一种手段。大众产品的同质化会引起审美疲劳，不易区分。没有鲜明的差异特点，在众多的产品中便不能脱颖而出，淹没在无数的产品浪潮中。对同类产品的合理创新可以提升差异化和区分度，使产品更易被识别、被体验。

随着音箱市场竞争的加剧，各个厂家对产品的设计日趋差异化，都在尽力避免同质化，以图1.22所示音箱为例：Mifa F5属于便携型户外用音箱，造型采用创新型的长圆筒形设计。高密度的全金属网罩包裹，可防震防摔，有效应对户外运动、骑行等运动中出现的各种碰撞；有别于传统的方正箱体，F11造型采用首创的"梯弧设计"，辨识度极高；DOSS腰鼓造型时尚，可作为衣服饰品搭配，随时戴在身上，属于可穿戴的蓝牙微型音响。

图1.22　各种创新造型音箱

2．多样性设计(Diversity)

这里的设计多样性是指满足某一特定功能需求的同类产品可以衍生更多可选择的类型，如系列化的规格、色彩、材质、纹样、尺寸、造型、装饰图案、包装等。在市场需求日益多样化的今天，仅靠单一品种产品占领市场已不可能，多样性设计是开拓市场的重要战略之一，并已得到广泛应用。通过多样性设计，可以在一种产品的基础上，快速发展系列化产品，还可以延长产品的生命周期，增加企业的经济效益，是一种非常有效地促进销售的手段。如系列产品通常具有相同造型结构和材质，而在色彩图案方面会有更多变化(图 1.23)。一方面，是因为色彩给人的视觉刺激更强，可以产生更加丰富的变化效果；另一方面，从成本角度来说，变换颜色或者变换装饰图案不会影响大的生产线，只需要较小的生产成本就可以实现，是一种较为经济的改型方式，达到系列化产品统一中的变化效果。

图1.23　多样性设计

3．DIY设计(Design it yourself)

人人均有创意，人人都是设计师。"设计民主化"使得设计这个词不再专属于创意专职人员，而是任何人都拥有创造的能力。在崇尚个性化、表现个性化的今天，消费者更渴望能够自己完成属于个人的作品，能够使设计印上自己的标签——DIY设计便在这种情况下应运而生。DIY意思是自助进行设计。做自己需要和想要的，做市场上绝无仅有、独一无二的自己的作品，成为DIY更高层次的追求。通过DIY过程，消费者参与到设计中去，获得心理上的满足感和成就感。如个性化定制家具(图1.24)可以打造适合自己房型、满足自己喜好的家具，实现了个性化的家居理念，是今后家具发展的趋势，也是目前较为热门的家具设计形式。服饰DIY是指客户可自行在线设计自己的服饰(挑选面料，搭配颜色，选择自己设计的图案及文字)，通过强大的DIY系统，客户即可轻松DIY自己的服饰(图1.25)，其作品具有强烈个人色彩。

图1.24　个性化定制家具　　　　　　　　　图1.25　DIY服饰

4．幽默设计(Humorous)

现代人被各种压力包围，中规中矩的设计开始无法满足现代人的精神需求，设计师们于是在产品、家饰和空间中，注入幽默元素，通过诙谐的手法建立起与使用者沟通的桥梁。幽默设计给使用者传达的是快乐和对生活的热爱，使消费者在使用时能够获得求新、求奇的心理满足。幽默设计(图1.26)以一种直接、简单、有效的方式，让人们释放压力，心情愉悦。幽默设计可以使人们的生活更有趣味，并提升人们的生活品质。

图1.26　幽默设计

天才设计师菲利普·斯塔克著名的史卡德博士苍蝇拍(图1.27)上印有一张人脸，当上下挥动这个拍子，拍面会从2D的图像变成一个3D的人脸图像，好像这个拍子在盯着苍蝇看。只要一拍动拍子打到苍蝇，它的拍面就会出现人的脸孔上粘着一只苍蝇，有点恶心,但又好笑不已。底座由三角支架设计而成,使苍蝇拍可以站立,从而放置于客厅当装饰品用。

图 1.27 斯塔克博士苍蝇拍

5. 形态置换设计(Shape Replacement)

这种个性化设计方式是利用两种不同物品功能上的相似点,将产品转换为某类已知的物品形态,从而达到利用一种固定的视觉语言符号形式来确立产品形象的基本语意特征。将设计对象的形态造型元素进行恰当转换,使用者可以找出转换的原型,并以原型作为参考,通过潜在的对于转换的对比进行分析来解读设计。这种特殊的表达手法可以提高产品形态的被感受力,从而寻求使用者的情感共鸣,唤起使用者的兴趣,实现更多的美学价值与经济文化价值。

如图 1.28(a)所示挂钟设计基于挂钟的指针转动与扇子的扇面展开具有功能上的互通之处,将钟的造型与扇子做了转换,并在此基础上进行了改进,使之更符合挂钟的特点。挂钟的主要功能是通过指针的转动来实现的,而扇面的展开也是以扇柄底部为回转中心,这样两者在功能上就存在共同点。将扇柄底部作为钟面的中心,使时钟在不同时刻的指针分别对应于相同扇面不同的展开程度,既可以达到挂钟显示时间的功能属性,也因为使用这种新颖的造型语言符号代替了以往时钟给人的传统形态而给人眼前一亮的特别感受。图 1.28(b)和图 1.28(c)为一些产品案例,如键盘造型的水杯、红酒塞造型的 U 盘等。

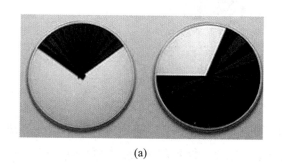
(a)

(b)

(c)

图 1.28 形态置换设计

课堂提问:对产品个性化的几种表现方式的理解,举例说明。

1.4.3 人性化设计

人性化设计是指在设计过程中，根据人的行为习惯、人体的生理结构、人的心理情况、人的思维方式等，在原有设计基本功能和性能的基础上，对产品进行优化，使消费者使用起来非常方便、舒适。这是在设计中对人的心理生理需求和精神追求的尊重和满足，是设计中的人文关怀，是对人性的尊重。

人性化设计的前身是人体工程学的出现和发展，人体工程学起源于欧美，最开始的相关研究是在工业社会中大量生产和使用机械设施的情况下探求人与机械之间的协调关系。人性化设计强调从人自身出发，在以人为主体的前提下研究人们衣、食、住、行，以及一切生活、生产活动。

对弱势群体(老人、儿童、孕妇、残疾人等)的关注是其中很重要的一环。在这里，设计是人道主义精神的体现，如为有手疾的人设计的电脑操作器；为盲人设计的盲人阅读仪；为老人购物设计的手推车等，都在细节设计方面体现了尊重弱势群体的美德，为它们提供了能和正常人一样享受现代文明成果的方式。

案例 12：Herman Miller 的 Herman Miller Embody 人体工学办公椅(图 1.29)号称是世界上最舒适安全的座椅，它在舒适性和人体工学方面达到了一个新高度。它有坚固沉重的"下盘"，底座由实心不锈钢打造。有 7 个不同的手柄和按钮可供调整，通过这 7 个控制点，几乎可以调节椅子的所有部件，不论是靠背倾斜度还是坐垫位置，甚至靠背的距离也可以轻松调整。采用薄膜这样的材料可以具有良好的通风散热功能，能使体重均匀分配，完全释放脊椎压力。

图 1.29 Herman Miller Embody 人体工学办公椅

案例 13：松下斜式滚筒洗衣机 NA-V80GD(图 1.30)是在松下"通用设计"的概念下产生的，这一设计理念的核心就是要让不同年龄、身高、性别和体质的用户(包括残疾人)都能方便地使用电器产品。该设计创造性地将滚筒洗衣机的前开门倾斜了 30°，变成了斜向开门，内部滚筒的中心轴也跟着由水平方向做了 30°的倾斜，可使用户不用蹲下就可以方便地取衣服。同时，这样的设计对洗衣效果也很有帮助。

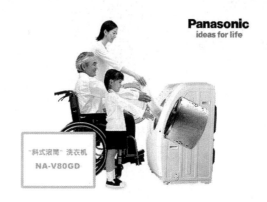

图1.30 松下斜式滚筒洗衣机 NA-V80GD

课堂提问：请为残疾人设计一种产品，简述设计思路。

思 考 题

1．请课后查找名人名家关于设计的名言，并在此基础上简述你对于设计的初步理解。

2．中国古代有哪些设计著作？了解其内容和主要设计思想。

3．设计的领域是怎样划分的？

4．设计有哪些基本原则？分别理解其含义并举例说明。

5．未来的设计发展方向有哪些？简述你对各个方向的理解。

第2章 工业设计简史

教学目标

掌握设计的 3 个阶段。

了解中外手工艺设计阶段的发展特点。

了解西方各种设计风格的发展历程。

熟悉工艺美术运动相关知识。

熟悉新艺术运动相关知识。

熟悉德意志制造联盟与包豪斯的相关知识。

了解 20 世纪二三十年代的流行风格。

了解各国战后工业设计发展情况。

了解多元化设计风格各自的风格特点。

教学要求

知识要点	能力要求	相关知识
设计的 3 个阶段	掌握设计的 3 个阶段	划分依据
手工艺设计阶段	(1) 了解中国手工艺设计阶段的发展过程及特点； (2) 了解西方手工艺阶段的发展过程； (3) 了解西方各种设计风格的变迁	古典风格、哥特式、巴洛克、洛可可等
工艺美术运动与新艺术运动	(1) 熟悉工艺美术运动相关知识； (2) 熟悉新艺术运动相关知识	拉斯金、莫里斯的设计思想，比利时、法国、西班牙各国的发展特点及代表人物
德意志制造联盟与包豪斯	(1) 熟悉德意志制造联盟的主要观点、代表人物等； (2) 掌握包豪斯的教学特点、发展过程等	德国设计组织发展情况，格罗皮乌斯等
20 世纪二三十年代设计风格	(1) 艺术装饰风格； (2) 流线型风格	风格特点及历史背景
各国战后工业设计发展情况	(1) 斯堪的纳维亚战后工业设计发展情况； (2) 现代主义的发展； (3) 战后美国、意大利、德国、日本工业设计发展	斯堪的纳维亚、现代主义、商业化设计、优良设计、双轨制
多元化设计风格	了解工业设计的发展趋势	理性主义、高技术风格、波普风格、后现代主义、结构主义

基本概念

古典文化：希腊和罗马的设计文化两千多年来一直没有因历史的变迁而中断，并成为欧洲设计源远流长的基础。因此，欧洲人习惯于把希腊、罗马的文化称之为古典文化。

哥特式：哥特式又称高直式，它以其垂直向上的动势为设计特点。哥特式建筑特点是尖拱，宽大的窗子上饰有彩色玻璃宗教画，广泛地运用簇柱、浮雕等层次丰富的装饰，这种建筑十分符合教会的要求。哥特式家具常饰以尖拱和高尖塔的形象，并强调垂直向上的线条。

"水晶宫"国际工业博览：1851年在英国伦敦海德公园举行的世界上第一次国际工业博览会，由于是在"水晶宫"展览馆中举行的，故称为"水晶宫"国际工业博览会。

流线型风格：流线型是空气动力学名词，用来描述表面圆滑、线条流畅的物体形状。在工业设计中，它成为一种象征速度和时代精神的造型语言，成为20世纪三四十年代最流行的产品风格。

斯堪的纳维亚：斯堪的纳维亚是丹麦、瑞典、瑞士、挪威、冰岛5个国家的统称。

双轨制：日本在处理传统与现代的关系中采用了所谓的"双轨制"。一方面在服装、家具、室内设计、手工艺品等设计领域讲究传统的传承性；另一方面在高技术领域按现代经济发展的需求进行设计。

工业设计作为人类设计活动的一部分，有着悠久的历史，整个发展过程是相当漫长的；但作为一门新兴的学科来说，工业设计直到20世纪20年代才开始确立较为完整的理论体系。从工业设计发展的历史我们可以看到整个人类文明的进步与演变，工业设计发展史综合体现了不同历史阶段的社会、经济、文化及科学技术的特征。俗话说"以史为鉴，可以知兴替"，了解工业设计史对于我们吸取历史文化的精华，借鉴过去的经验教训，从而正确把握工业设计的未来都有一定意义。

一般来说，人类的设计活动的历史大体可以分为3个阶段，即设计萌芽阶段、手工艺设计阶段和工业设计阶段。

2.1 设计萌芽阶段

劳动对于设计的产生所起的作用是巨大的：人类有意识地制造和使用原始的工具标志着设计的产生。如图2.1所示，原始人类最初只会使用天然石材或者棍棒作为工具，之后渐渐学会了拣选石块、打制石器，作为敲、砸、刮、割的工具。通过劳动有意识地制作石器或工具时，使这种石器或工具具有了设计最重要的特性之一——目的性。人类有目的的制作第一件石器标志着设计出现了。设计的萌芽阶段从旧石器时代一直延续到新石器时代。人类早期使用的石器一般是打制成形的，较为粗糙，通常称这个时代为"旧石器时代"。这些石器种类很少，每种类型都适于其特定的工作。

图 2.1　原始人类和早期石器

随着历史的发展，人类改进了石器的制作，把经过选择的石头打制成石斧、石刀、石锛、石铲、石凿等各种工具，并加以磨光，使其工整锋利，还要钻孔用以装柄或穿绳，以提高实用价值。这种磨制石器的时代，称为"新石器时代"。如图2.2所示经过磨制的石器不仅非常实用，而且具有美感。从旧石器时期向新石器时期的过渡中，石器设计的发展呈现一个逐渐上升的趋势，石器工具的种类从单一到多样化、专门化、系列化，石器制作的技术由简单到复杂，在造型上也由粗陋到精致。

图 2.2　原始社会的各种石斧

由于生产水平的限制，这些设计都较为简单，但却是非常有用的设计。如果设计失误，后果将是致命的，即使是当初不成功的设计，经过无数次改进，也在实践中达到了相当高的水平。当最基本的需求逐渐得到了满足，人们开始衍生出其他需求，设计的作用便由保障生存发展到更高的层面上来。随着社会生产力的发展，人类由设计的萌芽阶段走向了手工艺设计阶段。

2.2　手工艺设计阶段

手工艺设计阶段从原始社会后期开始，历经奴隶社会、封建社会，直到工业革命时期。在这段漫长的时间中，人类创造了辉煌灿烂的设计文明。由于设计者一般就是生产制造者，同时也是销售者，责任感会驱使设计者创造出优秀的作品。这一时期，人类发明了制陶和炼铜的方法，这是人类最早通过化学变化用人工方法将一种物质改变成另一种物质的创造性活动。

2.2.1 中国手工艺阶段

中国的手工艺设计源远流长，在整个人类设计史上具有重要地位。中国的建筑、园林、陶瓷、家具、染织等设计，不仅对日本、东南亚各国，而且对西方近代设计也产生了重大影响。以下按时间顺序，选择不同时代中具有代表性的一类手工艺产品进行介绍。

1．新石器时代：陶器

陶器的发明是氏族社会形成后的一项重要成就。之前人类只能改变自然材料的外在形状，而制陶是通过火的应用，使泥土改变其内在性质。制作陶器最早是用手捏制，对于较大的器物，则搓成泥条，再盘筑成器形，后来又逐渐发展成转轮成形。新石器时代晚期，制陶技术已发展到能制作出优美的彩陶。"彩陶"是指一种绘有黑、红色装饰花纹的红褐色或棕黄色陶器。如图2.3所示陕西半坡遗址出土的卷唇圜底盆，这种陶盆通常饰有鱼形花纹，卷唇的边缘既可增加强度，也方便使用，隆起的圜底则使盆能在土坑中放置平稳。彩陶在功能、造型和装饰各方面都达到了统一。

图2.3 卷唇圜底盆

2．商周、战国：青铜器

铜是人类最早冶炼和使用的金属，金属工具和用品的出现使设计进入了新的历史阶段。青铜在我国商代得到广泛应用，主要采用的是熔铸法。战国时期的失蜡法，是我国古代金属铸造工艺的一项伟大发明。失蜡法是用蜡制成器形，用泥填充和加固，待干后再倒入铜液，蜡受热后熔成液体流出，原来有蜡处即形成铸造物。用失蜡法铸造的青铜器花纹精细，表面光滑，精度很高。

商、周时代的铜器多为礼器。战国时代，素器开始流行。到了汉代，铜器在生活日用器皿方面取得了较高成就。汉代虹管灯设计水平极高，灯有虹管，灯座可以盛水，利用虹管吸收灯烟送入灯座，使之溶于水中，以防止室内空气污染。这说明两千年前人们在设计中已有科学的环保意识。

3. 汉代：漆器

汉代的漆器在技艺上达到了顶峰。漆器的生产过程有明确而细致的分工，这使漆器能进行大规模批量化的手工生产。汉代漆器从实用出发，其设计已有了系列化的概念，很多器具都是成套设计的。漆器的包装设计也颇具匠心，如图2.4所示的多子盒，在一个大圆盒中，容纳不同形状的小盒，既节省空间又美观协调。汉代漆器是实用和美观相结合的典范。

图2.4 汉代多子盒

4. 宋代：瓷器

中国是瓷的故乡，早在商代就出现了原始的瓷器，在宋代达到了鼎盛时期。宋瓷造型简洁优美，器皿的比例尺度恰当，设计十分完美。宋瓷五大名窑是指汝窑、官窑、哥窑、钧窑、定窑，各有不同特点。宋瓷在造型和装饰上多采用自然的题材。宋瓷的画花工艺和印花工艺(图 2.5)的广泛应用对后来的明清陶瓷和欧洲的陶瓷都产生了一定影响。印花是用刻有花纹的陶模，在瓷坯未干时印出花纹。这种印花工艺是标准化的萌芽，采用印花工艺，可以批量生产图案完全一致的产品，并提高了生产效率。宋代陶瓷工艺还利用釉在烧制过程中的"窑变"现象所产生的不规则色彩和裂纹作瓷器的自然装饰(图 2.6)，很具特色。

图2.5 印花工艺

图2.6 "窑变"工艺

5. 明清：家具

我国家具工艺历史悠久。唐朝以前人们大多席地而坐，宋朝时才渐渐采用桌椅，在明代家具的发展达到鼎盛。明代家具(图2.7)的艺术特色,可以用简、厚、精、雅4个字来概括。简是指它造型简练;厚是指它形象浑厚;精是指它做工精细,严谨准确;雅是指它风格优雅,具有很高的艺术格调。明代家具造型的比例尺度,以及素雅质朴的美,成为中国古代家具的典范。明代后,清代家具(图2.8)中装饰大量增多,各种堆砌的镶嵌和雕刻破坏了家具的整体性,往往由于过于烦琐而品味不高。这种趋势到清代后期更为明显,对西方洛可可设计风格的产生有一定影响。

图2.7　明代家具

图2.8　清代家具

2.2.2　外国手工艺阶段

现代工业设计是从西方发展起来的,要探求工业设计的流源,就必须了解国外,特别是欧洲手工艺设计发展的脉络。中国由于两千年儒家文化独尊和中央集权统治,设计风格总体来说是一脉相承的。而在欧洲,不同时期的建筑艺术丰富多彩。其他设计领域由于受到建筑艺术的影响,在不同时期也风格各异。在设计发展的进程中,世界各国的发展是不平衡的,在此只叙述发展的主线。

1. 古埃及的设计

埃及是世界上最古老的国家之一,创造出了著名的金字塔和阿蒙神庙。埃及的家具种类很多,甚至出现一些折叠式和可拆卸式的。早期的家具靠椅的靠背板都是直立的,后期的家具(图2.9)背部加有支撑,从而使座椅较为舒适。埃及家具几乎都带有兽形腿,与古希腊、古罗马的家具一个较大的区别在于其前后腿的方向一致。埃及家具数量庞大,质量优良,被称为古代家具设计最优秀的楷模,并为后人研究埃及艺术史提供了丰富的材料。

图2.9　埃及后期家具

2. 古希腊、古罗马的设计

希腊和罗马的设计文化是欧洲设计的文化基础,一般把希腊、罗马的文化称为古典文化。古希腊留存下来的手工制品主要是陶器,其中以绘有红、黑两色的陶瓶最为有名。希腊家具和古埃及家具一样,也有兽腿形的装饰,不过从四足方向一致变成四足均向外或均向内的样式。希腊家具最杰出的代表是一种称为克里斯姆斯的靠椅。建筑最具代表性的作品是雅典卫城及其中心建筑帕提农神庙。帕提农神庙代表着古希腊多立克柱式的最高成就,其3种著名柱式分别为多立克、爱奥尼克、科林斯。古罗马时期开始用翻模方法生产优质仿金属陶器,翻模技术使相同的产品能够大量生产。这种生产方法使产品的设计与生产分离开来,体现出了工业化生产的特点。专门设计师的出现大大推动了设计的发展。罗马家具(图2.10)与希腊家具一脉相承,不同之处在于装饰纹样凸显威严。罗马家具的铸造工艺非常发达,许多家具的弯腿部分的背面都被铸成空心的,不但减轻了家具的重量,而且强度也较高。古希腊和古罗马文化一直延续了两千多年

图2.10 古罗马家具

课堂提问:古埃及、古希腊、古罗马的设计特点?

3. 欧洲中世纪的设计

十四五世纪资本主义制度萌芽之前,欧洲的封建时期被称为中世纪。基督教对欧洲中世纪的设计产生了深刻的影响,主要建筑风格包括哥特式、拜占庭式和仿罗马式,并进而影响到家具等产品的设计风格。中世纪设计的最高成就是哥特式教堂。哥特式又称高直式,设计特点是垂直向上的动势。哥特式建筑特点是尖拱,宽大的窗子上装饰彩色玻璃宗教画,广泛地运用簇柱、浮雕等层次丰富的装饰。如图2.11所示,法国的巴黎圣母院、德国的科隆大教堂都是哥特式建筑设计的杰出代表;哥特式风格对于家具设计也产生了重大影响,哥特式家具常装饰尖拱和高尖塔的形象,强调垂直向上的线条。

图2.11 中世纪建筑及家具

4．文艺复兴时期的设计

这一时期从 14 世纪资本主义在意大利开始萌芽起，直到 17 世纪上半叶止。"文艺复兴运动"源于新兴的资产阶级开展反对教会精神统治的斗争，提倡个性自由，反对中世纪的宗教束缚，促进了文化和设计的发展。文艺复兴时代试图摒弃中世纪刻板的设计风格。文艺复兴时期家具(图 2.12)比中世纪式样更加自由，曲线的大量使用使家具的起伏层次更加明显，更具有人情味。

图 2.12　文艺复兴时期家具

5．文艺复兴后的设计

17 世纪文艺复兴运动渐衰，欧洲主要设计风格是巴洛克式和洛可可式。意大利在文艺复兴之后出现了巴洛克式风格(图 2.13)。巴洛克这个词源于葡萄牙语 barroco，意思是一形状不规则的珍珠，有奇特、古怪、变形等解释。巴洛克风格背离了文艺复兴的艺术精神，追求一种繁复夸饰、富丽堂皇、气势宏大、富于动感的艺术境界。早期巴洛克式家具的最主要特征是扭曲形的柱腿，后来是比扭曲形柱腿更为强烈的涡形装饰。运动与变化、浮华和非理性是巴洛克艺术的特点。巴洛克强调力度、变化和动感，强调综合性，突出夸张、浪漫、激情和非理性等，打破均衡，强调层次和深度。

图 2.13　巴洛克式风格

洛可可风格是在巴洛克风格的基础上发展起来的，该词由法语 ro-Caille(贝壳工艺)演化而来，后特指 18 世纪法国路易十五时代流行的一种艺术风格。设计风格纤弱娇媚、华丽精巧、偏向烦琐。洛可可风格在形成过程中受到中国艺术影响，大量使用曲线和自然形态做装饰。装饰的题材有自然主义的倾向，色彩十分娇艳，如图 2.14 所示。在法国，洛可可又称为中国装饰。

巴洛克式和洛可可式风格都强调过度的装饰，到路易十五时代发展到了极致。之后，欧洲设计风格进入了一个历史式样向近代工业设计过渡的时期。

图 2.14 洛可可式风格

2.3 工艺美术运动

工业革命又称产业革命，是指资本主义工业化的早期历程。期间英国工人哈格里夫斯发明了的珍妮纺纱机，英国人瓦特改良了蒸汽机。蒸汽机的发明和使用标志着工业革命的开始。一系列技术革命引起了从手工劳动向动力机器生产转变的重大飞跃，设计开始进入工业设计阶段。

2.3.1 十八九世纪的设计特点

18 世纪末至 19 世纪初，机器成了工业生产中的一种新的生产方式。机器生产的准确性使工人只要按照原来的设计进行大批量重复生产就可以了。因此，在工业化时代，设计进一步脱离了制作过程。19 世纪初的设计风格主要是风格上的折衷主义，这也导致了设计改革热情的高涨。英国建筑师帕金主张回到中世纪，哥特式风格可以拯救当时低落的审美情趣。这种思想得到了柯尔等一群艺术家的响应，他们强调公众的审美取向对设计也同样有影响。为了改善公众的审美情趣，帕金、柯尔等人促成了 1851 年在英国伦敦海德公园举行的世界上第一次国际工业博览会，由于是在"水晶宫"展览馆中举行的，故称为"水晶宫"国际工业博览会。"水晶宫"国际工业博览会在工业设计史上意义重大。它全面地展示了欧洲和美国工业发展的成就，也反映出了工业设计中的种种问题。

2.3.2 "水晶宫"国际工业博览会

园艺家帕克斯顿采用玻璃铁架结构建成的"水晶宫"，外形为简单的阶梯形长方体，并有一个垂直的拱顶，各面只显出铁架与玻璃，没有任何多余的装饰，体现了工业生产的机械特色。整座建筑中只用了铁、木、玻璃3种材料，装配时间不到9个月。这座建筑在现代设计发展史上占有重要地位。"水晶宫"里的展品和这座建筑形成鲜明对比，各种滥用装饰的设计比比皆是。如图2.15所示"水晶宫"和法国送展的花瓶及烛台，花瓶和烛台整体由大量复杂的曲线线条和精心雕琢的人物构成，将装饰运用到了极致。一件女士做手工的工作台，修饰着一组没有任何实用价值的天使群雕，桌腿运用轻巧花哨的洛可可式，几乎承受不了工作台的重量。英国送展的枪，扳机部分完全由蜿蜒的曲线构成，枪托部分则使用了大量烦琐的装饰性雕刻图案。美国的展品有所不同，其中一件是金属框架的弹簧旋转椅，主要结构几乎完全由现代金属材料完成，但椅子的金属腿还是采用了装饰用的卷涡形。美国送展的农机和军械等属于少数朴素的产品，但由于真实反映了批量生产的特点和功能，因此得到普遍的肯定。对于那些希望通过本次展览来提高公众审美品位的人士如帕金等来说，这次展览是失败的，从反面促进了设计改革。

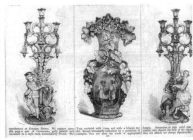

图2.15 "水晶宫"及其中展品

2.3.3 拉斯金与莫里斯

1．拉斯金的设计思想

1851年伦敦"水晶宫"国际工业博览会引发了大量批评，其中影响最大的是拉斯金。拉斯金是一位作家和批评家，与帕金一样，拉斯金非常厌恶博览会展品的过度装饰，认为最完美的是中世纪的设计。他对"水晶宫"和其展品表示了极大的不满，主张回到中世纪的社会和重返手工艺劳动。拉斯金为建筑和产品设计提出了他的准则，这些准则为后来工艺美术运动提供了理论基础。这些准则主要包括：①师承自然，从大自然中汲取营养，而不是盲目地抄袭旧有的样式；②使用传统的自然材料，反对使用钢铁、玻璃等工业材料；③忠实于材料本身的特点，反映材料的真实质感。拉斯金是反对工业化的，他的观点也得到当时部分英国知识分子的赞同，但是随着社会的发展，这种违反时代潮流的观念被逐渐证明是错误的。

2．莫里斯的理论与实践

拉斯金思想最直接的传人是莫里斯，他17岁时随母亲去参观"水晶宫"博览会，对于当时的展品非常反感。莫里斯继承了拉斯金的思想，在他的影响下，英国产生了著名的工艺美术运动。莫里斯主要是一位平面设计师，他继承了拉斯金"师承自然"的原则，其设计(图 2.16)多以植物为题材，反映出一种中世纪的田园风味。另外，他和几个朋友一起设计制作韦伯设计的莫里斯新婚住宅"红屋"内部的家庭用品。莫里斯建立的商行开启了英国19世纪众多工艺美术行会的先河。

图2.16 莫里斯的红屋及作品

3. 工艺美术运动

莫里斯的理论与实践在英国产生了很大影响，一些年轻的艺术家和建筑师纷纷在其影响下进行设计革新。在1880—1910年形成了一个设计革命的高潮，这就是"工艺美术运动"。这个运动以英国为中心，波及不少欧美国家，也深深影响了后来的设计运动。

在设计上，工艺美术运动主张"忠实于材料"和"合适于目的性"，提倡自然的简洁和适当的装饰作为设计的标准。工艺美术运动不是一种特定的风格，而是多种风格并存。它试图通过艺术和设计来改造社会，并对手工艺生产模式进行试验。工艺美术运动范围十分广泛，它包括了一批类似莫里斯商行的设计行会组织，这些行会后来成为工艺美术运动的活动中心。莫里斯及其追随者借用"行会"这个中世纪手工艺人的组织形式，来表达重新进行手工艺生产组织形式。工艺美术运动对于机器的态度是暧昧的，设计行会大都同意机器是无法避免的，但机器生产的结果需要彻底改革。

沃赛是工艺美术运动的中心人物，主要设计家具、纺织品、墙纸及金属制品，家具作品造型简洁、大方并略带哥特式传统风格，其中以背部带有心形镂空的椅子尤其著名(图 2.17)。另一个工艺美术运动的主要人物是设计金属器皿的阿什比。由于其作品多采用各种纤细、起伏的线条(见图2.18)，被认为是新艺术的先声。

工艺美术运动并不是真正意义上的现代设计运动，因为莫里斯推崇的是复兴手工艺，反对大工业生产。工艺美术运动对于设计改革的贡献在于它首先提出了"美与技术结合"的原则，主张美术家从事设计，反对"纯艺术"。另外，工艺美术运动强调"师承自然"、忠实于材料和适应使用目的，从而创造出了一些朴素而适用的作品。但工艺美术运动将手工艺推向了工业化的对立面，是违背历史发展潮流的。这也是为什么英国是最早工业化和最早意识到设计重要性的国家,但却未能最先建立起现代工业设计体系的主要原因。

图2.17 沃赛作品

图2.18 阿什比作品

课堂提问:工艺美术运动的局限性?

2.4 新艺术运动

英国的工艺美术运动思想传播到欧洲后,引起了一场所谓"新艺术"运动,这场运动在1890—1910年达到了高潮。新艺术运动发生于19世纪末20世纪初新旧世纪的交替之际,反对各种照抄古典传统的历史风格,同时也拒绝自然主义风格。在本质上,新艺术运动的目的仍然是装饰,但它的装饰多为抽象的自然纹样、曲线,采纳的是自然内在的生命力,这是从历史烦琐风格发展到现代设计不可缺少的简化过程。因此,新艺术运动是由古典传统走向现代运动的一个必不可少的过渡,影响十分深远。从根本上来说,新艺术并不反对工业化。但是,新艺术也不喜欢过分简洁的线条。因此,其产品一般不能量产,只能手工制作。总的来说,新艺术风格的变化是很广泛的,在不同国家具有不同的特点。

2.4.1 比利时的新艺术运动

比利时是新艺术运动的发源地,其最富代表性的人物为霍尔塔和威尔德两位设计师。霍尔塔是一位建筑师,代表作品为布鲁塞尔都灵路12号住宅(图2.19)。他在建筑与室内设计中常用相互缠绕和螺旋扭曲的线条,即"比利时线条"或"鞭线",是比利时新艺术的代表性特征。威尔德是画家和平面设计师,作品具有新艺术流畅的曲线特点(图2.20),被人称为大陆的莫里斯。威尔德后来成为德国新艺术运动的领袖,参与成立了 1907 年德意志制造联盟。1908 年，威尔德出任德国魏玛市立工艺学校校长，这所学校后来发展成著名的包豪斯学校。

图 2.19　霍尔塔作品

图 2.20　威尔德作品

2.4.2　法国的新艺术运动

法国的新艺术作品多数较为华丽，最重要的人物是宾。1895 年 12 月，宾在巴黎开设了一家名为"新艺术之家"的艺术商号，其设计师的设计多采用植物弯曲回卷的线条，新艺术由此而得名。吉马德是另一位法国新艺术的代表人物，最有影响的作品是他为巴黎地铁所作的设计(图 2.21 左一、左二)。所有地铁入口的栏杆、灯柱和护柱全都采用了起伏卷曲的植物纹样，具有新艺术的典型特征。因此，新艺术在巴黎又被称为"地铁风格"。图 2.21 右一是吉马德设计的咖啡几。

图 2.21　吉马德作品

2.4.3　西班牙新艺术运动

西班牙建筑师高迪，为新艺术运动的代表人物之一，被誉为"上帝的建筑师"，他的作品采用自然主义曲线，结合东方风格与哥特式及其他历史设计风格，创造了独特的"塑性建筑"。代表作品有西班牙巴塞罗那的米拉公寓和一些新艺术家具(图 2.22)。米拉公寓整个造型基本由曲线组成，极富动感，没有一处直角，屋顶高低错落。米拉公寓属于世界文化遗产之一。

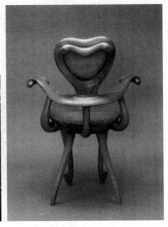

图2.22　高迪设计的米拉公寓和 Casa Calvet 扶手椅

2.4.4　其他国家的新艺术运动

新艺术在德国因为《青春》设计杂志而被称为"青春风格"。"青春风格"中，曲线第一次转变成了几何形式构图，这是新艺术转向功能主义的一个重要步骤。雷迈斯克米德是"青春风格"的代表人物，图2.23是他设计的餐具。著名的建筑师、设计师贝伦斯也是"青春风格"的代表人物，他早期的平面设计多以自然形象出现，后来逐渐采用抽象的几何形式。几何形式的出现标志着德国的新艺术开始走向现代理性主义。

图2.23　雷迈斯克米德设计的餐具

新艺术在美国的代表人物是泰凡尼，他擅长设计和制作玻璃花瓶等玻璃制品，设计纹样多提炼自自然界的花朵或小鸟。

课堂提问：新艺术运动与工业化的关系？

2.5 德意志制造联盟

2.5.1 德意志制造联盟概述

工艺美术运动和新艺术运动是 19 世纪下半叶至 20 世纪初影响较大的设计改革运动，但两者都没有真正肯定工业化生产和设计的关系。而 1907 年成立的德意志制造联盟对机械化工业生产表示了肯定和支持。

制造联盟的创始人包括政府官员及建筑师穆特休斯、设计师威尔德和政治家诺曼。穆特休斯强调为文化和形式建立统一标准，威尔德对此持有不同观点，认为穆特休斯太过理想化，两位主要领导者之间存在观点上的矛盾。1914 年 7 月科隆展览会上，穆特休斯提出发展标准化的提议，但遭到了威尔德等人的强烈反对，认为这样会扼杀创造性，丧失德国的民族特色。虽然穆特休斯被迫撤回了提议，但这场争论说明制造联盟的思想还是具有先进性的。

联盟的设计师中最著名的是贝伦斯。1907 年贝伦斯担任德国通用电器公司 AEG 的艺术顾问，全面负责公司的建筑设计、视觉传达设计及产品设计，并开创了现代公司形象识别系统。1909 年，他设计的造型简洁的 AEG 透平机制造车间与机械车间(图 2.24 左一)，被称为第一座真正的现代建筑。贝伦斯还为 AEG 作了大量的平面设计，包括著名的 AEG 的标志。在产品设计方面，贝伦斯设计了大量朴素而实用的工业产品(图 2.24 右一、右二)，被视为现代工业设计的先驱。同时，贝伦斯还是一位杰出的设计教育家，他的学生包括格罗皮乌斯、米斯和柯布西埃，后来都成了 20 世纪最伟大的现代建筑师和设计师。

图 2.24　贝伦斯作品

2.5.2 走向现代主义

19世纪后期到第一次世界大战前,各种设计革命为现代主义做了充分的准备。第一次世界大战之后,现代建筑兴起,现代主义形成,标志着现代工业设计的开端。现代主义首先在德国兴起,设计师柯布西埃在理论和实践方面为现代主义的发展做出了巨大贡献。他曾在贝伦斯事务所工作,1923年,柯布西埃出版《走向新建筑》,书中大力提倡工业化建筑,肯定了机械化生产,即"机器美学"的理论,并提出"住房是居住的机器"的名言。1925年,柯布西埃设计了有名的"新精神馆"(图2.25左),大量使用了标准化批量生产的构件和五金件。1926年柯布西埃提出了"新建筑的5个特点",即底层架空、屋顶花园、自由平面、横向长窗和自由立面,其著名作品有萨伏伊别墅(图2.25右)。

图2.25 柯布西埃作品

2.6 格罗皮乌斯与包豪斯

作为现代建筑师和设计师,格罗皮乌斯是非常有影响力的。但他对工业设计所作的最大贡献是他创建了包豪斯学校。包豪斯学校继承了德意志制造联盟的传统并发扬光大,在理论上极大促进了现代主义的发展。在设计教育方面,包豪斯学校确定了现代工业设计教学体系的基础。

2.6.1 格罗皮乌斯

格罗皮乌斯在贝伦斯事务所工作而接受了许多新的设计观。1911年,格罗皮乌斯与青年建筑师迈耶合作设计了制造鞋楦的法古斯工厂(图2.26),立面采用大片玻璃幕墙和转角窗,是第一次世界大战前最先进的一座工业建筑。第一次世界大战结束,德国战败,部分艺术家与设计师企图在这个时候振兴民族的艺术与设计。1919 年 4 月 1 日,格罗皮乌斯在德国魏玛筹建国立建筑学校,简称"包豪斯"。

图 2.26　法古斯工厂

2.6.2　包豪斯

"包豪斯"由德语的"建造"和"房屋"两个词的词根构成,是个生造词。包豪斯学校(Bauhaus,1919—1933)(图 2.27)由魏玛艺术学校和工艺学校合并而成,目的是培养新型设计人才。在格罗皮乌斯的指导下,这个学校在设计教学上逐渐形成了以下特点:

图 2.27　"包豪斯"校舍

①在设计中提倡自由创造,反对模仿因袭、墨守成规;②将手工艺与机器生产结合起来,提倡在掌握手工艺的同时,了解现代工业的特点,用手工艺的技巧创作高质量的产品,并能供给工厂大批量生产;③强调基础训练,从现代抽象绘画和雕塑发展而来的平面构成、立体构成和色彩构成等基础课程成了包豪斯对现代工业设计作出的最大贡献之一;④实际动手能力和理论素养并重;⑤把学校教育与社会生产实践结合起来。在设计理论上,包豪斯提出了 3 个基本观点:艺术与技术的新统一、设计的目的是人而不是产品、设计必须遵循自然与客观的法则来进行。这些观点对于工业设计的发展

起到了积极作用,使现代设计逐步由理想主义走向现实主义。

在包豪斯,伊顿创建了基础课的课程内容。伊顿辞职后,纳吉将构成主义带进了基础训练,这些就为工业设计教育奠定了三大构成的基础。包豪斯教学时间为三年半,学生进校后要进行半年基础课训练,然后进入车间学习各种实际技能。车间中以"师傅""工匠"和"学徒"等互称,用来怀念中世纪手工行会。但是,包豪斯并不反对机器,而是将设计更多与工业化生产联系起来。

1925年4月1日,由于受到魏玛反动政府的迫害,包豪斯迁往小城德绍,并有了进一步的发展。魏玛时期的金属制品设计还带有明显的手工艺特色(图 2.28),德绍时期布兰德设计的台灯(图 2.29 左)造型简洁优美,由一家工厂批量生产,说明包豪斯在工业设计上已经比较成熟。在家具车间,布劳耶创造了一系列影响极大的钢管椅(图 2.29 右),这些钢管椅成了现代设计的典型代表。

1928年,格罗皮乌斯辞去了包豪斯校长的职务,由建筑师汉内斯·迈耶接任校长。迈耶积极倡导学校师生接受企业设计委托。迈耶辞职后,著名的建筑师米斯担任第三任校长。"少就是多"就是米斯的名言。1929 年他设计了巴塞罗那世界博览会德国馆、巴塞罗那椅,两者成了现代建筑和设计的里程碑;1927 年他设计了著名的魏森霍夫椅,如图 2.30 所示。

图 2.28　魏玛时期金属制品

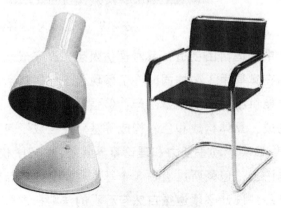

图 2.29　德绍时期制品

图 2.30 米斯设计作品

由于纳粹的迫害，包豪斯学校迁至柏林后在 1933 年 7 月宣告正式解散。包豪斯存在的 14 年中，共有 1250 名学生和 35 名全日制教师在此学习和工作过。包豪斯对于现代工业设计教育的贡献是巨大的，开创了世界许多学校设计教育教学方式的基础，在设计理论方面奠定了三大构成的基础，培养出大量杰出建筑师与设计师并在世界各地传播了现代主义的思想。相比较理论方面的贡献，包豪斯所设计出来的实际工业产品并不突出。包豪斯的影响不在于它的实际成就，而在于它的现代主义的理性精神。包豪斯对于现代设计的影响是巨大的，当然也存在一些局限之处。其局限包括：首先，在设计中过分强调抽象的几何图形，严格的几何造型和工业材料使产品感觉没有人情味。其次，包豪斯反对历史主义，提倡几何构图，"国际式"风格消除了设计的地域性和历史性。最后，包豪斯提倡为大众的设计，但一般民众欣赏不了其抽象的设计风格，昂贵的价格也超出了一般民众的购买力。

2.7　20 世纪二三十年代的流行风格

2.7.1　艺术装饰风格

艺术装饰风格是两次大战之间装饰艺术风格的总称。新艺术运动后，设计师们开始寻求新的风格。1910 年左右，新艺术中维也纳分离派和麦金托什为代表的直线派传播到了法国。同时，俄国芭蕾舞震撼性的色彩对巴黎的风格发展有了极大影响。立体主义几何装饰艺术，以及海地原始艺术，都促进了艺术装饰风格的发展。

"艺术装饰风格从各种源泉中获取了灵感，包括新艺术较为严谨的方面、立体主义和俄国芭蕾、美洲印第安艺术以及包豪斯……它趋于几何又不强调对称，趋于直线又不囿于直线，并满足机器生产和塑料、钢筋混凝土、玻璃一类新材料的要求。"1925 年"国际现代装饰与工业艺术博览会"举办，艺术装饰风格的名称由此而来。塑料类新材料的出现和批量生产帮助艺术装饰风格以较低的价格进入了更大的市场。艺术装饰风格采用手工艺和工业化的双重特点，设法把豪华的手工艺制作和工业化特征合二为一，作为一种象征现代化生活的风格拥有广大的消费拥护者，直到20世纪30年代后期才逐渐被流线型风格所取代。

2.7.2 流线型风格

流线型是美国始于20世纪30年代后期的一种设计风格，以空气动力学名词作为风格名称，最初主要运用在交通工具上，广泛流行后几乎涉及所有的产品外形。流线型风格的流行有其科技和消费两方面原因。20世纪30年代塑料金属模压成型方法得到广泛应用，较大的曲率半径便于脱模和成型，为流线型的生产提供了条件。流线型设计的流行也与消费市场密切相关。20世纪30年代初期美国经济出现了大萧条，但很快就进入了高速发展时期。由于流线型设计的形式给人以速度感和机器的活力感，所以成为一种象征速度和现代精神的造型语言，其情感价值是超过其实用功能的。

流线型设计对现代产品尤其是交通工具的设计产生了很深的影响。1934年，奥地利人列德文克所设计的塔特拉V8-81型汽车(图2.31)就采用了流线型形式，并加上了一个尾鳍。德国设计师波尔舍设计的酷似甲壳虫的大众牌小轿车是一种适于高速公路的小型廉价汽车，如图2.32所示。

图2.31　塔特拉V8-81型汽车

图2.32　甲壳虫小轿车

2.8　设计师的职业化

2.8.1　美国工业设计的职业化

20世纪20年代后期美国经济开始衰退。1929年，出现了纽约华尔街股票市场的大崩溃和经济大萧条。当时的美国国家复兴法案冻结了物价，使厂家无法在价格上竞争，只能通过外观吸引消费者。这种情况下，专门的职业设计师出现了。

第一批职业工业设计师中不少是受雇于大企业的驻厂设计师，如厄尔。通用汽车公司为了与福特公司抗衡，1925年邀请厄尔进行外观改进，不久后公司的销售量便超过了福特。除驻厂设计师以外，自由设计师在20世纪二三十年代也非常活跃。

提革是最早一批的工业设计师之一，他原是一位成功的平面设计艺术家，经营过广告业，并成立了自己的设计事务所。提革的目标一直是为其业主增加利益，但又不以过多损害美学上的完整为代价，并以省略和简化的方式来改善产品的形象。从1927年起他受柯达公司之托设计照相机和包装。提革非常注重和工程师的合作，并产生了很多优秀的设计。

盖茨也是美国最早的职业设计师之一。与提革一样，他也曾经营过广告业，并转入舞台设计，而后又成了一位商店橱窗展示设计师，进而开始从事工业设计。1932年出版的《地平线》一书奠定了他在工业设计史中的重要地位。盖茨是流线型风格的重要人物。由于缺少设计委托和自己不善理财，盖茨的事务所在第二次世界大战后不久便倒闭了。

第一代自由设计师中最著名是罗维，罗维是一个多产的设计师，参与的项目达数千个，从飞机、轮船、火车、宇宙飞船到邮票、口红、标志和可乐瓶子都属于他的设计范围。1929年，他改良了Gestetner复印机，使之从笨拙的工具变成富有魅力的办公家具，他也从此开始了设计生涯。1933年起，他为灰狗公司设计了观光巴士，包括汽车、汽车内部、标志、色彩计划和企业形象。1935年，罗维为冰点(Cold point)冰箱设计了一个新造型(图 2.33)，将整个冰箱包容于一个朴素的白色珐琅质钢板箱之内，外形采用大圆弧与弧形，浑然一体的箱体显得简洁明快；冰箱内部也设计成可放置不同形状和大小的容器，这些设计奠定了现代冰箱的基础。新的造型使冰箱年销量从15000台到增长到275000台，是设计促进销售的典型范例。

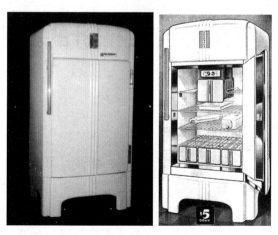

图2.33 冰点(Cold point)冰箱

1936年，罗维为宾夕法尼亚铁路局设计了GG-1火车车头，采用焊接技术制造机车头壳，不仅使其外形完整、流畅，而且简化了维护过程，从而降低了生产成本，这个设计在巴黎的世界博览会获得交通工具部分的金质奖章。罗维还重新设计了可口可乐瓶体和标志等，在商业中获得巨大成功，为可口可乐公司带来巨大利润。可口可乐的经典瓶体也成为美国文化的象征。1940年，罗维重新设计了"法玛尔"农用拖拉机。罗维的设计采用了人字纹的胶轮，易于清洗，四个轮子的合理布局增大了稳定性。1967年，罗维被美国宇航局聘用参与阿波罗空间站的设计。罗维的设计使宇航员在空间站中生活得舒适，并保证了工作效率。罗维的设计哲学为 MAYA(Most Advanced Yet Acceptable，先进且可接受)原则，并在他的所有设计中切实做到了这点。罗维是第一位上《生活》周刊封面的设计师，他的人生就是一部美国工业设计的发展简史。

德雷夫斯是与罗维、提革和盖茨同时代的第一代工业设计师，他的著作《为人民的设计》开创了人机工学的研究先河。德雷夫斯认为适应于人的机器才是最有效率的机器，他1961年出版的《人的度量》一书奠定了人机工程学的理论体系，其最有影响的作品是为贝尔电话公司设计的电话机。1937年，贝尔公司推出德雷夫斯的"组合型"电话机，这种新型电话机的机身设计简练，易于使用，方便清洁和维修，并减小了损坏的可能性。他的代表作还有为胡佛吸尘器公司设计的新型吸尘器等。

2.8.2 欧洲的工业设计师

英国是最先通过工业设计师登记制度将其正式职业化的国家，说明英国政府对于工业设计的高度重视。芬兰的阿尔托不仅是一位极为成功的建筑师，同时又为家具、玻璃等工业设计了大量优秀产品。意大利设计领域中最活跃、最有才干的建筑师和设计师是庞蒂，1928年他成为设计杂志《多姆斯》的编辑。

2.9 第二次世界大战后工业设计的发展

2.9.1 斯堪的纳维亚设计

斯堪的纳维亚是丹麦、瑞典、瑞士、挪威、冰岛5个国家的统称。斯堪的纳维亚设计将德国严谨的功能主义与本土手工艺传统中的人文主义融会在一起，具有朴素而有机的形态及自然的色彩和质感。斯堪的纳维亚设计属于柔化的功能主义，更富有人情味和亲切感。20世纪50年代，在政府对于设计的重视和大力扶持下，斯堪的纳维亚设计获得极大发展，一批第二次世界大战前就相当有名的设计师如丹麦的汉宁森、芬兰的阿尔托等设计出了大量优秀的作品。如图 2.34 所示,汉宁森在第二次世界大战后又设计了许多新型的 PH 灯具,特别是其中的 PH-5 吊灯和 PH 洋蓟吊灯。芬兰的阿尔托以用工业化方法制作精良但成本低廉的家具著称,他的设计轻巧、舒适(图 2.35)。

图 2.34 PH-5 吊灯和 PH 洋蓟吊灯　　　　　　　　图 2.35 阿尔托设计的座椅

被称为"椅子的大师"的丹麦设计师维纳,最有名的设计是 1949 年设计的一把名为"椅"的扶手椅(图 2.36 左)。"椅"线条流畅,非常注重细节,具有雕塑般的美感。"椅"原是为有腰疾的人设计的,因而坐上去十分舒适。维纳对传统中国家具非常感兴趣,他所设计的系列"中国椅"便是在吸收了中国明代椅的一些重要特征的基础上完成的。1947 年,他的作品"孔雀椅"(图 2.36 右),被放置在联合国大厦。

图 2.36 "椅"和"孔雀椅"

雅各布森是丹麦另一位有影响力的建筑师和设计师。他的大多数设计都是为特定的建筑而作的,家具成为室内环境整体的一部分。雅各布森在 20 世纪 50 年代设计了 3 种经典性的椅子(图 2.37),即 1952 年为诺沃公司设计的"蚁"椅、1958 年为斯堪的纳维亚航空公司旅馆设计的"天鹅"椅和"蛋"椅。这 3 种椅子均是热压胶合板整体成形的,具有雕塑般的美感。

除此之外,年轻设计师也推动了斯堪的纳维亚设计的进一步发展。由 6 名设计师组成的瑞典"设计小组"参与了索尔纳公司的胶版印刷生产线的开发设计工作,他们对生产线操作过程进行了详尽的人机工程分析后,重新设计了标志、符号、指令和操纵手柄,改善了工作条件。

图2.37 "蚁"椅、"天鹅"椅、"蛋"椅

2.9.2 现代主义的发展

20世纪四五十年代,美国和欧洲的设计主流是在包豪斯理论基础上发展起来的现代主义,其核心是功能主义,强调实用物品的美应由其实用性和对于材料、结构的真实体现来确定。随着经济的复兴,现代主义也开始脱离战前刻板、几何化的模式,并与第二次世界大战后新技术、新材料相结合,形成了一种成熟的工业设计美学,由现代主义走向"当代主义"。现代主义在第二次世界大战后的发展集中体现于美国和英国。

1. 美国现代主义的发展

20世纪40年代,功能主义已在美国根深蒂固。美国纽约的现代艺术博物馆利用举办竞赛和各种展览的方式来推动现代主义设计在美国的发展。米勒公司和诺尔公司等也积极促进现代主义设计,其中最有代表性的美国设计师是埃罗·沙里宁等。沙里宁出生于芬兰,他的家具设计常常体现出"有机"的自由形态,这标志着现代主义已突破了刻板的包豪斯风格而开始走向"软化",被称为"有机现代主义"。他最著名的设计有"胎"椅和"郁金香"椅(图2.38),这两个设计都被称为20世纪五六十年代"有机"设计的典范。

图2.38 "胎"椅和"郁金香"椅

20世纪50年代，美国的现代主义设计仍具有浓厚的道德色彩，认为追求时尚和商品废止制都是不道德的形式，只有简洁而诚实的设计才是好的设计。随着经济的发展，现代主义越来越受到资本主义商业规律的压力，因此，现代主义开始向商业化妥协。

2. 英国现代主义的发展

第二次世界大战前，由于工艺美术运动的传统思想存在，现代主义没有能在英国真正确立起来。在第二次世界大战期间，为了应付木材等原材料的匮乏，要充分利用材料进行设计，这样现代主义才开始在英国扎根。英国现代主义发展中最重要的机构是1944年成立的英国工业设计协会。20世纪40年代末，英国设计开始注重"人情味"，设计中造型、色彩等心理因素开始被关注。当代主义是20世纪50年代出现在家具、室内设计等方面的一种设计美学，其基础仍然是功能主义，由于受到斯堪的纳维亚设计的影响使其具有弹性及有机的特点。

2.9.3 美国的商业性设计

现代主义的设计在20世纪四五十年代以得了巨大的成功，但同时也存在其他有影响的设计流派，如美国的商业性设计。商业性设计的本质是形式主义的，强调形式第一、功能第二。在激烈的市场竞争下，为了促进商品销售，设计师不断翻新形式，甚至不惜牺牲部分使用功能。美国商业性设计的核心是"有计划的商品废止制"，即通过人为的方式使产品在较短时间内失效，从而迫使消费者不断地购买新产品。商品的废止有如下3种形式：一是功能型废止，也就是使新产品具有更多、更完善的功能，从而让先前的产品"老化"；二是合意型废止，由于经常性地推出新的流行款式，使原来的产品过时，即由不合消费者的意趣而废弃；三是质量型废止，即预先限定产品的使用寿命，使其在一段时间后便不能使用。当时，存在两种对于有计划的商品废止制的不同态度：厄尔等人认为这可以促进经济发展，并在自己的设计中实际运用；另一些人则认为这是社会资源的浪费和对消费者的不负责任，因而是不道德的。

第二次世界大战后美国汽车设计是商业性设计的典型代表。通用汽车公司、克莱斯勒公司和福特公司利用美国人希望忘记战争艰苦过程的心理，不断推出新奇、夸张的设计，取得了巨大的商业成效。年度换型计划使原有车辆很快在形式上过时。这些新车型一般只是造型进行改变，功能结构并无多大变化。设计师厄尔在汽车设计上有3个重要突破：一是把汽车前挡风玻璃从平板玻璃改成弧形整片大玻璃，加强了汽车的整体性；二是铬构件的雕塑化使用，从原来只是在车身部分镀铬，变成以镀铬部件做车标、线饰、灯具、反光镜等；三是给小汽车加上尾鳍。如图2.39所示为1955年厄尔设计的凯迪拉克"艾尔多拉多"汽车。

图 2.39 凯迪拉克"艾尔多拉多"汽车

经济的衰退、消费者权益意识的增加和能源危机的出现，从欧洲、日本进口的小型车提开始广泛地占领市场，"有计划的商品废止制"被逐渐摒弃。20世纪50年代末起，美国商业性设计走向衰落。

2.9.4 意大利的设计

意大利具有悠久的艺术传统，早在第二次世界大战前就产生过一些优秀设计。第二次世界大战后，意大利的设计在家具、汽车、服装、电子产品、家用电器等领域的设计对整个设计界产生了巨大冲击。庞蒂被称为意大利第一代著名设计师，1945年他的轻体椅获得第一届金圆规奖大奖。庞蒂设计的"迪克斯特"椅等，造型结构简洁实用，均为意大利的优秀设计作品。1948年设计师尼佐里为奥利维蒂公司设计了"拉克西康80"型打字机，采用了略带流线型的雕塑形式，在商业上取得了很大成功。1950年尼佐里又推出了"拉特拉22"型手提打字机(图2.40)，该打字机功能性强、外形优美，造价低廉。

图 2.40 "拉特拉22"型手提打字机

柯伦波擅长塑料家具的设计，设计了世界首次以挤塑方式生产的椅子。他主张将家具设计为环境与空间的有机构成部分，代表作品包括可拆卸牌桌(图2.41左)等。他的遗作——塑料家具总成(图2.44右)共有4组，包括厨房、卧室、卫生间等。这些产品或可折叠、或可组合，非常灵活。

图 2.41 可拆卸牌桌和塑料家具总成

意大利的汽车设计在国际上享有盛誉，著名的公司包括平尼法里那设计公司和意大利设计公司。平尼法尼那设计公司最有影响的设计是法拉利牌系列赛车。法拉利赛车的设计体现出意大利汽车文化独有的浪漫与激情的特征。

2.9.5 联邦德国的技术型设计

德国的工业设计在第二次世界大战前就有坚实的基础，并发展了一种强调技术特征的工业设计风格。

第二次世界大战后对德国工业设计产生最大影响的机构是于 1953 年成立的乌尔姆造型学院，被称为"新包豪斯"。这是一所培养工业设计人才的高等学府，其纲领是使设计直接服务于工业。瑞士籍画家、建筑师、设计师比尔设计了学院的校舍并担任了第一任院长。比尔曾是包豪斯的学生，为把造型学院建成包豪斯的继承者，他在建校方针上遵循包豪斯的理论学说，强调艺术与工业的统一，并在学院开设了机械与形式两方面的课程。1957 年由阿根廷画家马尔多纳多接替比尔担任院长。马尔多纳多用数学、工程科学和逻辑分析等课程取代从包豪斯继承下来的美术训练课程，产生了一种以科学技术为基础的设计教育模式。乌尔姆造型学院的改革引起了极大的争议，并受到舆论界的批评。马尔多纳多于 1967 年辞职，学院也于次年解散。尽管如此，乌尔姆造型学院的影响十分广泛，它所培养的大批设计人才在工作中取得了显著的经济效益。

乌尔姆造型学院与德国布劳恩股份公司的合作是设计直接服务于工业的典范。在该院产品设计系主任古戈洛特等教师的协助下，布劳恩公司设计生产了大量优秀产品。1955 年杜塞尔多夫广播器材展览会上，布劳恩公司展出的收音机、电唱机等，外形简洁、色彩素雅(图 2.42 左)。它们是布劳恩公司与乌尔姆造型学院合作的首批成果。1956 年，拉姆斯与古戈洛特共同设计了一种收音机和唱机的组合装置，该产品有一个全封闭白色金属外壳，加上一个有机玻璃的盖子，被称为"白雪公主之匣"(图 2.42 右)。

图 2.42　布劳恩公司的收音机与"白雪公主之匣"

2.9.6　日本的"双轨制"

日本现代设计的一个特色是"双轨制",也就是高技术与传统文化的共同发展。一方面,日本在传统手工艺制品领域传承本土文化特色,保持传统的延续性;另一方面,在高技术领域也进行积极的产品开发研究。日本通过这种"双轨制",使传统文化在现代社会中得以继承与发扬,产生了一些优秀的作品。

第二次世界大战前,日本很多工业产品直接模仿欧美,价廉质次。第二次世界大战后日本经历了恢复期、成长期和发展期3个阶段,使目前日本工业设计备受国际设计界的关注。

1. 恢复期的日本工业设计(1945—1952年)

在美国的扶植下,日本通过7年时间经济基本上恢复到了第二次世界大战前的水平。1947年,日本举办了"美国生活文化展览",以实物和照片介绍了美国工业产品设计的应用。以后几年中,各种展览不断地举办,一些设计院校也相继成立。1951年,受日本政府邀请,美国政府派遣著名设计师罗维来日本讲授工业设计,并且为日本设计师亲自示范工业设计的程序与方法。罗维的讲学,对日本工业设计起到重大的促进作用。1952年,日本工业设计协会成立,并举行了战后日本第一次工业设计展览——新日本工业设计展。这两件事是日本工业设计发展史上的里程碑。恢复期的日本,许多产品仍是工程师设计的,比较粗糙。

2. 成长期的日本工业设计(1953—1960年)

这一时期,科学与技术不断得到突破,日本的经济与工业都在持续发展。1953年,日本电视台开始播送电视节目,使电视机需要量大增;日本的摩托车和汽车工业也在同期发展起来,各种家用电器也迅速普及。到1960年,日本摩托车和电视机产量分别占世界第一位和世界第二位。1957年起,日本设立了"G"标志奖,以奖励优秀的设计作品。日本政府于1958年在通产省内设立了专门部门工业设计课,主管工业设计,积极扶持设计的发展。成长期的日本工业设计主要模仿欧美产品,以打开国际市场。

3. 发展期的日本工业设计(1961年起)

1961年起日本的工业生产和经济出现了飞跃，工业设计由模仿逐渐走向创造自己的特色。当时不少日本产品在技术上已处于世界领先地位，新技术的普及迫使日本的生产厂家通过工业设计来增加产品市场竞争力。1973年，国际工业设计协会联合会在日本举行了一次展览，日本设计师吸取了布劳恩公司的产品特点，在工业设计中发展了高技术风格。

进入20世纪80年代，特别是80年代后期，由于受到意大利设计的影响，日本家用电器产品的设计开始转向所谓"生活型"，即强调色彩和外观上的趣味性，以满足人们的个性需求。

2.10 设计的多元化发展

20世纪50年代是现代主义占有统治地位的时期，而20世纪60年代后设计特征开始走向多元化，新的设计师向功能主义提出挑战，各种设计风格相继产生。

2.10.1 "无名性"设计

随着技术越来越复杂，设计越来越专业化，产品的设计师往往不是一个人，而是由多学科专家组成的设计队伍。设计一般都是按一定程序以集体合作的形式完成的，这样，个人风格就难以体现于产品的最终形式之上。此外，随着设计管理的发展，许多企业都建立了自己的长期设计政策，这就要求企业的产品必须体现出一贯的特色。这些都推动了"无名性"设计的发展。"无名性"设计强调设计是一项集体活动而不追求个人风格的体现，强调对设计过程的理性分析。20世纪60年代以来，以"无名性"为特征的理性主义设计为国际上一些引导潮流的大设计集团采用，如荷兰的飞利浦公司、日本的索尼公司、德国的布劳恩公司等。"无名性"设计强调产品的内在使用质量和生产工艺，因而同类产品在造型上往往彼此雷同，很难从外观造型上判别出生产厂家。这种"无名性"设计在很大程度上代表着工业设计的主流，其影响一直延续至今。

2.10.2 高技术风格

高技术风格源于20世纪二三十年代的机器美学，这种美学注重现代工业材料和工业加工技术的运用，反映了当时以机械为代表的技术特征。"高技术"风格在建筑学中最为轰动的作品是英国建筑师皮阿诺和罗杰斯设计的，1976年在巴黎建成的蓬皮杜国家艺术与文化中心(图 2.43)。蓬皮杜艺术与文化中心大楼直接表现了结构和设备。面向街道的东立面上挂满了五颜六色的各种"管道",红色的为交通通道,绿色的为供水系统,蓝色的为空调系统,黄色的为供电系统。面向广场的西立面是几条有机玻璃所制作的一条由底层蜿蜒而上的自动扶梯和几条水平方向的外走廊。埃菲尔铁塔也属于高技术风格的代表建筑。

图 2.43　蓬皮杜国家艺术与文化中心

"高技术"风格表现在室内设计、家具设计上,主要是直接利用那些为工厂、实验室生产的产品或材料来象征高度发达的工业技术。在家用电器设计中,"高技术"风格使家电产品看上去像一台科技仪器。

"高技术"风格在 20 世纪六七十年代曾一度流行,但是由于过度重视技术性,因而显得冷漠而缺乏人情味。把"高技术""高情趣"结合起来最早来自于名为"波普"的艺术与设计运动。

2.10.3　波普风格

波普风格源于英国,反映了第二次世界大战后成长起来的青年一代的社会与文化价值观与反传统的思想,在设计中强调新奇与独特,大胆采用艳俗的色彩。波普风格在不同国家有不同的形式。如美国电话公司就采用了美国最流行的米老鼠形象来设计电话机(图 2.44 左);意大利的波普设计则体现出软雕塑的特点,如把沙发设计成嘴唇状,或者做成一只大手套的样式(图 2.44 中右)。

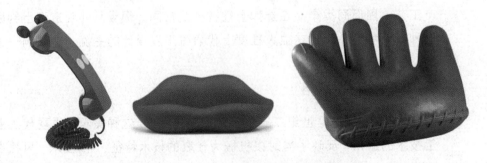

图 2.44　美国米老鼠电话机和意大利波普沙发

波普设计打破了第二次世界大战后现代国际主义风格冷漠的面貌，用诙谐、夸张的手法进行大胆的创新，是对现代主义设计风格的挑战，其设计色彩单纯、鲜艳，材料多选用塑料或廉价的材料。波普设计在20世纪60年代的设计界引起强烈震动，并对后来的后现代主义产生了重要影响。

2.10.4 后现代风格

20世纪60年代后，西方各工业发达国家先后进入了后工业时代，在社会、美学、文学各领域，形成各种反主流运动。后现代主义是其中较有影响的一支流派。后现代主义首先体现于建筑界，而后迅速波及其他设计领域。后现代风格是对现代风格中纯理性主义倾向的批判，强调建筑及室内设计应具有历史的延续性，但又不拘泥于传统，常对古典构件进行夸张、抽象和变形，或以新的手法组合在一起。后现代主义的发言人斯特恩把后现代主义的主要特征归结为3点：即文脉主义、引喻主义和装饰主义，把装饰作为建筑不可分割的部分。后现代风格的代表人物有文丘里、格雷夫斯等，相关作品如图2.45和图2.46所示。

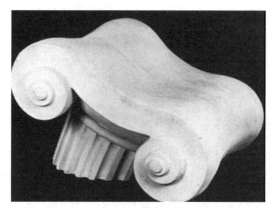

图2.45　工作室65设计的椅子　　　图2.46　格雷夫斯设计的广场梳妆台与座椅

后现代主义在设计界最有影响的组织是意大利的"孟菲斯"，由著名设计师索特萨斯和7名年轻设计师组成。索特萨斯于1981年设计的博古架(图2.47)，色彩艳丽，造型古怪。扎尼尼设计的陶瓷茶壶看上去像一件幼儿玩具，色彩极为粗俗。这些设计与现代主义"优良设计"的趣味大相径庭，因而又被称为"反设计"。

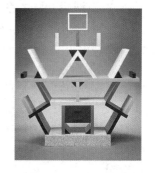

图2.47　索特萨斯设计的博古架

2.10.5 解构主义

20世纪80年代，后现代主义逐渐衰退，一种重视个体、部件本身，反对总体统一的解构主义哲学开始兴起。解构主义认为个体构件本身就是重要的，因而对单独个体的研究比对于整体结构的研究更重要,相关作品如图 2.48 所示。解构主义最有影响力的建筑师盖里在 20 世纪 90 年代末完成的毕尔巴鄂古根海姆博物馆引起了很大的轰动;屈米的代表作为巴黎维莱特公园的一组解构主义的红色构架设计;德国设计师英戈·莫端尔设计的名为波卡·米塞里亚的吊灯,基于瓷器爆炸的慢动作,将瓷器"解构"成了灯罩。从结构和功能方面来说,解构主义不过是另一种形式的构成主义。

图 2.48　解构主义作品

2.11　信息时代的工业设计

2.11.1　美国信息时代的工业设计

美国是最早进入信息时代的国家,在计算机和网络的应用和普及方面都处于世界领先地位,也拥有不少世界著名的 IT 企业。1976 年,苹果电脑公司创建于美国硅谷,1979 年就跻身于《财富》前 100 名大公司之列。苹果公司不但在世界上最先推出了塑料机壳的一体化个人计算机,而且采用不断推出苹果风格的新型计算机,如著名的苹果 II 型机、Mac 系列机、牛顿掌上电脑、Powerbook 笔记本电脑、便携式电脑 eMate 等(图 2.49)。这使计算机成为一种非常人机的工具,从而使日常工作变得更加友善和人性化。

图 2.49　苹果公司标志及电脑产品

IBM 是美国最早引进工业设计的大公司之一,在著名设计师诺伊斯的指导下,IBM 创造了蓝色巨人的形象。但从 20 世纪 80 年代起,IBM 的工业设计开始走下坡路。为了改变这种局面，IBM 的高层决定以消费者导向的质量、亲近感和创新精神来反映 IBM 的个性。IBM 最终以 Thinkpad 笔记本电脑的设计为突破，实现了 IBM 品牌的再生，塑造了一种当代、革新和亲近的形象。IBM 公司标志及电脑产品如图 2.50 所示。

图 2.50　IBM 公司标志及电脑产品

20 世纪 80 年代末美国出现了一批新的独立设计事务所。这些新型的设计公司更加强调设计的团体性和全面性。它们不仅能提供产品的外形设计和工程设计，而且能提供市场研究、消费者调查、人机学研究、公关策划，甚至企业网站设计与维护等诸方面的服务，并具有全球性活动的能力。一些新型设计公司建立起全球性的服务网络以应付世界经济日益全球化的趋势。另外，这些设计公司的设计手段也因大量采用计算机辅助设计而发生了革命性的变革，SGI(Silicon Graphic)图形工作站和 Alias、Pro-Designer 等设计软件使工业设计更加高科技化，比较著名的设计公司如苹果、IBM、奇巴等。

奇巴(ZIBA)设计公司被认为是国际最佳的设计公司之一。奇巴的设计理念是以简洁取胜，并强调产品的人机特性，因此其产品设计非常注重细节的处理，"上帝就在细节之中"。同时，奇巴也追求设计的趣味与和谐，通过色彩、造型、细节和平面设计使产品亲切宜人和幽默可爱，达到雅俗共赏。该公司为微软开发的"自然"曲线键盘因使用方便(图 2.51)，人机界面舒适，造型新颖独特而受到用户欢迎。奇巴公司还设计了大量高技术的医疗设备，这类产品的设计多采用简洁明快的体块造型以方便操作和清洁，使医疗过程变得简单而轻松。

图 2.51　"自然"曲线键盘

IDEO 设计公司也是国际领先的设计公司之一。该公司的产品设计十分强调人机互动关系，使人们能以自然、方便的方式实现人机之间的信息传递。IDEO 在互动软件方面进行了卓有成效的探索，该公司设计的一款语音及书写的输入/输出设备，可以实现语言及数据的传送。

除此以外，帕罗·阿尔托(Palo Alto)设计公司、费奇(Fitch)设计公司等也在工业产品设计方面取得了很大的成就。

2.11.2 欧洲及日本信息时代的工业设计

总体来说，美国的信息技术比欧洲先进，但在某些领域，欧洲国家具有自己独特的优势。欧洲悠久的历史使设计师们设计出的高科技产品充满人文和艺术情调。

最负盛名的欧洲设计公司为德国的青蛙设计公司，其设计新颖、奇特、充满情趣，设计范围非常广泛，它几乎与所有的跨国公司都有合作。20 世纪 90 年代以来该公司在计算机及相关的电子产品领域取得了极大的成功(图 2.52)。1982 年，青蛙设计公司的创始人艾斯林格为维佳公司设计了一种名为"青蛙"的亮绿色电视机，获得了很大的成功。于是艾斯林格将"青蛙"作为自己的设计公司的标志和名称。另外，青蛙(Frog)一词恰好是德意志联邦共和国(Federal Republic of Germany)的缩写。青蛙设计公司的设计哲学是"形式追随激情"(Form follows emotion)，因此许多青蛙公司的设计作品都有一种欢快、幽默的情调。青蛙设计公司于 2003 年为迪士尼公司设计的一系列儿童电子产品，诙谐有趣，极富童趣。艾斯林格于 1990 年荣登《商业周刊》的封面，这是自罗维在 1947 年作为《时代周刊》封面人物以来设计师仅有的殊荣。1984 年，青蛙设计公司为苹果公司设计的苹果 II 型计算机出现在《时代周刊》的封面，被称为"年度最佳设计"。青蛙设计公司因为有更加丰富的经验，所以能洞察和预测新的技术、新的社会动向和新的商机。正因为如此，青蛙设计公司的设计能成功地诠释信息时代工业设计的意义(图 2.52)。

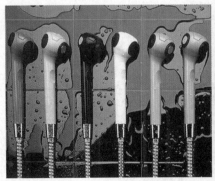

图 2.52　青蛙设计公司电子产品

荷兰的飞利浦公司、意大利的奥利维蒂公司、德国的西门子公司和 AEG 公司都在新兴高技术产品的开发与设计方面成就不凡。瑞典的爱立信和芬兰的诺基亚是两家在高科技人性化方面颇有建树的通信技术公司，它们将北欧设计独有的简洁、实用和自然的特点与先进的信息技术结合起来，创造了众多充满人情味和个性的产品。

在消费类电子产品方面，日本通过精心设计的细部、相对低廉的价格来赢得大众市场。在信息时代，日本传统设计中小、巧、轻、薄的特点得到了进一步的发扬光大，成为日本高科技产品的重要特色。美国《大众科学》评出的 1999 年全球最佳科技成果 100 项中，索尼公司的产品占了 5 项，是入选产品最多的公司，这些产品都体现了索尼公司将先进技术转化为消费商品的超凡能力。索尼的产品以精巧雅致著称，十分擅长应用高技术来丰富人们的日常生活，它的 PlayStation 游戏机获得了可与"随身听"媲美的巨大成功。索尼设计的数字像框和讨人喜欢的机器狗 Aibo、拟人化机器人 Qrio 也大受欢迎。

思 考 题

1. 阐述设计的起源及设计萌芽阶段的特点。

2. 手工艺设计阶段有哪些特点？

3. 请课后了解中国手工艺设计阶段每个时期的案例。

4. 阐述西方手工艺阶段对于工业设计发展的影响。

5. 阐述工艺美术运动的代表人物、主要思想，以及新艺术运动的主要观点、所在国家风格。

6. 阐述德意志制造联盟在设计的现代化过程中所起的作用。

7. 了解包豪斯学校的设计理念及发展过程、巨大作用及局限性。

8. 美国著名的第一代职业设计师有哪些？

9. 阐述第二次世界大战后工业设计的发展情况。

10. 多元化设计包括哪几种设计风格？

11. 信息时代的著名企业及设计公司有哪些？

第 3 章　工业设计的主要特性

教学目标

了解文化对设计的影响及设计对文化生成的作用。

理解工业设计在企业中的作用和地位。

理解通过工业设计,如何提升产品的附加价值。

了解工业设计在治理环境问题中的对策及在可持续发展中如何发挥作用。

教学要求

知识要点	能力要求	相关知识
工业设计的文化内涵	(1) 了解文化对设计的影响; (2) 了解设计对文化生产的作用; (3) 了解设计中的有与无	设计与文化
工业设计对企业的服务性	(1) 理解工业设计在企业中的作用和地位; (2) 理解通过工业设计如何提升产品的附加价值	工业设计与企业
工业设计与环境对策	(1) 了解设计中的环境意识; (2) 了解设计在环境问题中的对策	设计与环境

基本概念

设计的文化性:是指工业设计作为人类一种创造活动,具有文化的性质。

设计的文化生成功能:是指设计对人类文化的影响。

产品的附加值:是指企业得到劳动者的协作而创造出来的新价值,它是由从销售收入中扣除原材料消费、动力费、机械等折旧费、人工费、利息等以后剩余部分所构成。通过精心策划的工业设计,在产品实用价值的基础上创造出鲜明个性和社会地位象征性等美学及心理价值,也是提高产品附加价值的重要而直接的手段。

环境:就是我们所感受到的、体验到的周围的一切,它包含与人类密切相关的、影响人类生存和发展的各种自然和人为因素或作用的总和。

3.1 工业设计的文化内涵

设计的发展一直伴随着人类文明和文化的进步。设计与文化从来都是互相联系,互相影响的。它是人类为了实现某种特定的目的而进行的一种创造性活动，是人类生存和发展的最基本的活动，它包含于一切人造物品的形成过程之中。从词源学的角度来考察，"文化"一词在西方源于拉丁文"culture"，其原意是对土地的耕耘和植物的栽培，后来又引申为对人本身的精神的培养。中国古代文献中也有"文化"一词，其最古老的含义便是"文治教化"，《易传》中有"观乎天文，以察时变，观乎人文，以化成天下"之说。

哲学家们曾指出人是文化的产物，就是说人与文化有着不可分割的关系和意义。文化是人的产物，人也是文化的产物，人创造文化，文化也造就着人。文化是相对于自然的存在物，英国人类学家泰勒曾认为，"文化或文明，就其广泛的民族意义来说，乃是包括知识、信仰、艺术、道德、法律、习俗和任何人作为一名社会成员而或得到能力和习惯在内的复杂整体"。苏联时期学者卡冈从马克思主义哲学的原理出发，认为"文化是人类活动的各种方式和产品的总和，包括物质生产、精神生产和艺术生产的范围，即包括社会的人的能动性形式的全部丰富性"。我国国学大师季羡林先生对文化做了如下定义："凡是人类历史上所创造的精神、物质两个方面，并对人类有用的东西，就叫文化"。文化大无不包，人们所使用、所接触的所有人造物及非物质性的能反映人类文明的知识、艺术、技艺等都是文化的内容。文化涉及人类的方方面面，凡是有人类活动的地方就有文化，就有文化的载体和文化形式的表达，正因为有了文化的滋润，人作为自然界的一部分才能以人的特征，明确的独立出来。文化是由人类创造的，但文化更成就了人，没有人类创造的文化和文化的传播、普及与应用，就没有今天灿烂的人类文明。

文化是一个大系统，它包括诸多子系统。从整体上讲，文化大系统主要包括物质文化、制度文化和精神文化三大要求。从文化结构来看，物质文化是基础，制度文化是中介，精神文化是核心。从某种意义上讲，物质文化和制度文化决定和制约着精神文化。任何设计都打上了时代、民族、地域的文化烙印。设计的理念中一定有文化的内涵，好的设计作品都具有深厚的文化底蕴，在满足人们的物质需求的同时，能带给人精神享受，设计师也是文化的传播者。

人是文化的产物，设计作为人类的创造性活动，其宗旨是创造合理的生存方式，本质上也是人类的一种文化活动。人类伴随着造物而独立于动物。人造物的出现，标志着人类的产生。人造物的不断发展，随着人类文明的产生与繁荣，逐渐演化为了今天的产品。

产品本身是文化的载体，是文化的表现形式。通过对产品的认知和研究，能够感受文化在人类文明史中发展的进程。在信息社会，人们对产品的定义为：产品是指能够提供给市场，被人们使用和消费，并能满足人们某种需求的任何东西，包括有形的物品、无形的服务、组织、观念或它们的组合。产品本身就与文化、与设计有着不可割舍的紧密联系。

设计发展到一定程度后，就需要引导，需要通过设计哲学和设计文化，将其向更高的方向领进。人类的设计行为，与人类的本质，人的生存与发展有什么联系，这些深层次的命题，均需要通过哲学和文化来寻求答。

3.1.1 设计的文化性

设计的对象和设计的结果，都是文化的产物，也是文化的体现，具有一种独特的文化品质。作为人类所创造的文化的一部分，这种文化不仅确证人的存在，而且直接作用于人的生活，它培育和滋养了人。

设计的文化性是指工业设计作为人类一种创造活动，具有文化的性质。也可以说，设计是一种文化形式。从工业设计涉及的知识领域进行分析，工业设计涉及文化结构中大部分知识领域。工业设计涉及科学技术、社会科学与人文科学三大领域知识。

1. 科学技术

设计的结果——产品的生产，必须严格地符合科学技术的"客体"尺度。任何违背这种客体尺度的设计构想，都是无法实现的，因而也是毫无意义的。在科学技术中，工业设计涉及物理学、数学、材料学、力学、机械学、电子学、化学、工艺学等。

2. 社会科学

设计对象的应用，不是个人行为，而是社会群体，甚至整个社会行为。必须通过对社会学中的社会结构、社会文化、社会群体、家庭、社会分层、社会保障，尤其是社会生活方式及其发展等问题的分析与研究，才能使设计的产品为社会所接受；针对设计产品的审美问题，还必须研究社会系统中的审美文化、审美的社会控制、审美社会中的个人、审美文化中的冲突与适应、审美的社会传播、审美时尚等与工业设计密切相关的问题。

3. 人文学科

哲学、人类学、文化学等对工业设计都有不同程度的影响。正在产生的设计文化学、设计哲学、设计心理学、设计符号学、行为心理学、生态伦理学、技术伦理学等对工业设计有者较大的影响。

从设计哲学的视野看来，工业设计的实质是设计人自身的生存与发展方式。生活方式包含4个要素：生活主体、生活需要、生活观念和生活模式。正确的设计思想应通过物的设计体现出人的力量、人的本质、人的生存方式。

设计的承载对象——工具，具有双重属性。设计因人的需求而存在，设计的目的是通过物的创造满足人的物质和精神需要。设计表面上是对具体的设计对象进行设计，实质上是设计人自身的生存方式。设计的承载对象是物，而设计的物均成为人类改造自然和改造自身的工具。从设计哲学的角度看，从工具的生成和工具的本质来看，工具具有双重属性，即"工具的人化"与"工具的物化"。

就工业设计的视野考虑，"工具的人化"是指工具适合人的需求，"工具的物化"是指工具存在的客体化"，具体如下所述。

(1)"工具的人化"是使工具更适合人类本身，工具必须体现出人的特性，是人肢体和器官向外延伸的部分，从而使工具成为人的一部分，使工具成为人这一主体向外延伸的对象。工具必须反映出人的生存方式、行为方式的特征、物质功能需求的特征及审美需求的特征。"工具的人化"表明了工具从自然物向人性化的发展，从而使工具成为人的一部分。

(2)"工具的物化"是工具存在的客体化，主要是工具构想的如何实现，物化过程就是生产的过程。工具在"物化"的过程中，人们关注的是"物化"的方法、途径，而不关心"物化"后作为工具与人的关系。

现代设计中，应更关注工具或产品的人化，关心工具与人的和谐统一。通过对工具"人化"和"物化"的认识，设计师应树立的设计思想：人和物的设计都是人构成的一部分，都是人生命外化的延伸，即设计以人为本

3.1.2 文化对设计的影响

设计的基础是文化，设计是文化的表现形式之一。人类文化的每一历史进程都浓缩在那个时代的物品和审美对象上，即各种用具和文艺作品。纵观设计的发展历程，它是人类文明发展的一面镜子，反映出各个历史时期的生产力发展水平，同时反映了人类的理想和审美心理。可以广义地说，设计创造了人类文明。

文化是一个社会群体特有的文明现象的总和。彩陶文化在人类发展史中占有重要地位，也是设计发展从萌芽期到手工艺时期的过渡。它所给予我们的启示绝不只是原始人器物的造型和纹饰的创造，还反映了原始人的生产方式。从中可看到的不仅是原始人对自然的理解，对社会的态度，也看到那个时代的人类社会的缩影。作为设计史中占有非常重要地位的青铜器，正是文化和设计之间密不可分的有力证明。中国青铜器产生在商周文化的土壤里，渗透到商周时期的冠、婚、祭、宴等文化生活领域。从这个角度讲，设计作品反映的是物质功能及精神追求的各种文化要素的总和，是使用价值、审美价值和文化价值的统一。

设计目的、对象、过程、理念、理论、方法均是文化的组成部分,因此设计体现着文化,设计在文化的影响下体现出文化的特征;同时,设计离不开文化,设计是在文化的滋润下发展的,文化在不同层次上对设计都产生了影响。

1. 艺术对设计的影响

艺术对设计的影响主要是造型艺术方面,因为造型艺术是对"形"与"色"的创造,如绘画、雕塑、建筑等。工业设计也涉及"形"与"色",使两者产生紧密地联系。

1)绘画

绘画是艺术领域美术门类中的"平面上的一种幻觉"。绘画对工业设计的影响,表现为绘画这一种造型艺术为工业设计提供了最基本的表达设计意图的手段,使设计的设计构想从观念转变为可视形态成为可能。但传统的绘画与工业设计要求的产品设计表达不同。绘画在工业设计中主要以设计草图和设计效果图的形式进行表达。除绘画中的透视原理外,更加注重的是以线的运用来表达设计师所产品设计的观念形态,如图3.1所示。

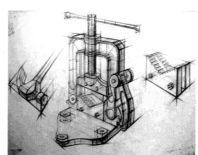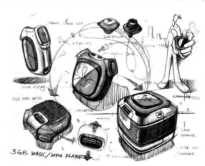

图3.1 素描、结构素描和设计表现

2)雕塑

雕塑是三维空间中以立体形式再现生活、用物质性的事物来塑造形象。随着时代的发展与文明的不断进步,雕塑也在向着抽象化发展,如图3.2所示的亨利·摩尔的现代雕塑。现代工业产品的形态,基本上都是抽象的形态。这既是现代生产工艺的要求,也是现代工业产品抽象的物质功能的必然选择。

在这里,工业设计所面临的产品物质功能与外在形式的巧妙结合问题,和现代雕塑注重"内在形式"的要求不谋而合,因此,现代雕塑的理论与表达手法,不能不对工业设计产生影响,如图3.3所示。

3)建筑

建筑具有一般艺术品的特征,是广义的造型艺术的一种。在造型过程中,注重体积布局、比例关系、空间安排、结构形式等,它是物质性的、实用性的,其与绘画美术不同,而这正和工业设计相吻合。

 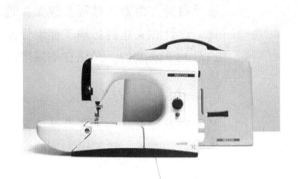

图3.2 亨利·摩尔《斜倚的人》　　　　图3.3 尼佐里设计的"米里拉缝纫机"

世界现代设计史表明，工业设计特别是产品设计的发展，深受建筑艺术的影响，如图 3.4 所示。可以说，人类的建筑史是与产品设计史紧紧地联系在一起的。一些设计师既是建筑师又是工业设计师。这一现象，在工业革命后直至今日这一个历史时期中，越靠近前期，越为明显与突出，如图 3.5 所示。

图3.4 罗西1981年设计的银质咖啡具　　　　图3.5 七星帆船酒店

2．科学技术对设计的影响

科学技术对工业设计的影响，体现在两个层次上：一是作为普遍法规律和方法，属于知识层次的科学技术；二是作为指导人们行为和思想的、属于观念层次上的科学技术，即人们科学态度与科学精神。对于消费者来说，这种科学态度与科学精神也影响对产品的选择与使用。

1）科学与技术对设计的影响

设计活动是一种技术活动，而不是一种艺术活动。把设计对象置于"人—机(产品)—环境"系统中进行最优化的工业设计活动，应以科学态度与技术手段进行"最优化"求解。因此，需在研究"人的科学""科学技术"及"环境科学"的基础上完成设计的目的。

(1) 人的科学。目的是使工业设计的成果与人的生理、心理尽可能协调、从而减轻设计物对使用者的体力负担与精神压力，并提高设计对象的使用效率。人机工程学在 20 世纪四五十年代作为一门独立的学科而产生，并成为工业设计学科重要的理论组成部分。人机工程学在工业设计中的应用支撑着工业设计的科学性，如图 3.6 所示。

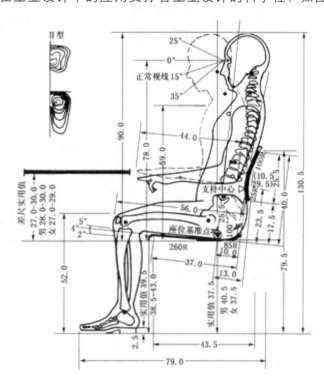

图 3.6 办公座椅设计参考参数

(2) 科学技术。①信息技术的发展，给工业设计的内容、方式与手段带来革命性的变化。信息技术的发展，使产品的设计风格产生很大的变化，如微处理技术的发展，使产品的功能部分向微型化发展，如图 3.7 所示。这样，设计师可以在较大的空间尺度变化范围内使产品形态设计多样化。②材料技术的发展，也在很大程度上影响着工业设计。塑料的发明与使用在材料史上占有重要地位，我们已经生活在以塑料为材料的产品世界中。1869 年美国人 J. W. 海厄特发现在硝酸纤维素中加入樟脑和少量酒精可制成一种可塑性物质，热压下可成型为塑料制品，命名为赛璐珞，并 1872 年在美国纽瓦克建厂生产。当时除用作象牙代用品外，还加工成马车和汽车的风挡和电影胶片等，从此开创了塑料工业，相应地也发展了模压成型技术。现有的塑料制品已经成为人类生活中的必需品，如图 3.8 所示。但塑料制品对环境产生的污染，已经达到了非常严重的程度。设计师对这种材料的使用，应持谨慎态度，需努力探寻绿色材料的使用。

加工技术的发展也对工业设计尤其产品形态的塑造产生了较大影响，如金属冲压技术的发展，可得到大面积、流畅的曲面。这种技术的产生，为流线型风格的产品风靡世界提供了最终要的技术支撑，如图 3.9 所示。

图 3.7　微软 surface 笔记本

图 3.8　坚果容器

图 3.9　中国动车

(3) 环境科学

设计环境是指对设计对象直接产生影响的要素，包括物理环境、社会环境、自然环境、资源环境等。

物理环境：是指产品使用场所环境的综合，严重制约着产品设计的几乎所有方面。

社会环境：是指文化、社会阶层和相关群体等方面的因素。如教育程度、生活方式、风俗习惯、信仰、行为规范、经济水平、价值观念、消费特征等方面，制约产品设计。

自然环境：是指为人类提供生存条件，经济发展的各种物资资源与维持，发展人类所必需的环境质量。

资源环境：是指与资源问题紧密联系的环境质量问题，使得工业设计的设计观念，必须从尽情满足人对物的欲望的商品化设计，转向人与环境相协调的生态化设计。

2) 设计的科学意识，规范设计的发展

设计中科学意识、科学成分对设计产生以下具体作用：

(1) 使设计师站在设计哲理的高度清晰地认识与确立设计的目标。

(2) 使设计师具有理性的、科学的设计方法。

(3) 使设计师自觉关心使用者的生理和心理需求。

(4) 使设计师能以系统的、科学的标准评价产品,而不仅仅是单一的审美标准。

3. 社会心理对设计的影响

工业设计的目的是提升人的生存质量。因此产品设计的前提是,必须了解消费者心理的需求,通过这些心理需求的调查与预测,归纳出产品设计的约束条件,进而为产品设计的下一步发展指明方向。由此可见,设计的市场性是一个很重要的特征。

4. 审美观念对设计的影响

形式美的设计是工业设计的重要组成部分。工业设计需要研究人们的审美观念。审美观念指导着人们的审美活动,制约着设计师对美的创造,规定着美的方面。审美观念包括审美趣味、审美标准、审美理想。审美观念有具体化、情感化与个性化特征,因此审美观念表现出强烈的主观情感色彩。但是,由于审美观念与社会、政治、道德、经济及哲学等有着密切的联系,所以就成为某一社会群体所共同遵循的审美要求。

群体审美要求的存在,美的创造者与评判者就能在较大范围与规模内进行美的创造,这就在实际上促成社会中某一群体、某地区与民族特定美学风格的形成。

设计者在设计过程中,应慎重地处理设计者与消费者在审美观念上的差异问题:设计者过于超前的审美观念,可能会导致惊世骇俗或为人不屑一顾的作品;完全迁就消费者,将导致设计的失败与放弃提升民族审美情操的责任。

5. 民族传统对设计的影响

民族传统是一个民族代代相传的东西,这种东西形成共同的风格和心态,如图 3.10 所示。这种东西表现在造物中,表现在人们的思维中,表现在生活习惯中,表现在审美观念中,表现在文学艺术中,表现在建筑中,它是民族共同的风格和心态,反映的是民族的精神、民族的文化背景。它在最深的层次上影响着设计师,将传统民族符号和哲学融入所设计的产品中,将会得到本民族的高度共鸣和认同感,如图 3.11 所示。

图 3.10 祥云图案

图 3.11 北京奥运会奖牌设计

6. 政治伦理对设计的影响

政治结构和社会制度，以一种特定的力量，干预人们生活的各个方面。伦理道德使人们通过对内心的感悟，自觉规范自己的行为。

(1) 政治的影响如纳粹、国际主义风格、包豪斯学校、社会主义(图 3.12)等。

(2) 伦理的影响。伦理观念是人类对自己生活于其中的社会关系和道德现象的认识。生态设计是人类伦理发展的重要体现，使设计师更加注重自己的职业道德和责任感。

图 3.12　农业合作社宣传画

7. 文化的融和，促进现代设计的发展

融合是指对设计文化的复合，有古今融合、东西融合、新旧融合等。由于在融合中设计师对文化形态的不同理解，出现了设计上的不同选择，有时代背景、人文内涵、生活认知等。美国现代建筑家赖特的流水别墅融合东西方文化的精华，主要通过宽大的平台结构向外伸出，下有叠水、岩石、丛林，使生活空间与自然环境融为一体，在内部结构中从生活功能需要出发，形成浓郁雅致的生活品格。在赖特的思想深处有着对中国古代老子哲学的敬仰，他的"有机的建筑"理论包含了中国文化"人与自然"亲密相融的精神，将流水、岩石、平台结合起来，在某种意义上也是中国古典山水精神的现代版。

中国的龙、凤、荷花、梅花图案，埃及的斯芬克斯、纸莎草花图案，欧洲的水仙花、百合花图案，日本的鹤图案等，都是文化的产物和文化符号。正是由于东西方文化存在着很大的差异，彼此之间有必要相互了解，相互交流，通过交流两种文化会产生吸引力。不同文化的冲击，往往会给设计师带来灵感。现代设计处于领先地位，高科技的应用使设计师如虎添翼，日本和丹麦的设计之所以享誉全球，就在于他们不仅注重不同文化的相互交流、沟通和融合，善于吸收不同文化的长处，同时注重发扬本民族的传统文化。日本产品轻、薄、短、小的特点很适应现代的生活方式，日本的产品具有构思奇巧、工艺精湛、包装精美的特点，充分体现了日本文化的深刻内涵，反映了禅宗精神在设计中的渗透和潜移默化，如图3.13所示；同时，"高技术风格"又是高、精、尖技术的自然流露，如图3.14所示。

图3.13　柳宗理设计的蝴蝶凳

图3.14　日本设计的机器人

3.1.3　设计的文化生成

设计的文化生成功能，是指设计对人类文化的影响。人类生活在一个经过精心设计的而且被不断设计着的文化环境和文化氛围中，"设计"设计了人类生存和发展的一种方式，即设计的文化方式。任何一件产品的设计，都是新的文化的符号、象征和载体的创造，那么设计本身即是文化的创造，又是文化的一部分。设计对文化的创造主要表现在物质文化的创造、生活方式的变迁、精神观念的更新3个方面。

1. 设计的发展提升物质文化创造的水平

工业产品是人类文化物化形式、静态形式。工业设计创造的物质文化比之人类以前的任何物质文化，都更具有理性与规范性。工业产品作为人类物质文化的典型代表，其结构与文化的构成有一定对应关系，因而，产品设计是人类物质文化的创造的重要手段。通过工业设计，丰富了人类生活的物质文化。经过工业设计的产品本身也成为文化的重要载体，扩展着在文化的外延。

工业产品是人类文化的物化形式、静态形式，产品设计是人类物质文化创造的一部分。

1）文化的3个层次(图3.15)

(1) 外层：物质层，由人类劳动创造的物质产品组成。

(2) 中层：文化的物心结合层，主要包括隐藏在物质层中人们的思想、情感和意志。

(3) 深层：心理层，存在于人的内心，主要包括价值观念、思维方式、审美情趣、民族性格、宗教、情绪等。

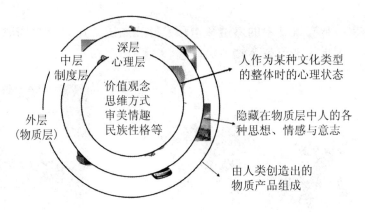

图 3.15 文化的 3 个层次

2) 设计的 3 个层次(图 3.16)

(1) 外层：功能层，体现了文化的物质部分，是设计中最基础的部分，能被广泛接受

(2) 中层：形式层，审美功能层，体现了文化的物心结合层部分，呈现出一定的结构形式，和人们的审美心理密切相关。设计的中层包含实用功能并使之呈现出一定的结构形式，存在多样性。设计的形式选择与人们的审美心理密切相关。

(3) 深层：观念层，和文化传统紧密相连，是民族历史的积淀，稳定性强，体现的是设计的传统性。设计的观念使文化传统紧紧相连，是民族历史的积淀。

设计的 3 个层次和文化的 3 个层次相对应。设计发展，设计对象的物化，都支持着文化的生成，都是文化的物质创造。九阳豆浆机(图 3.17)的设计表现了在中国饮食文化在现代化的进程中饮食器具的再设计，它的外观和色彩有中国传统饮食文化的体现，有对传统有了新的发展和突破。

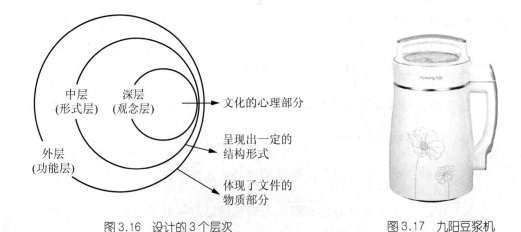

图 3.16 设计的 3 个层次　　　　　　图 3.17 九阳豆浆机

2．设计的发展促使着人类生活方式的变迁

科技进步和设计的发展对人们的生活方式产生了重要影响，人们的生活在量和质上产

生了很大变化。生活方式包括劳动生活方式、消费生活方式、社会和政治生活方式、学习和其他文化生活方式以及生活交往方式等。生活方式的变化标志着文化的发展。工业设计所创造的"第二文化"作为人类生存与发展的"第二环境"深刻地影响着人们的生活方式——生活方式的"量"与"质"。生活方式的"量"通常指生活水平，即主体的物质需要与精神需要在全方位的满足程度。生活方式的"质"是生活方式的内容特征，主题物质与精神需要在质方面的满足程度。

设计提升生活方式的"量"，是指把人的技术活动，以及技术活动的成果"加工"成能满足人的物质与精神领域各方面需求的形式，以满足人的需要。设计对人类文化的贡献，还表现在不断提升解决人的种种需求方式的科学性、情感性上，以更科学、更合理、更富有人情味的方法取代已经存在的解决人的需求的低层次方法。

3. 设计的发展更新着人类消费的精神观念

设计更新着人的精神观念，主要表现在消费观念与审美意识的扩展两个方面。

1) 消费观念

消费观念是使用价值判断来衡量事物、指导消费的观念，它是价值观的一个重要组成部分。设计的特定风格，通过其特定的"造型"语言，传递着一定的观念，在时尚的影响下，可导致社会某一群体、甚至整个社会对某一风格的偏爱。在设计史上，流线型风格的广泛流行就清楚地说明了这一点。在设计的历史中，流线型风格作为一种源于科学研究而非艺术运动的设计风格产生了广泛而持久的影响。

2) 审美意识的扩展

长期以来，人们的审美意识一直指向艺术品，认为只有艺术品才能使人们产生美感。但是，当技术发展成为人类社会前进的主导动力时，技术产品体现出的特有的审美要素与对人审美意识产生的巨大影响，大大扩展了人们的审美意识范围，使美学形态领域增加了技术美的概念。

3.1.4 工业设计与中国传统文化

中国传统文化是中华文明演化而汇集成的一种反映民族特质和风貌的民族文化，是民族历史上各种思想文化、观念形态的总体表征，是指居住在中国地域内的中华民族及其祖先所创造的、为中华民族世世代代所继承发展的、具有鲜明民族特色的、历史悠久、内涵博大精深、传统优良的文化。它是中华民族几千年文明的结晶，除了儒家文化这个核心内容外，还包含有其他文化形态，如道家文化、佛教文化等。

1．工业设计与传统文化的关系

文化是地域的文化也是传承的文化，在不断向前的历史长河中每一个民族文化有它不可复制的传统烙印，想要将"传统"割裂本来就是一种非常不唯物的行为。随着社会文明的不断提高，越来越多的设计界人士意识到设计中民族传统文化的重要性，设计中必须融入民族传统文化才有可能得到国际性的认可和真正长远的发展。工业设计在一定程度上就是造物的艺术和技术的结合。我国有着悠久的造物文明和造物观，设计者所表现的"以人为本，为人服务"的设计思想，是为了使人身心获得健康发展，为了造就高尚完美的人格精神，这与我国传统文化中的"天人合一""形而上者谓之道，形而下者谓之器""道法自然"等是不谋而合的。不少设计师转向从深层次上探索设计与人类可持续发展的关系，力图通过设计活动，在"人—社会—环境"之间建立起一种协调发展的机制。

1) 工业设计与民族文化符号

民间艺术对于工业设计的一些符号表达影响是颇大的，常见的便是一些图腾及吉祥、文化符号，比如有着丰富纹饰或是造型语意的枝草花木、瓜果蔬菜、五谷食粮一类，"投桃报李""琼瑶木瓜""寿桃""仙桃"等说明了一种特殊的文化偏爱。"灵芝"(图 3.18)是仙草的杰出代表；中国古代花木观赏有"四君子"——梅、兰、菊、竹四类植物特殊的生态习性和生命气息为君子修身养性提供了非常重要的启示；松、柏、桂、梧桐都是有"仙气"的树木，松、柏象征长寿，桂花荣登月宫，凤凰"非梧桐不落"；至于春、夏、秋、冬四季的象征花卉——桃、荷、菊、梅各以其性成为"四时之花"；花王"牡丹"以雍容华贵的气质出名；动物中有"龙凤呈祥"；"四灵"有成对搭配的现象——龙和蛇、凤和凰、麒麟(图 3.19)、龟(图 3.20)和鳌以及更抽象意义的龙凤搭配；传统文化中有十二生肖……这些具有强烈传统文化风味的设计元素在家具、灯饰，甚至在一些比较具有时尚感的产品设计中，都时有涉及，比如诺基亚倾慕系列(图 3.21)纹饰色彩古典高雅，颇具中国传统风味。

图3.18　灵芝　　　　图3.19　麒麟　　　　图3.20　龟碑　　　　图3.21　诺基亚倾慕手机

当然，仅仅是符号化和表面化的中国元素并不能完全体现出传统文化的深厚底蕴，也未必能带给产品真正的"灵魂"。毕竟这些元素不应该仅仅体现在产品的外观上，整个生产、制造、消费以及使用体验的过程都应该感受得到中国文化的存在。

2) 周易、儒家、道家、佛家文化在工业设计中的传承

"二生三，三生万物""极饰反素，贵乎返本"便是周易传统文化所渗透的简就是繁就是丰富的美学思想。中国传统文化很强调"简"的韵味，"神似"逾越"形似"，更注重"清水出芙蓉，天然去雕饰"的境界，以简单自然、朴素之境为最高艺术表现力，在艺术形式和内容的关系上，反对过分强调外在修饰，着力于超越外在形式美而走向艺术意蕴的深层发现。诸如明代家具(图 3.22)的简洁素雅，它以线条为主要造型语言，来塑造各种形体特征，体现古朴、洗练、典雅、婉约、沉稳、大方的风采。

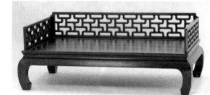

图 3.22　明代家具

传统文化对后世影响深远的还必须提到儒家、道家、佛家这三大学派。儒家思想在工业设计中的传承主要体现在"和"，整体观，和美与善的统一，它的理念一是主要体现在外观物质形态与内涵精神意蕴的和谐统一，实用与审美的和谐统一，感性与理性的和谐统一，材质工艺与意匠营造的和谐统一；二是讲究和谐，讲究节制达到"体舒神逸""形神皆养"的双重效能。道家思想在工业设计中的传承主要体现在"道法自然"上，美与真是息息相关的，如原始又自然的材质、仿生又简练的造型，道家以自然为最高范畴，强调应对所处的自然环境持一种随遇而安的心态，整体平衡的观念。绿色设计和谐设计的概念应运而生。佛家思想在工业设计中的传承主要体现在形神的合一和禅味上，产品设计中富有禅味的设计总是会给人一种顿悟和形有余而意无穷的感觉，比如简练的直线或者曲线，素色、形式上的空间留白，非对称少雕饰的韵味。

2004 年，华硕开发著名的"WIN"系列笔记本，如图 3.23 所示，一举夺得 2004 年 IF 中国工业设计大奖的"China Top 10 Selection"桂冠。媒体赞云："简洁的无痕的边框、平滑一体成型触摸板和无缝按钮等简约的设计将使用者从不必要的复杂线条干扰中释放出来，感觉就像站在空旷的冰原远眺，无垠、纯净、清爽。线条、平面、光线、色彩共同营造了'WIN'宁静以致远的禅的韵味。"

图 3.23　华硕"WIN"系列笔记本

2. 传统文化在工业设计中的表达

中国传统文化在工业设计中的应用主要体现在产品造型、颜色、材料和意境等方面。在造型上，早在春秋战国时代的中国，哲学家老子就曾经有"少则多，多则惑"的说法。还有其在造物上追求"大象无形"的境界，"无形"从造物角度看并不是形的虚无，而应理解为形的完整性保持，即在造物中以最小的设计变化方式，来获得最大的功能满足度和审美体验。

传统文化对于工业设计中产品的形态在实现人机和谐和人际和谐，以及人与自然的和谐关系方面，起到了弥足深远的作用。

以民族符号对产品的纹饰形态语意为例，华硕有一款机型融入了"云门舞之竹梦"的设计理念，将竹的各种特点与产品的工业设计巧妙的糅合在一起，使产品具有了浓郁的中国风情(图 3.24)。并且整机的重量也较其他同类产品更为轻薄。中国人有着以"人际和谐"为追求的文化选择，真正优质的工业设计不仅应该实现产品与人的"人机和谐"，产品与环境的生态和谐，更要创造并实现产品使用者与社会大环境的和谐，拉近人与人之间的距离，缔造人与人的人际和谐，创造融洽和谐共生的社会环境。

图 3.24 华硕竹制笔记本

传统文化中，中国人喜爱使用圆形特别是正圆形的餐桌(图 3.25)，其心理特点是迎合中国人对于"团团圆圆"的期待，其器具结构形态直接涉及分享利益的人际关系和伦理道德，相互尊敬、彼此谦让或自我克制等社会化人性，也会从中深刻体会到工业设计对于社会人际关系的深远影响。传统文化应用到工业设计中，为社会的人际和谐发挥到了良好的效用。提到传统文化在人与自然关系方面产生的影响，中国古代哲学主张"天人合一"，在庄周哲学中提到"天既人，人既天，天与人相合"。老子也说"人法地，地法天，天法道，道法自然"。老子主张无为，认为无为方可无不为，倡导无为而治，崇尚自然，注重自然、社会、人等"普遍和谐"的观念。所以，选用绿色材料，实施绿色设计便成为传统文化在现代工业设计中的重要体现。

图 3.25　传统木圆桌

现代产品设计中流行的简约主义设计正是这种意识的体现。比如，从现在的手机造型来看，就能发现在形态上都有一些共同的特征，即形态简洁整体、结构单纯明确、线形清晰流畅，整体给人以简洁之感(图 3.26)，可从中体会到简洁意识在其中的应用。

图 3.26　魅族 MX 手机

在颜色上，中国古代崇拜五色，以青、赤、黄、白、黑五色为正色，为吉祥色，其他为间色。源于此，中华五色本身就带有美好的意蕴。色彩的象征在中国是重要的，五色代表五方向：东方为绿、南方为红、西方为白、北方为黑、中央为黄；还代表五神兽：绿为青龙、红为朱雀、白为白虎、黑为玄武、黄为黄麟。中国在用色上喜欢用红色、黄色等暖色系，如彩陶、年画、唐装与新娘装等。再比如，中国的漆器(图 3.27)以颜色和颜色代表的神兽图案和自然图案的结合更能赋予一种中国韵味。

图 3.27　仿古漆器

在材料上，中国是一个竹子产量非常大的国家，并且历来就比较喜爱竹子，郑板桥画的竹子就受到很多人的推崇。加上传统上从自然和谐的观念出发，古人就重视材料的自然特色，木头、竹子等自然材料，在家具上的应用非常广(图 3.28)。灯具设计中，木质材料的应用给人以古香古色的感觉。木头、竹子等自然材料应用也迎合了现在绿色设计的一些主张。

图3.28　竹制家具

在意境上，中国人非常讲究含蓄，自古非常注重"意"的运用，美学家王国维曾说："言气质，言神韵，不如言境界，有境界本也。气质、神韵，未也。有境界而二者随之矣。"含蓄，能增强艺术设计的感染力，长于启发想象，具有感人的持续力和包含丰富的内容。比如，在中国紫砂壶(图 3.29)的设计上更能体现设计者对境界的理解。

图3.29　紫砂壶

工业设计以物质的方式来表达文明的进步，它不仅仅是技术体现和审美以及功能需要，与此同时，它也通过有着自己民族烙印的文化内涵来传承着本民族的传统文化。中华民族数千年的传统文化让国人形成了诸如大气、雅致、淡雅、厚重礼让的价值取向和审美准则，从使用者的角度来说，这对产品市场产生了比较有文化烙印的价值导向；从设计者的角度来说，这对于树立和强化本民族设计风格，将中国传统文化气息的设计产品占领国际市场有着重要的意义。

3.2 工业设计对企业的服务性

现代工业设计是商品经济的产物,它有刺激消费、增强市场竞争力的作用。工业革命之初,企业聘请设计师为其进行产品设计,是企业与设计的最早联姻,也是商业设计的萌芽,20 世纪 30 年代经济大萧条,确立了其重要地位。

好的设计在今天更为重要。未来使一件产品脱颖而出的关键在于产品与用户的使用目的和个性是否相适应,以及产品所具有的视觉传达质量、产品销售环境和产品厂家的形象。开发设计新产品,一方面它是投资于新产品,另一方面它是投资于企业在日新月异的科技信息时代的生存能力。不断出现的新技术、新材料和新需求,需要工业设计赋予其适当的形态而推向市场。工业设计是小型公司成功的依靠。小型公司由于它们在生产和经营上的灵活性,更需要设计的指导,设计是它们与大公司竞争的重要手段。

3.2.1 工业设计在企业中的地位和作用

设计是人类为了实现某种特定的目的而进行的创造性活动,它包含于一切人造物品的形成过程当中。随着生产力的发展,市场上提供的产品极为丰富,而产品同质化导致竞争日益激烈,很多企业因此濒临困境,甚至陷入价格战的泥沼。那么在这样的市场条件下如何能够拉开产品差别,创造高附加值呢?工业设计就是这座引路灯塔。企业为摆脱其他同类产品的市场挤压,建立自身产品独特生命力而导入工业设计。优良的工业设计能够催生新的市场,促进市场细分,引导消费需求。

在产品供大于求的市场条件下,消费者有了更广的选择范围,消费需求也日趋个性化、情感化。消费需求结构中生理需求的主导地位日益为心理需求所取代,消费者在注重产品质量的同时更加注重情感的愉悦和满足。

对生活的设想和规划往往需要通过某种具体的产品来实现。产品要引起消费者的心理认同,就必须在设计上下功夫。一个好的产品仅仅富于美感的造型是不够的,需要针对目标消费者的心理特点和消费趋势采用相应的设计。要充分考虑到消费者对产品整体概念的认知,以及对产品功能和特制个性的需求,设计出来的产品不仅要款式新颖,而且要能充分满足消费者的匮乏心理、好奇心理和求实心理,使消费者在享受产品的全过程更舒适、安全、方便、省力,操作界面更富人性化、更友好,给用户最好的使用体验。工业设计的原动力就在于人们对和谐(企业追求产品在技术、文化、形象、人因、成本等方面的统一)的不懈追求。

1．设计是企业与市场的桥梁

设计师赋予了产品的形象、美学价值以及社会地位，是把生产和技术最终与消费者联系起来的桥梁。设计一方面将生产和技术转化为适销售对路的商品而推向市场，另一方面又把市场信息反馈到企业、促进生产发展。设计与市场的关系表现如下：

(1) 在市场研究方面，让企业了解市场变化及消费者需求，及时调整生产结构，适应市场，引导消费。

(2) 在技术转化方面，将技术转化为产品推向市场，又将市场的信息反馈给企业，促进生产技术的发展。这种转化和反馈都在设计所包含的内容之中。

(3) 通过概念设计，探索和开拓未来的消费市场，引导消费潮流。

利用工业设计不仅可以为满足当前的消费需求而进行产品开发，而且可以通过崭新的"概念设计"对潜在的市场或潜在的消费群进行开拓和探索，从而引导新的消费潮流。工业设计中的"概念设计"并非凭空想象，而是根据对自然、社会和人类本身的正确认识和理解，根据对人类需求和科学文化发展的把握，并设想未来的新材料、新技术和新能源的运用，以期所设计的未来产品能够满足人类未来的需要。

企业在决定未来产品的发展方向时，也常常利用"概念设计"来试探消费者对新产品的反映以决定取舍。通过概念设计探索，可以在创造市场的过程中，发挥重要作用。一个具有超前发展战略的企业，当前投入市场的产品应该是几年前就开始构思的，而当前正在设计或研究开发的产品将在应用几年后，保证企业始终都能在市场上获得主动权。

2．设计能够提高企业的核心竞争力

当今市场新产品开发与销售周期明显缩短，产品更新换代速度越来越快，人们对产品的需求也更加多样化。工业设计的应用也已经随着各种产品的使用渗透到人类生活中的每一个角落，影响着人们的生活和价值观念。在令人眼花缭乱的市场上，消费者正在改变着过去的购物观念，设计精妙的产品成为消费者在市场中优先选择的目标，更多的优良设计表现出对使用者社会地位、文化水准、审美修养和个人品位的象征作用。产品已经从过去价格的竞争、质量的竞争发展到今天设计的竞争，通过工业设计来提升产品的市场竞争力将是企业开拓市场的重要手段。

日本企业在20世纪中后期的高速发展，一直是运用工业设计主动开拓市场、提高企业竞争力的典型范例。日本作为一个地域狭小的经济大国，资源的匮乏导致日本企业必须从国外进口原材料，经过加工后再出口到世界各地，参与国际市场的竞争。基于这一点，日本企业非常重视工业设计，他们很早就认识到产品的竞争力在很大程度上取决于设计，当时他们运用工业设计的理念开发出超薄石英表、袖珍计算器、数码相机等高附加价值的产品，打破传统观念并取得了巨大的成功。这些由欧美国家发明的技术，被日本的设计师精心设计后开拓了崭新的市场空间。

加入 WTO 以后，中国企业的生产管理和技术水平已经逐步和国际接轨，很多企业的生产设备都已经达到或接近了世界先进水平。标有中国制造的产品从小到别针、纽扣、服装、IT 产品、家用电器，大到汽车、机床、轮船、大型客机的零部件，充满了世界各国市场。如大家熟知的海尔电器、奇瑞汽车和联想电脑，都十分重视工业设计师在市场竞争中的作用。在有些企业的廉价产品屡遭反倾销和知识产权投诉的时候，他们的工业设计师却不断地把最新设计的产品打入美国、俄罗斯、德国、日本等发达国家市场。相信中国的工业设计师一定能让中国的企业在国际市场的竞争中占据有利的地位。

3．设计能够促进科技成果的商品化

把科技成果转化成被人使用的商品一直是企业关注的一个问题。以往在人们的观念中，一提到新产品开发马上就会联想到科研人员和技术研究的过程，好像只要产品的技术性能指标达到了很高的要求，新产品的开发就成功了。而面对滞销的高科技产品，很多企业家会说："我们的产品技术是很先进的，只是外观造型还不够美观。"其实外观造型不够美观恰恰反映了这个产品忽视了它是要被人使用的这个本质问题。没有经过工业设计师参与开发的高新技术产品，常常会因为外观丑陋、使用不便，甚至给人以不安全的感觉，很难让人相信它的技术有多么先进。抽象的技术只有通过工业设计师把它变成具体的、适合人使用的产品，才能很好地把技术的优势充分地发挥出来。

工业设计决定着技术的商品化程度、市场占有率和对销售利润的贡献。工业设计师在促进科技成果商品化过程中的优势，就是把科研人员最新的研究成果与人的实际需求结合起来，把图样上的技术变成有形的产品。从某种程度上来说，技术本身并没有价值，技术必须以商品的形式表现出来才具有价值。企业也只有在大批量生产和销售产品的过程中才能获得利润和财富。企业在开发新产品过程中的实力不仅表现在技术的进步、产品的质量与生产效率的提高，还表现在对于动态的市场需求和把技术成果转化成商品的能力。工业设计师应该随时掌握市场信息，准确进行分析研究，努力创新，把最新科技成果转化成能被人使用的商品。

4．设计是使产品增值的手段

设计质量的高低对产品的价值大小产生重要作用。设计可通过两种方式使产品获得增值，如下所述。

(1) 通过设计，优化产品结构、材料、合理安排生产过程，降低产品成本。

(2) 通过设计，在其基本的使用价值之外，为消费者添加额外的价值，同时也提高产品自身的价值。

传统增值方式是通过第一种方式实现的，随着市场及人们消费观念的转变，第二种增殖方式占的比重越来越大。很多产品技术上的差别很小，更多是给消费者心理感受上的差别，进而产生更多的额外价值。这种额外的价值，既有审美意义上的价值，也有个性和象征意义上的价值。

好的设计是质量的重要组成部分。由于相同的技术能为更多的公司获得，产品的技术质量不能保证市场优势，设计赋予产品的在审美和象征意义上的价值才是使产品畅销、获得用户满意的保障，如火柴的再设计、蜡烛的再设计(图 3.30)。

图 3.30　蜡烛情趣设计

5. 设计是企业的一项重要资源

设计直接或间接地为企业创造出有形和无形的财富，是增强企业形象，强化品牌价值，提高产品附加价值的重要手段和资源。设计作为企业的资源主要表现在以下两个方面：

(1) 好的设计能使企业在消费者中建立良好的信誉。飞利浦的产品以高品质的设计而在消费者心目中，树立了很强的品牌信任度，这为飞利浦发展成为全球知名的国际公司产生了巨大的贡献。

(2) 工业设计是企业最具活力和最富创造性的活动，因它是一个不断追求更新、更好更美的过程，使企业保持进取精神和青春活力。

(3) 工业设计是公司发展的工具，使之明确目标意图，并通过设计管理，让企业有效达到预期设计目标。设计在企业中正逐渐担任着主导地位、设计是建立完整的企业视觉形象的手段。

6. 设计能提升企业形象、促进产品销售

企业要想在激烈的市场竞争中推出自己，就必须通过各种手段如产品、标志、广告、营销环境和手段、企业文化等树立自己与众不同的形象。设计对于企业的重要贡献之一就是控制企业视觉形象的各个方面。企业的视觉形象就是以不同的方式(如产品设计、环境设计、视觉传达设计)来体现企业的风格。没有设计的控制,企业的形象是含糊不清的。

产品外观是企业形象的最重要载体,也是企业形象的直观反映。产品设计的好坏不仅直接影响到企业形象和盈利能力,还对企业的生存和发展都起到非常重要的作用。产品的外观造型与平面的识别系统相比能够更直接的代表企业的形象。如德国的奔驰轿车(图 3.31),从 20 世纪三四十年代直到今天,虽然汽车的技术和性能有了很大的发展,可是他们的汽车造型一直延续着早期设计的某些要素。而奔驰轿车的高贵的艺术气质、超前的先进技术、精良的设计和制造质量,通过这些设计给人们一种一贯的连续印象,形成一种良好的企业形象。这是任何其他的广告宣传所不能代替的真实具体的企业形象,正是这种良好的企业形象使企业不断发展壮大,在激烈竞争的市场中始终立于不败之地。

图 3.31　奔驰轿车

3.2.2　工业设计与产品附加值

良好的工业设计能够提升产品的品质,增强用户对产品的使用体验,提升产品及其企业在消费者心中的信任指数,进而提升产品的附加价值。因此,通过工业设计能够给企业带来经济效益的提升。

企业一方面通过工业设计可以提高企业产品的市场占有率,从规模效应中提高企业的经济效益;另一方面,也可以通过工业设计来有效地提升产品的附加值,从每一件产品中获得更多的利益。

什么是产品的附加值?附加值是企业得到劳动者的协作而创造出来的新价值,它是由从销售收入中扣除原材料消费、动力费、机械等折旧费、人工费、利息等以后剩余部分所构成。通过精心策划的工业设计,在产品实用价值的基础上创造出鲜明个性和社会地位象征性等美学及心理价值,也是提高产品附加价值的重要而直接的手段。从这个意义上来说,高附加值商品首先是适应和满足各消费阶层的心理需要的必然结果。

企业拥有较高的品牌认知度,就意味着企业的产品有更大的竞争性,也能产生更高的经济效益。工业设计可以从以下两个大的方面提升产品的附加价值。

1. 高质量的设计能够提升产品形象

工业设计是一项综合性的创造活动,必须满足产品在使用功能、技术标准、生产工艺的严格要求;必须满足消费者在产品的形态、色彩、装饰、肌理、心理感受等社会价值方面的需求。前者大都是物质形式的,可以用量化来评价,而后者却具有无法估量的价值,这就为通过工业设计提升产品的附加价值开辟了广阔的空间。

设计在给人们的生活带来方便的同时,也给人们带来了精神上的乐趣和满足,特别是那些具有感性消费特性的产品。如汽车,其价值不只在速度、安全、经济等技术指标,还在于品牌、造型、色彩、社会地位象征、个人品位等设计因素。在技术指标相同的情况下,附加价值可以有数倍的差距,甚至更多。

使用功能相同的产品,人们往往倾向于设计质量高,造型和色彩更有创意,并能表达出风格、时尚、流行格调的个性化产品,哪怕该种商品的价格可能昂贵一些。许多"奢侈""豪华"型产品,实际在很大程度上是由设计创造的。从这个角度讲,设计对于环境的保护、资源的再利用等方面,意义重大。

国际品牌十分注重利用工业设计来创造产品的附加价值。如美国的耐克公司,就非常善于利用先进的运动科技,加上引导流行、创造时尚的设计手法,使公司的产品具有很高的附加价值。耐克公司没有自己的生产基地,而是用委托加工的方法,将设计交由制定的厂家贴牌生产。从这个角度看,该公司的经济效益在很大程度上是有产品设计创造的,如图3.32所示。

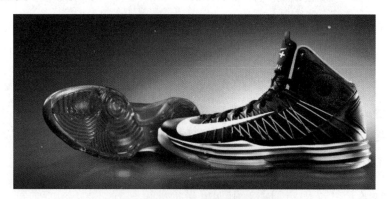

图3.32 耐克"+"系列运动鞋

2. 高质量的设计能够提升产品品牌的无形价值

在现代商品经济社会中,人们购物时不仅仅要选择产品本身,有时候更看重该产品的品牌。所谓品牌,是指产品或劳务的一种名称、名词、符号、设计,或者是这4种要素的组合运用。品牌或品牌的一部分经政府有关部门注册后就称为"注册商标",企业享有专有权。

企业的品牌或商标是企业重要的无形资产,它体现了企业对产品的使用功能、技术要求、售后服务等方面的承诺,还可以成为一种生活方式的象征,使产品在使用功能之外,还具有某种"荣誉消费"的功能。如拥有一辆奔驰或宝马轿车,则是事业成功的标志。

产品风格形成了产品特有的精神功能,体现了产品的内在品质与外在质量的相一致的完美结合。它是最基本也是最直接的表现形式。

在创造企业品牌或商标的过程中,工业设计起着关键性的作用。通过高品质的设计,将企业的价值与信息,全面、系统地注入商标形象的设计之中,正确地传达给购买者、经销商、零售商及媒体,并借助广告等设计工作,将商标全方位地推广传达,使商标成为具有高度象征性的标志,提升产品的附加价值。

世界不少优秀的商标就是出自工业设计师之手。世界著名的工业设计师罗维就为可口可乐、壳牌石油公司、埃克深石油公司、高露洁牙膏等设计了商标技巧应用系统。

3.3 工业设计与环境

环境问题受到人们越来越大的关注,工业设计作为"人—社会—环境"关系中重要的环节,在创造人类生存的物质环境和生活方式方面起到了举足轻重的作用。因此,工业设计也是人类解决环境问题的一个重要方面。

设计的责任不仅仅是为企业获得经济利益,更应有益于人类与自然的协调关系,促进社会的进步与发展。环境意识的兴起已成为当代工业设计发展的一个明显特征。

3.3.1 环境与设计的环境意识

1. 环境的概念

所谓环境,就是我们所感受到的、体验到的周围的一切,它包含与人类密切相关的、影响人类生存和发展的各种自然和人为因素或作用的总和。

物质环境和社会环境组成了人类的生存环境。

(1) 物质环境包括自然环境和人工环境。自然环境是指一个客观的物质世界，是自然界中各种天然因素的总和，是不依赖于意识而存在的无机界与有机界。人工环境是人类利用自然环境，改造自然环境而形成的人类生活环境，它包括人类所触及、所设计的物质文明世界。一切人工形成的东西都是人工环境的因素。

(2) 社会环境是人类在历史发展进程中形成的不同的民族、生活、风俗、政治、宗教、文化等，并构成了不同的人文环境它包括文化传统、社会风气、道德习惯、社会审美等因素。

设计是人类有目的的实践活动的过程及结果，是一个社会范畴，因为设计的形成及发展都受到诸多社会环境因素的制约，如经济发展水平、文化背景、技术条件等；设计也是自然范畴，因为设计中受到自然的物质条件和自然的客观规律的限制，如材料、能源等。成功的设计应该是社会环境效益和物质环境效益的统一。

2．环境的意识

随着现代社会生态安全问题的逐渐显现，人们开始反思自然、社会、经济之间的关系，认识到人类的发展不能只顾自己的需要，而要根据环境条件来规划社会经济与生态的发展目标，做到自然社会经济系统的和谐。人类只有认识到环境与人类社会的这种关系，才能产生自觉保护环境的行为。而理论上一般认为人的意识又决定人的行为，特别是人的环境意识。不同的环境意识会导致不同的人类行为。在人类社会的不同阶段，由于生产力发展水平的差异，产生了不同的环境意识。

环境意识作为一种思想和观念古已有之，但环境意识的概念产生于20世纪60年代。自工业革命以来的两百年间，人类在征服自然控制自然的观念驱使下，向自然界全面进军。特别是在第二次世界大战之后，随着人类科学技术的巨大进步和生产力水平的提高，人类创造了前所未有的巨大物质财富，大大加速了人类文明的进程。随着人类社会生产力的发展和科学技术的进步，对环境的观念也随之改变，出现了"征服自然""人定胜天"等凌驾于自然环境之上，支配、利用和控制自然的倾向。与此同时人与自然的矛盾加剧，各种全球性的社会环境问题接踵而至，人口剧增资源过度消耗，环境污染、生态破坏、南北贫富差距拉大等人类与自然环境的对立开始接近或达到极限状态。自然环境受到极大破坏(图 3.33)，自然平衡被打破，人类对自然的"征服"所付出的代价，大大超过了所获得的成果。

人类社会正处于转折关头，是继续为所欲为，加剧对立走向毁灭，还是调节约束自己的行为，协调人与自然的关系，走向可持续发展？究其根源人类与自然的对立是由人类征服自然、控制自然观念膨胀所致，因此要建立人与自然和谐的关系，人类必须放弃狭隘的征服自然控制自然的观念，追求并建立一种新的价值观念。人类实践的发展也要求出现一种新的对待人与自然的关系的观念，能够多层次全方位地解决人与自然关系中出现的问题。

图3.33 原油泄漏对生态造成的破坏

中国古代哲学"天人合一"的观念就体现了古代哲学家对理想境界的追求(图3.34)。中国传统的设计思想反映了崇尚自然、珍视自然的原则，如园林艺术就是一种"物我相呼"的环境意识(图3.35)。天与人相互交流，天赖人以成，人赖天以久(图3.36)。

图3.34 福建南靖土楼　　　　　图3.35 颐和园小景　　　　　图3.36 梯田

严酷的环境问题使人们不得不对人与环境的关系进行深入的反思，开始认识到保护和改善人类环境已成为人类一个迫切的任务。当代社会对环境问题表现出了极大关注，人类开始用新眼光来看待自己周围的环境。人类应在正确、全面了解环境概念的基础上，争取认识和把握人在自然界中所处的位置，建立"人—社会—环境"协调关系，从而实现可持续性发展这一人类的基本目标和基本任务。

3．设计中的环境意识

设计活动作为规划、创造人类生活环境的最基本的活动，在构成世界三大要素的人、社、环境之间起着重要的协调作用。人类的任何设计决策都会对环境产生不同程度的影响。对任何设计活动的评价，都不能仅从眼前或局部的利益出发，而忽略了长期的或综合的环境影响。

工业设计在很大程度上是在商业竞争的背景下发展起来的，有时设计的商业化走向了极端，成了驱使人们大量挥霍、超前消费的介质，从而导致了社会资源的浪费和环境的破坏，20世纪50年代美国的商业性设计就是典型的代表。在当代技术条件下，将设计的商业利益与环境效益统一起来是切实可行的。消费者环境意识的觉醒，甚至给以环境效益促进商业利益提供了契机。一些企业将环保作为树立企业形象，改善公共关系的重要手段，并获得可观的经济效益。在某些发达国家，人们愿意用稍高的价钱买对环境友善的产品。值得注意的是，貌似环保的设计的出现，很多是以生态学作为市场宣传的幌子。

设计中的环境意识还应包括从人的生理及心理需求出发，考虑到不同的社会文化背景，对环境中的色彩、造型、材质等视觉审美因素进行精心设计，避免视觉污染，创造出协调、美好的人类生活环境。

任何产品设计都有其特定的使用环境，因此在进行产品设计时，必须充分考虑产品在功能、造型、色彩等方面与总体环境的关系，使设计适应总体环境在使用及风格等方面的要求。如果某个产品融入整体环境之中，成为环境中一个重要不可分割的部分，那么这个设计是成功的。

从某种意义上来说，环境意识就是克制自我表现的欲望而照顾到整体关系。如在进行家电系列产品设计时(图 3.37)，应考虑它们在造型风格上的共性及在空间尺寸方面的协调关系，使同一系列的产品能构成和谐、统一的功能及视觉环境而不至于相互冲突。如果设计师缺乏这种意识，无节制地强调各自个性和创意的发挥，就可能产生混乱的局面。

图 3.37　海尔成套家电——厨房

3.3.2　设计在环境问题中的对策

人类的发展使环境遭到了严重的破坏，环境危机正在全球不断发生。环境问题和设计关系密切，设计能通过不同的方式对环境产生影响。好的设计，能够使材料得到循环利用，和生态经济相一致；反之，不注重环境的设计，恰恰是环境破坏的推手，会产生大量的各种各样的生产垃圾、生活垃圾和严重的资源浪费。因此，设计能以不同的方式对环境产生非常重要的影响。设计师发挥的作用要远远大于个人或消费者所能起到的作用,如原材料的选择、生产工艺的选择或设计、产品的使用和推广及产品的生命周期设计等。

1. 温室效应及设计对策

温室效应是由于大气里温室气体(二氧化碳、甲烷等)含量增大而形成的。空气中含有二氧化碳,而且在过去很长一段时期中,含量基本上保持恒定。这是由于大气中的二氧化碳始终处于"边增长、边消耗"的动态平衡状态。大气中的二氧化碳有80%来自人和动植物的呼吸,20%来自燃料的燃烧;散布在大气中的二氧化碳有75%被海洋、湖泊、河流等地面的水及空中降水吸收溶解于水中;还有5%的二氧化碳通过植物光合作用,转化为有机物质储藏起来。这就是多年来二氧化碳占空气成分0.03%(体积分数)始终保持不变的原因。

但是近几十年来,由于人口急剧增加,工业迅猛发展,呼吸产生的二氧化碳,以及煤炭、石油、天然气燃烧产生的二氧化碳,远远超过了过去的水平。同时,由于对森林滥砍滥伐,大量农田建成城市和工厂,破坏了植被,减少了将二氧化碳转化为有机物的条件。再加上地表水域逐渐缩小,降水量大大降低,减少了吸收溶解二氧化碳的条件,破坏了二氧化碳生成与转化的动态平衡,就使大气中的二氧化碳含量逐年增加。空气中二氧化碳含量的增长,就使地球气温发生了改变。

大气温室效应是指大气物质对近地气层的增温作用,其增温原理即随着大气中二氧化碳等增温物质的增多,使得能够更多地阻挡地面和近地气层向宇宙空间的长波辐射能量支出,从而使地球气候变暖。

如果二氧化碳含量比现在增加一倍,全球气温将升高$3\sim5℃$,两极地区可能升高$10℃$,气候将明显变暖。气温升高,将导致某些地区雨量增加,某些地区出现干旱,飓风力量增强,出现频率也将提高,自然灾害加剧。更令人担忧的是,由于气温升高,将使两极地区冰川融化,海平面升高,许多沿海城市、岛屿或低洼地区将面临海水上涨的威胁,甚至被海水吞没。20世纪60年代末,非洲下撒哈拉牧区曾发生持续6年的干旱。由于缺少粮食和牧草,牲畜被宰杀,饥饿致死者超过150万人。这是"温室效应"给人类带来灾害的典型事例。因此,必须有效地控制二氧化碳含量的增加,以减少温室效应对人类产生的影响。

设计师在节约能源,减少二氧化碳排放等方面,可以起到一定作用:

(1) 设计能改善效能的产品。

(2) 设计可再生利用的产品。

(3) 采用低能耗生产的材料。

(4) 优化生产流程，采用节能工艺，以减少能量损失并节省生产成本。

(5) 加强公共交通设计。

2．废弃物和垃圾处理及设计对策

世界各国每天都产生大量的工业废弃物和家庭生活垃圾，处理这些废弃物和垃圾的主要方式是填埋和焚烧，有的甚至直接倾入大海中。这3种方式都可能产生严重的后果，并会造成有价值但不可再生资源的浪费。

在日本和西欧，处理城市生活垃圾主要采取焚烧的办法。焚烧后，垃圾的体积和重量较焚烧前减少90%和80%，产生的热量还可用于发电和供热。但由于垃圾的成分复杂，可能会产生有毒气体。如塑料盒及其他化工产品的焚烧可能产生剧毒气体。国内对垃圾主要采取填埋方式，并以生物堆肥和垃圾燃烧发电为辅助。垃圾填埋的优点是投资小，但占用土地面积大，并存在严重污染空气和地下水的危害。生物堆肥前期处理劳动成本非常大，但堆出来的肥效却赶不上化肥，只能作为土壤感应剂使用。

解决垃圾处理问题有效的方法是尽量减少垃圾的产生，延长产品的使用寿命。在这方面，设计活动可以起到非关键的作用，好的设计确实能减少垃圾对人类的危害。

从环保的角度看，是选择回收利用还是经再处理后再利用，取决于多种因素，包括收集和运输废品的基础设施的类型、回收利用与再生利用之间能耗成本比较、可回收利用的次数等。在进行产品设计时，也应有同样的考虑。设计中考虑提升对再生材料使用的比重，并在人类的消费意识中形成共识，将会对资源的消耗、环境的污染大大减少。

设计中考虑可再生性，应遵循以下原则：

(1) 使零件易于拆卸。

(2) 减少所使用材料的种类。

(3) 避免使用互不相容的材料组合。

(4) 在可能情况下，尽量不采用复合材料。

(5) 设计对不同种类可回收材料的识别标志，以方便分类回收。

(6) 确保有可能污染再生过程的任何部件(如电池等)能方便的剔除。

延长产品的寿命方面，设计时可考虑遵循以下原则：

(1) 产品零部件的可互换性。

(2) 易于修理或替换。

(3) 在不影响产品总体结构的前提下，方便置换技术零件。

(4) 努力设计经典、永恒的外观，减少人们更换产品的冲动。

3. 资源消耗及设计对策

可持续发展是既满足当代人的需求，又不对后代人满足其需求的能力构成危害的发展。它们是一个密不可分的系统，既要达到发展经济的目的，又要保护好人类赖以生存的大气、淡水、海洋、土地和森林等自然资源和环境，使子孙后代能够永续发展和安居乐业。可持续发展与环境保护既有联系又不等同。环境保护是可持续发展的重要方面。

自然资源的保护和可再生资源的管理是可持续发展议题中的两个核心问题，因而受到社会的广泛关注。既要满足今天的需要，又不能损害子孙后代的生存要求，这是人类面临的根本问题之一。设计是在这方面应起到也可以起到一定的作用。

所生产的产品，除生产、流通、使用、维修等方面，会产生资源和能量的消耗外，生产产品时所使用的材料是最主要消耗的资源。各种材料种类及其繁多，生产产品时选择的材料尽管有诸多不确定性，但还是有必要针对具体情况惊醒分析研究。下面是在设计时，材料选择的4个基本原则：

(1) 充分考虑难以取之与不可再生资源材料的二次使用和循环利用。

(2) 尽量选择就近生产的材料，以节省运输中的能耗，特别是对于用量大的材料更是如此。

(3) 某些原材料，如铝、黄金等的冶炼会对当地环境产生严重危害。当设计师无法对某些材料生产过程的最初源头加以控制时，应该从供应商或其他中介结构获取有关资料，以做出选择。

(4) 基于成本和环境两方面考虑，尽量促使废旧材料的回收利用，并提高其利用价值。设计师能对资源消耗产生重要影响的第二个方面是，考虑在整个产品生命周期链中能源的使用情况，包括原料的生产、制造、运输、使用、维修、废弃、回收等各个阶段。

从设计的角度，减少对消费的需求也是一种值得重视的方法。例如，多功能、高效率的产品(图 3.38)在一定程度上就减少了人们所需要的产品数量，从而减少了资源的消耗。许多产品就具有小、巧、轻、薄和多功能的特点(图 3.39)，有效节约了资源。

要系统地解决人类面临的环境问题，还必须从更广泛的、更加系统的观念上加以研究。在此基础上，出现了所谓的"非物质主义设计"的概念。非物质主义设计是以信息社会是一个"提供服务和非物质产品的社会"为前提。以"非物质"这个概念来表述未来设计发展的总趋势,即 21 世纪的设计将从有形(tangible)的设计向无形(intangible)的设计转变;从物(material)的设计向非物(immaterial)的设计转变;从产品(product)的设计向服务(service)的设计转变;从实物产品(product)的设计向虚拟产品(less product)的设计转变。

图 3.38 结合了闹钟和手电功能的小产品

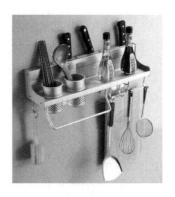
图 3.39 多功能厨房置物架

思 考 题

1．从设计对文化的影响和设计对文化的生成作用出发,并结合具有丰富文化内涵的经典物品,简单阐述设计与文化的关系。

2．结合某一公司的发展历程和设计的变化或某一著名产品的成功案例,阐述工业设计对企业的作用。

3．从产品设计的角度,简单阐述如何提升产品的附加值。

4．从减少能源消耗、采用可回收材料、延长产品使用寿命等方面,阐述工业设计应如何在减少环境污染与能源浪费、促进人类可持续发展等方面发挥作用。

5．从产品生命周期的角度,阐述工业设计在应对环境问题上怎样发挥的作用。

第 4 章　工业设计造型基础

教学目标

了解形态的概念和形态的基本分类。

理解不同的点的排列组合给人的心理感觉。

理解不同类型的线给人的心理感觉。

理解不同类型的面给人的心理感觉。

掌握色彩的属性和色彩组类。

理解色彩的感知觉和象征意义,了解产品的配色原则。

理解产品的造型要素,了解产品造型设计的形式美法则。

教学要求

知识要点	能力要求	相关知识
形与态	(1) 了解形态的概念; (2) 了解形态的基本分类	
形态的构成	(1) 了解形态构成及形态构成的概念; (2) 理解点的排列组合给人的心理感觉; (3) 理解不同类型的线给人的心理感觉; (4) 理解不同类型的面给人的心理感觉	点、线、面的心理感觉
色彩的基础知识	(1) 掌握色彩的属性和色彩组类; (2) 理解色彩的感知觉和象征意义; (3) 了解产品的配色原则	色彩与产品设计
产品造型要素及其形式美法则	(1) 理解产品的造型要素; (2) 了解产品造型的形式美法则	造型要素与形式美法则

基本概念

形态:"形"是指一个物体的外在形式或形状,"态"则是指蕴涵在物体形状之中的"精神势态",形态就是指物体的"外形"与"神态"的结合。

光源色:不同的光源发出的不同色彩倾向性的色光,称为光源色。

固有色:阳光照射在万物之上,它们分别吸收一部分色光又反射另一部分色光,这种不同的吸收和反射就产生了万物的不同颜色,这种对物体概念化的色彩就是我们通常说的物体的固有色。

环境色:是指物体处在某一具体环境中时,四周物体反射光对其影响而产生的颜色。

产品造型要素:是指构成产品形体的基本知觉元素,主要有体量、形态、线型、方向与空间、颜色、材质等。

工业设计从某种意义上讲是对产品功能部件外的外壳进行的造型设计。产品的外壳即产品的外在形象，它承载了工业设计的设计内容。诙谐一点说，工业设计的主要任务是完成产品的"表面工程"，也即 surface，但不能小看了产品的外壳在产品生命中的重要作用。通过对产品的外在形态的设计，能够提升产品的视觉审美效果、提升产品的操作效率与舒适性、提升产品的使用体验，提升产品的设计品质，提升产品的附加价值，进而提升产品所在公司的企业形象和品牌价值，并最终使人类的生活方式更加的自由。产品外在形象的塑造，对产品本身、生产企业、人类社会都有着重要作用，因此在工业设计中必须很好地把握产品的形态、色彩、造型等产品外在要素。

4.1 形 与 态

4.1.1 形态的概念

"形态"包含了两层含义，"形"通常是指一个物体的外在形式或形状，任何物体都是由一些基本形构成，如圆形、方形或三角形等；"态"则是指蕴涵在物体形状之中的"精神势态"。形态就是指物体的"外形"与"神态"的结合。在我国古代，对形态的含义就有了一定的论述，如"内心之动，形状于外""形者神之质，神者形之用"等，指出了"形"与"神"之间相辅相成的辩证关系。形离不开神来充实，神离不开形的阐释，无形而神则失，无神而形则晦，形与神之间不可分割。可见，形态要获得美感，除了要有美的外形外，还需具有一个与之相匹配的"精神势态"，即"形神兼备"。

从设计的角度看，形态离不开一定物质形式的体现。以一辆汽车为例，当我们看到 4 个车轮时，便知晓它是一种能运动的产品，车室内部的设计揭示了产品的基本承载方式和功能内涵，而车外壳的材料、车头和车室及车尾的整体连接形式等不仅反映出了产品的基本构造，同时也强调了产品的外形势态。

因此，在设计领域中产品的形态总是与功能、材料及工艺、人机工程学、色彩、心理等要素分不开的。人们在评判产品形态时，也总是与这些基本要素联系起来。因而可以说，产品形态是功能、材料及工艺、人机工程学、色彩、心理等要素所构成的"特有势态"给人的一种整体视觉感受。

4.1.2 形态的基本分类

在当今的工业社会，为适合机器的加工与生产及标准化要求，工业产品的形态大都单纯而简单，大部分形态都是由简单的几何抽象形或有机抽象形组成的。所以，了解各种抽象形态的美学特征，对创造理想的产品立体形态是非常有必要的。而要创造理想的产品立体形态，首先必须了解自然界形态的普遍规律与基本特征。世界上的形态一般可以分具象形态和抽象形态两大类。

1. 具象形态

具象形态主要包括自然形态和人为形态。自然形态分为非生物形态和生物形态。非生物形态一般指无生命的形态，如白云、浪花、沙滩、奇石等。非生物形态也称为无机形态。生物形态一般指具有生命力的形态，如各种植物形态或动物形态，这类形态也称为有机形态。

人为形态是人类用一定的材料，利用加工工具创造出来的各种形态，如家用电器、交通工具、建筑、家具、机器设备等。工业产品都是人为形态，即都是为了满足人们的特定需要而创造出来的形态。人为形态中又可分为内在形态和外观形态两种。内在形态主要是通过材料、结构、工艺等技术手段来实现的，它是构成产品外观形态的基础。不同的材料、不同的结构、不同的工艺手段可产生不同的外观形象，所以说，内在形态直接影响着产品的外观形态。外观形态是指直接呈现于人们面前，给人们提供不同感性直观的形象。同一功能技术指标的产品，外观形态的优劣往往直接影响着产品的市场竞争力。工业设计研究的主要内容之一就是在满足产品功能技术指标的前提下，如何使产品具有美的形态，使其更具市场竞争力(图 4.1)。

图4.1　人为意向形态

一般来说，工业产品的内在形态主要取决于科学技术的发展水平，并通过工程技术手段加以实现。而外观形态则可以认为是一种文化现象，它不仅具有一定的社会制约性，而且与时代的、民族的和地区的特点相联系，也就是人们常说的"风格"。产品造型的风格来源于造型要求和作者的精神个性，是设计者精神个性在产品设计中的创造性的物化形态。它是通过点、线、面、色彩、肌理等造型设计语言表现的一种形式，并通过材料、结构、工艺加以实现。当然，产品的内在形态和外观形态是相互制约和相互联系的。可以认为产品造型设计是一个系统工程,需要很多人、多学科知识的相互配合,同时也要求设计师知识面广,思路宽。

2. 抽象形态

抽象形态,顾名思义,为不能被人们直接知觉的形态。为了作为造型要素进行研究,就必须把它们表示成可见的形态,其概念性的点、线、面、体、空间、肌理等为立体构成的基本元素。这些元素是人们从所有的现实形态中抽象出来的。

抽象形态一般包括几何学的抽象形。另外,自然界中的一些有机抽象形和偶然发生的抽象形通常被纳入抽象形态中来研究。

1) 几何学的抽象形态

几何形态为几何学上的形体,它是经过精确计算而做出的精确形体,具有单纯、简洁、庄重、调和、规则等特性。几何学的抽象形态按其不同的形状可分为圆形、方形、三角形3种类型:圆形包括球体、圆柱体、圆锥体、扁圆球体、扁圆柱体、正多面体、曲面体等;方形包括正方体、方柱体、长方体、八面体、方锥体、方圆体等;三角形包括三角柱体、六角柱体、八角柱体、三角锥体等(图4.2)。

   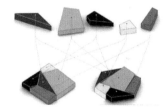

图4.2 几何抽象形态

2) 有机的抽象形态

有机的抽象形态是指有机体所形成的抽象形体,如生物的细胞组织、肥皂泡、鹅卵石的形态等,这些形态通常带有曲线的弧面造型,形态显得饱满、圆润、单纯而富有力感(图4.3)。

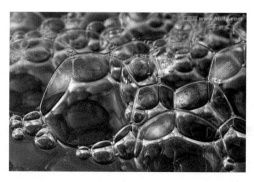 

图4.3 有机抽象形态——肥皂泡、雨花石的纹路

3) 偶然的抽象形态

偶然的抽象形态是一些物体在自然界偶然遇到或发生的形态，如雷雨天空中出现的闪电，物体撞击后产生的撕裂、断裂的形状，玻璃摔在地上破碎的形态等(图4.4)。这些形态往往带有一种无序和刺激的感觉。尽管并不是大多偶发形态都具有美感，但由于这种形态有一种特殊的力感和意想不到的变化效果，所以能给人一种新的启示或某种联想。有时这种形态比一般的形态更具魅力和吸引力。

图4.4 闪电、玻璃碎裂的形态

综上所述，自然界中蕴藏着极其丰富的形态资源，是艺术创作取之不尽、用之不竭的源泉。对于工业设计也是如此，许多设计师正是从大自然中获得设计灵感，从自然的形态中将美的要素提炼和抽象出来，创造出大量优秀的产品立体形态。

4.2 形态的构成

4.2.1 构成及形态构成的概念

构成是指按照一定原则，将造型要素组合成美的形态，是抛开功能要求的抽象造型。形态构成是一切造型艺术的基础，其原理是将客观形态分解为不可再分的基本要素，研究其视觉特性、变化与组合的可能性，并按力与美的法则组合成所需的新的形态。这种分解与组合的过程即形态构成。

基本形态构成包括平面构成、立体—空间构成、色彩构成。

工业产品则是自然形态拆散成点、线、面等形态要素后，再重新组合的人为构成。概括起来，构成技能有以下3种。

1. 感性构成

感性构成是建立在主观感觉基础上，依靠对感性知识的积累而进行的一种从意到形的构成技能。人们由于受到某种因素的启发或刺激，产生创作灵感，在脑海中会豁然浮现某种新形态，将其捕捉住，并记录下来(如用石膏、泥土、硬纸做出来)，不断加以变化，待量的累积达到一定程度，新的创造就成为可能。只有具备了广泛的可供筛选的构成形象资料，才能优选出实用、经济、美观的造型方案。一般来说，可供筛选的构成形象资料越多越广，造型设计的质量就越高，速度就越快，应变能力就越强。感性构成一般不受到社会性、生产性、经济性的束缚，能最大限度地充分发挥艺术想象力和形态创造力。不过它会受到人们的审美爱好、艺术修养、对自然物观察的敏锐程度及鉴赏能力和理解、消化、吸收能力的限制。

2. 理性构成

理性构成是在综合考虑功能、结构、材料、工艺等方面要求的基础上，探索符合时代审美要求、富有民族风格内涵的创造活动，它既包括在感性构成基础上，考虑社会性、时代性、生产性、经济性的再构成，也包括从功能出发的构成，从内部结构出发的构成，以及从材料或加工工艺出发的构成等独立构成技能。它能为现代工业产品造型设计提供大量的、更为可靠逼真的形象资料。

3. 模仿构成

模仿构成是以自然形态为构成的基本要素，并进行必要的抽象、演变、提炼、升华，使形态既脱离了纯自然形，又保留了其形态实质，带有一种联想和暗示的感情表现。以生物形态为例，模仿构成一般可分为3个阶段。

第一阶段是对生物形态原型进行研究，吸收其对技术要求有益的部分而得到一个生物模型。

第二阶段是将生物模型提供的资料进行数学分析，并使其内在联系抽象化，并用数学语言把生物模型"翻译"成一般意义的数学模型。

第三阶段是通过物质手段,根据数学模型制造出可在工程技术上进行试验的试验模型。值得指出的是，模仿构成不是简单的机械模仿，而是在反复实践中的再创造，使最终构成物的形态与生物原型神似而不是完全的形似。

构成在表现形式上是以抽象表现为侧重的，如火车、轮船、坦克、飞机、家用电器等，都是将自然形态经过分解，提取形态要素后，再重新组合成抽象形态。正是由于构成的抽象性，所以其也就更具普遍性，在造型设计中也就更加体现了广泛的适用性。

4.2.2 形态构成的几何要素——点

几何学中的点，是只有位置，而无大小和形状。在造型设计中，点是以抽象形态的意义来建立其概念的，因而它有大小、有形状、有独立的造型之美和组合构成之美的形态价值。产品上的点，不是以自身的大小而论，而是指同周围形体与空间的比例比较而言。只要是一定比例条件下的细小形象，起到点的作用的形，均可视为点，如旋钮与机器设备相比较称为点，飞机与宇宙空间相比也称为点。点按照其形状不同，一般可分为直线型、曲线型与字母型3类(图4.5)。

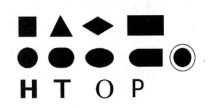

图4.5 不同类似的点

直线型点给人以坚实、严谨、稳定、安静的感觉。曲线型点给人以丰满、圆润、充实、运动的感觉。字母型点给人的感觉介于直线型和曲线型之间。

4.2.3 形态构成的几何要素——线

在几何学中，线是点运动的轨迹，它没有宽度。在造型设计中，线有形状，有粗细，有时还有面积和范围。造型设计中的线一般可分为几何形态线和构成效果线两类。几何形态线一般指直线、曲线、复线3种；构成效果线一般指结构线、风格线、装饰线3种。几何形态的分类如图4.6所示。

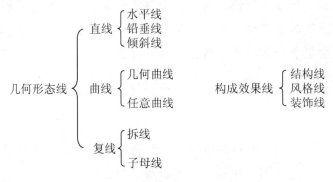

图4.6 几何形态线的分类

直线对人造成的心理效果是严谨、秩序、明确、单纯、简朴、刚直、肯定、具有冷淡而坚强的表现力(图4.7)。直线刚劲、简明，具有力量感、方向感、硬度感和严肃感，故称为硬线。在造型设计中，表现强硬多用直线，它既体现了直线型的风格，又体现了一种力的美。

曲线可看作是由一个运动的点不断地改变方向而形成的。与直线相反，曲线具有流畅、运动、活泼、轻快、圆润、丰满、柔软的性格，给人以亲切、优雅之感，表现为女性性格的特征。曲线柔和、温润、丰满，给人一种轻松、愉快、柔和、优雅的感觉，故称为软线。在造型设计中,表现柔和的产品多用曲线,它既体现了曲线型的风格,也体现了柔的美(图4.8)。

图4.7 垂线、斜线在建筑中的运用

图4.8 曲线在产品中的运用

根据几何学定义绘制的几何曲线,如圆弧、椭圆、抛物线、涡线等,由于规律性强,富有弹性,具有渐变、连贯、流畅的特点,所以给人以理智的明快感。自由曲线显得自由奔放、温和、优雅、华丽、极富有个性与魅力。

4.2.4 形态构成的几何要素——面

在几何学中,面是线运动的轨迹,是无界限、无厚薄的;而在造型设计中的面却是有界限、有厚薄、有轮廓的。造型设计中的面分为平面和曲面两种,平面可分为水平面、铅垂面、倾斜面,曲面可分为几何曲面和任意曲面(图4.9、图4.10)。

图4.9 面的作品　　　　　　　　图4.10 洛杉矶迪士尼音乐厅

4.3 色彩的基础知识

色彩充满于人类生活的世界，充满与整个生物界，充满于地球，充满于更广袤的宇宙。有物即有色彩，便有因色彩而美丽的大千世界。色彩让所有的物更加丰富，更加美丽，万物中的色彩有我们吸收不尽的设计源泉。因此，设计师要学会观察色彩，感悟色彩，学会发现和分析色彩与物的造型的关系。

4.3.1 色彩的形成

古人曾经认为人的眼睛能够发出光线照亮物体，因而他们才能被人看到，其实物体的那些颜色都是靠照亮物体的光线而存在的。没有光，物体的颜色就不存在，当光线转暗，夜色来临，即便在伸手不见五指的黑夜中，我们仍然可以摸到物体，但是却看不到物体的颜色，这就说明，离开光，物体虽然依然存在，但是物体的颜色却不能存在了。有人说颜色依然存在于物体的表面上，只不过看不到而已，其实存在于物体表面的只是特定的吸收和反射一定色光的物理结构，而不是固定的颜色。能够被人的眼睛感觉到的电磁波叫光波，不同波光的光波给人以各种颜色的感觉，英国物理学家牛顿通过三棱镜的折射发现阳光是由红、橙、黄、绿、青、蓝、紫7种不同波长的光波组成的色光，由于其中的青色近于蓝绿之间，区别不明显。法国化学家斐尔德又将光谱色改为红、橙、黄、绿、蓝、紫6种标准色。为了研究与运用的方便，人们通常把成条状的6种标准色光带连接成环状，这种环状叫作色相环或色轮，现代的颜色环也都以此作为依据，一般为12色相环或24色相环。

色彩根据产生原因不同，分为光源色、固有色和环境色。

1) 光源色

不同的光源发出的不同色彩倾向性的色光，称为光源色。光源色是影响物体色彩的主要因素，光源色的改变，甚至可以改变物体本来的颜色。

太阳光是最重要的自然光源，然而，由于太阳光照的角度的不同，以及地球大气层运动的变化，太阳光的颜色也是有变化的，早晨的阳光是红色的，中午的阳光带着亮白色，而傍晚时分阳光通常是金黄色的，晴天在阳光下照射的天空是蔚蓝色的，而阴天的天空是冷白色的。

除了太阳光，生活中我们还能碰到各种各样不同的光源色，如月光是冷黄色、火光是橘黄色、日光灯是冷白色。

2) 固有色

阳光照射在万物之上，它们分别吸收一部分色光又反射另一部分色光，这种不同的吸收和反射就产生了万物的不同颜色，其实就是被不同物体反射的那一部分色光。如红旗的色彩是呈现出红色，是因为它吸收了其他所有的色光而仅仅反射红色光，因而它呈现红色，而绿油油的秧田，则是吸收了所有其他的色光，反射出一定比例的蓝色光和黄色光而已，全吸收就成了黑色，而全反射就成了白色。长期以来人们的活动主要在白天，对白天光线漫射下的物体色光的吸收和反射已形成了深刻的"标准"化概念，这种对物体概念化的色彩就是我们通常说的物体的固有色。但是，固有色不是一成不变的，随着光源色的强弱变化和四周物体色彩的反射影响，固有色也会随之变化。事实上，真正固定不变的颜色是不存在的。

3) 环境色

环境色是指物体处在某一具体环境中时，四周物体反射光对其影响而产生的颜色，由于强烈的光源色对物体的亮部起着主导作用，所以环境色对物体的色彩的影响主要在他的暗部和形体的边缘部分。尽管如此，复杂的环境色有时也能改变物体的固有色。此外，环境色对物体固有色的影响大小还与物体本身的质地有关，表面粗糙的物体反光弱，环境色影响就小；反之，表面光滑的物体环境色影响就大。

4.3.2 色彩的属性

人类能够见到的颜色多种多样，有各种鲜艳、柔和、明亮、深重不同的颜色。绝大多数的颜色具有3个方面的属性：色相、明度、纯度。色彩可以分为两大类：有色系列和消色系列。有色系列都具有这3个方面的属性，无彩色系列物体即黑、白、灰色物体，不具有色相和纯度，只具有明度。

1. 色相

色相是色彩的相貌，即色彩最显著的特征。人们通过光谱上红、橙、黄、绿、蓝、紫标准基色的色彩，可以调出无数种色彩来，大自然无穷无尽的色彩都有其各自的面貌，这些不同色彩的面貌，我们叫它色相(图4.11)。

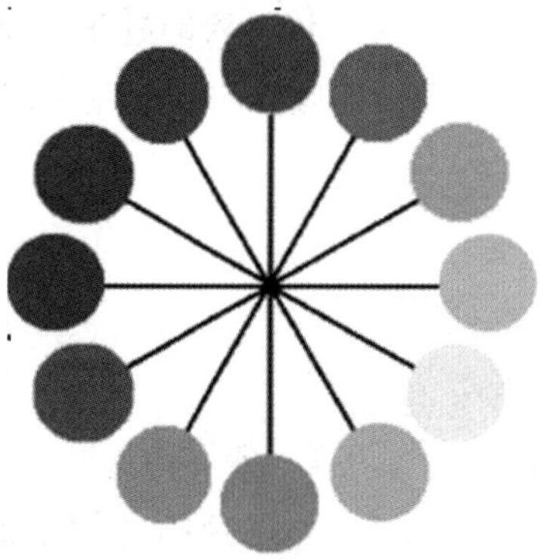

2. 明度

明度是指色彩的明暗深浅程度，简单地说是指色彩的黑白程度。一方面，明度指某一色彩本身的亮暗程度；另

图 4.11 色相

一方面，也指这一色彩与其他色彩之间的亮暗差异。就明度而言，白色的明度最高，黑色的最低。把不同量的白色和黑色混合在一起，就能产生不同的灰色。把这些灰色按一定次序排列，就是色彩的明度等阶表(图 4.12)。

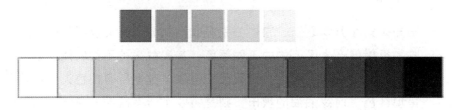

图 4.12　蒙赛尔明度轴

3．纯度

纯度指色彩本身的鲜艳程度，又称色彩的饱和度。高纯度的色彩就鲜艳，反之就灰暗。以颜料为例，在一块纯净颜色中加入白，白色越多，这块色彩明度越高纯度越低，如果加入黑色在这块纯净的颜色中，黑色越多明度越低纯度也越低(图 4.13)。

图 4.13　红色纯度由高到低的视觉效果

4.3.3　色彩的组类

色彩的组合很多，根据色环中的排列，大致可以将色彩按以下几个类型的分组。

1．同类色

同类色都含有同一色素，其色素倾向比较接近的各种颜色，在色相环上表现为 15°～30°内的颜色，如柠檬黄、淡黄、土黄、橘黄等颜色。尽管它们之间有明度变化、冷暖差异，但它们都还有黄色素(图 4.14)。

图 4.14　同类色

2．邻近色

邻近色指色相上比较接近，在色环上表现为间隔为 45°～60°以内相临近的各种颜色，如橘红、红、紫红、紫等颜色。虽然这些颜色有时差异较大，但它们可以通过中间过渡达到和谐(图 4.15)。

3. 对比色

对比色指色环上表现为间隔 120°～240°的色彩组合为对比色，对比色之间有互相对比排斥，又互相衬托的色彩效果，在并列情况下，往往各自的色彩更加鲜明强烈(图 4.16)。

图 4.15　邻近色　　　　　　　　图 4.16　对比色

4. 互补色

在色环上，成 180°角相对的任何一组颜色都称为互补色，如红与绿、蓝与橙、黄与紫等。在色彩中互补色的对比最为强烈，视觉上给人很不和谐的感觉。但另外，两种互补色对比之下，往往红的越红，绿的感觉更加绿。

4.4　色彩与造型

产品设计离不开色彩，因为人的生活离不开色彩。不同的色彩会对人产生不同的刺激效应，同时色彩对人的性格、气质、行为活动都有十分重要的影响。色彩是产品造型要素中的重要因素，也是最先引起消费者的注意，具有先声夺人的效果。

日本中村吉郎在他所著的《造型》一书中提到，人观察物体时，最初 20 秒，色彩影响占 80%，形态占 20%；2 分钟后，色彩占 60%，形态占 40%；5 分钟后，各占一半。可见，色彩不仅给人的印象迅速，更有使人增加识别记忆的作用；它还是最富情感的表达要素，可因人的情感状态产生多重个性。所以在设计中，色彩恰到好处地处理能起到融合表达功能和情感的作用，具有丰富的表现力和感染力。

4.4.1　色彩的心理感知觉

色彩就其本质来说，不过是波长不同的光线，本无什么"感情"可言。但是，人类生活在这个世界，就靠这些光线，获取了大量的信息。春夏秋冬、风云雨雪、金木水火土、酸甜苦辣咸这一切变化对人类造成的影响无不通过色彩的记忆在人们心灵的深处留下烙印。所以，当人们看到某种颜色(或色组)时，便不由自主地联想到在生活经历中所遇到过的与此相关的感觉,从而引起心理上的共鸣。

日本木村俊夫氏做过一个试验,将同样温度的红与蓝的热水放满两个烧杯,让人边看边用左右手指插入不同的烧杯,这时让其说出各自的温感,谁都回答说,红色热水要比蓝色热水的温度高。

在某个工厂,让工人搬运黑色的箱子,他们说箱子太重而深为不满。后来在工厂的休假日,把箱子的黑色全部换成浅绿色,第二天上班的工人都说这些箱子轻多了,因而顺利地完成了作业。

类似这样的例子还有很多,涉及人的衣、食、住、行、工作、学习,以及日常生活的各个方面。在现代社会,色彩心理效应的研究已不限于在少数的心理学家、艺术家的范围,随着商业竞争的发展,也越来越受到企业家、商业界及服装设计、工业设计、城市管理等各个方面。虽然我们不能把色彩的感情效应绝对化,更无法理解在西班牙斗牛场上为什么公牛在见到红色就进攻、见到黄色就退却的真正理由,但是,通过大量的材料验证,至少可以说人们在对色彩的心理感受中确实有着某种共同性的东西。

1. 色彩的冷暖感

色彩的冷暖感是一种心理量,与实际的温度并无直接的联系。红、橙、黄近似火焰的颜色,当人们看到这种颜色时,就容易联想到火的燃烧、太阳的升起、热血、红花等,因此往往在心理上产生一种温暖的感觉(图 4.17);而蓝青人们多见于冰天雪地、海洋、天空,所以往往给人以寒冷的感觉(图 4.18)。色系中,红、橙、黄属于暖色,蓝色为冷色,绿色和紫色为中性色。

图 4.17 暖色调

图 4.18 冷色调

颜色的冷暖感是相对的。例如紫红、绿色、灰色等,与暖色的橘红相对时属于冷色;而与冷色的蓝青并列时又属于较暖的色。在同一色相中,由于纯度、明度及光照的不同,也会形成一定的冷暖差异。

色彩的冷暖感是区别色彩特质的重要标志之一,在色彩设计和产品配色创作中,恰当地利用色彩的冷暖对比与统一,是提高色彩感染力和产品视觉美感的一种强有力的手段。

2. 色彩的轻重感

一般说来，色彩的轻重感与色相的变化关系不大，而更侧重与明度上的区别，例如，红色与黄色对比时，红感觉重些，主要原因还是红色明度较低、黄色明度较高的缘故。如果把这两种颜色调到同等明度上来，轻与重的差别则难以区分。色彩的轻重感则与明度感觉同步变化。即明度越亮，感觉越轻，明度越暗，感觉越重(图 4.19、图 4.20)。色彩的轻重感，色彩的轻重感与明度关系最大，从轻到重排列为：白色>黄色>橙色>红色>灰色>绿色>蓝色>紫色>黑色。

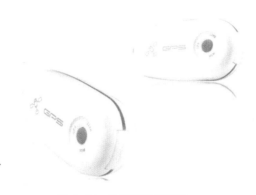

图 4.19 色调轻盈的产品

图 4.20 色调稳重的产品

3. 色彩的软硬感

纯度高的色彩和冷色比较硬，纯度低的色彩和暖色感觉比较软，对比度高的配色感觉较硬，反之，感觉较软(图 4.21、图 4.22)。

图 4.21 色调硬的产品

图 4.22 色调软硬搭配协调的产品

4. 色彩的进退感

暖色、高明度色，高纯度色有拉近距离的感觉，冷色、低明度色有距离边远的感觉(图 4.23)。前进色和后退色的色彩效果在众多领域得到了广泛应用。例如，广告牌就大多使用红色、橙色和黄色等前进色，这是因为这些颜色不仅醒目，而且有凸出的效

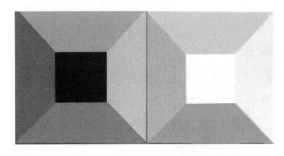

图 4.23　色彩的进退感觉图

果，从远处就能看到。在同一个地方立两块广告牌，一块为红色，一块为蓝色，从远处看红色的那块要显得近一些。在商品宣传单上，正确使用前进色可以突出宣传效果。在宣传单上，把优惠活动的日期和商品的优惠价格用红色或者黄色的大字显示，会产生一种冲击性的效果。

在工厂中，为了提高工人的工作效率，管理人员进行了各种各样的研究。例如，根据季节适时地更换墙壁的颜色，夏季涂成冷色，冬季涂成暖色，可以有效调节室内工人的心理温度，使他们感觉更加舒适。合理搭配前进色与后退色则可以减轻工作场所给工人造成的压迫感。使用明亮的色调使空间显得宽敞、无杂乱感，这样的环境可以提高工人的工作效率。

5．色彩的涨缩感

同一面积、同一背景的物体，由于色彩不同，给人造成大小不同的视觉效果。色彩中明度高和偏暖的色彩有膨胀感，低明度偏冷的色彩有缩小的感觉(图 4.24)。像红色、橙色和黄色这样的暖色，可以使物体看起来比实际大。而蓝色、蓝绿色等冷色系颜色，则可以使物体看起来比实际小。物体看上去的大小，不仅与其颜色的色相有关，而且明度也是一个重要因素。

红色系中像粉红色这种明度高的颜色为膨胀色，可以将物体放大。而冷色系中明度较低的颜色为收缩色，可以将物体缩小。像藏青色这种明度低的颜色就是收缩色，因而藏青色的物体看起来就

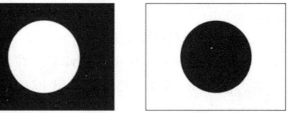

图 4.24　黑色、白色间的涨缩对比

比实际小一些。明度为零的黑色更是收缩色的代表。例如，女性穿黑色丝袜，我们就会觉得她的腿比平时细，这就是色彩所具有的魔力。实际上，只是女性利用了黑色的收缩效果，使自己的腿看上去比平时细而已。可见，掌握了色彩心理学，也可以使自己变得更完美。

4.4.2　色彩的象征意义及在设计中的应用

色彩同人的性格、情感有关。人们能够感受到色彩的情感，是因为人们长期生活在一个色彩世界中，积累了许多视觉经验，一旦知觉经验与外来色彩刺激产生一定的呼应时，就会在人的心理上引出某种情绪。比如那些敏感的人喜欢红色，理性的人更加偏爱蓝色；性格外向的人喜欢暖色，而性格内向的人喜欢冷色；灰色因其代表着实用和理智，则被那些沉稳或保守的人喜爱；然而作为平衡，人们可能会被性格中所缺乏的特质的色彩所吸引。各种颜色所传达的感受如下。

(1) 红色。由于红色容易引起注意，所以在各种媒体中也被广泛地利用，除了具有较佳的明视效果之外，更被用来传达有活力、积极、热诚、温暖、前进等含义的企业形象与精神。另外，红色也常用来作为警告、危险、禁止、防火等标示用色，人们在一些场合或物品上，看到红色标示时，常不必仔细看内容，也能了解警告危险之意。比如在工业安全用色中，红色即是警告、危险、禁止、防火的指定色。

(2) 橙色。橙色明视度高，在工业安全用色中，橙色即是警戒色，如火车头、登山服装、背包、救生衣等。由于橙色非常明亮刺眼，有时会使人有负面低俗的意象，这种状况尤其容易发生在服饰的运用上。所以在运用橙色时，要注意选择搭配的色彩和表现方式，才能把橙色明亮活泼具有口感的特性发挥出来。

(3) 黄色。黄色明视度高，在工业安全用色中，黄色即是警告危险色，常用来警告危险或提醒注意，如交通号志上的黄灯，工程用的大型机器，学生用雨衣、雨鞋等，都使用黄色。

(4) 绿色。在商业设计中，绿色所传达的清爽、理想、希望、生长的意象，符合服务业、卫生保健业的诉求，在工厂中为了避免操作时眼睛疲劳，许多工作的机械也是采用绿色。一般的医疗机构场所，也常采用绿色作为空间色彩规划即标示医疗用品。

(5) 蓝色。由于蓝色沉稳的特性，具有理智、准确的意象，在商业设计中，强调科技、效率的商品或企业形象，大多选用蓝色当标准色、企业色，如电脑、汽车、影印机、摄影器材等。另外，蓝色也代表忧郁，这是受了西方文化的影响，这个意象也运用在文学作品或感性诉求的商业设计中。

(6) 紫色。由于具有强烈的女性化性格，在商业设计用色中，紫色也受到相当的限制，除了和女性有关的商品或企业形象之外，比如表现高贵形象，其他类的设计不常作为主色采用。

(7) 褐色。商业设计上，褐色通常用来表现原始材料的质感，如麻、木材、竹片、软木等，或用来传达某些饮品原料的色泽即味感，如咖啡、茶、麦类等，或强调格调古典优雅的企业或商品形象。

(8) 白色。在商业设计中，白色具有高级、科技的意象，通常需和其他色彩搭配使用，纯白色会带给别人寒冷、严峻的感觉，所以在使用白色时，都会掺一些其他的色彩，如象牙白、米白、乳白、苹果白。在生活用品和服饰用色上，白色是永远流行的主要色，可以和任何颜色作搭配。

(9) 黑色。在商业设计中，黑色具有高贵、稳重、科技的意象，许多科技产品的用色，如电视、跑车、摄影机、音响、仪器的色彩，大多采用黑色。在其他方面，黑色的庄严的意象，也常用在一些特殊场合的空间设计，生活用品和服饰设计大多利用黑色来塑造高贵的形象，也是一种永远流行的主要颜色，适合和许多色彩作搭配。

(10) 灰色。在商业设计中，灰色具有柔和、高雅的意象，而且属于中间性格，男女皆能接受，所以灰色也是永远流行的主要颜色。在许多的高科技产品，尤其是和金属材料有关的，几乎都采用灰色来传达高级、科技的形象。使用灰色时，大多利用不同的层次变化组合或搭配其他色彩，才不会因过于素，而产生沉闷、呆板、僵硬的感觉。

4.4.3 产品设计配色的原则

1. 总体色调的选择

色调是指色彩配置的总倾向、总效果。任何产品的配色均应有主色调和辅助色，只有这样，才能使产品的色彩既有统一又有变化。色彩越少其装饰性越强，色调越统一；反之，则杂乱难以统一。产品的主色调以1色或2色为佳，当主色调确定后，其他的辅助色应与主色调协调，以形成一个统一的整体色调。色调的选择应满足下列要求：

(1) 满足产品功能的要求。每一产品都具有其自身的功能特点，在选择产品色调时，应首先考虑满足产品功能的要求，使色调与功能统一，以利产品功能的发挥。如军用车辆采用草绿色或迷彩色，医疗器械采用乳白色或浅灰色，制冷设备采用冷色，消防车采用红色，机器人采用警戒色，这些色调都是根据产品功能的要求而选择的。

(2) 满足人—机协调的要求。产品色调的选择应使人们使用时感到亲切、舒适、安全、愉快和美的享受，满足人们的精神要求，从而提高工作效率。例如，机械设备与人较贴近，色调应是对人无刺激的明度较高、纯度较低的色彩，使操作者精神集中，有安全感，不易失误，提高效率。因此，选择的色调应有利于人—机协调的要求。

(3) 适应时代对色彩的要求。不同的时代，人们的审美标准不同。例如20世纪50年代，色彩倾向于暗、冷的单一色；20世纪60年代逐渐由暗向明，由冷向暖，由单一到两套色或多色方向发展；而目前工业产品的色彩则向偏暖、偏明、偏低纯度的方向发展，多用浅黄、浅蓝、浅绿色，使产品具有更加旺盛的生命力。为此，必须预测人们在不同的时代对某种色彩的偏爱和倾向，使产品的色彩满足人们对色彩爱好的变化，赶上时代要求，使产品受到人们的欢迎。

(4) 符合人们对色彩的好恶。不同的国家和地区对色彩有不同的爱好，因此在产品设计时应了解使用对象对色彩的好恶，使产品的色调符合当地人们的喜爱，在商品市场上才有竞争力。

2. 重点部位的配色

当主色调确定后，为了强调某一重要部分或克服色彩平铺直叙、单调，可将某个色进行重点配置，以获得生动活泼、画龙点睛的艺术效果。工业产品的重点配色，常用于重要的开关，引人注目的运动部件和商标、厂标等。

重点配色的原则有：选用比其他色调更强烈的色彩；选用与主色调相对比的调和色；应用在较小的面积上；应考虑整体色彩的视觉平衡效果。

3. 配色的易辨度

配色的易辨度是指背景色(即底色)和图形色或产品色和环境色相配置时，对图形或产品的辨认程度。易辨度的高低取决于两者之间的明度对比。明度差异大，容易分辨，易辨度高；反之则易辨度低。经科学测量，同一色彩与不同色彩配置时，其易辨度是不同的。

4. 配色与材料、工艺、表面肌理的关系

相同色彩的材料，采用不同的加工工艺(抛光、喷砂、电化处理等)所产生的质感效果是不同的。如电视机、录音机等的机壳色彩虽一样都是工程塑料(ABS)，但由于表面肌理有的有颗粒，有的是条状或平整有光泽的等，所以它们所获得的色泽效果是不同的。又如机械设备，根据功能和工艺的要求，对某些部件可采用表现金属本身特有的光泽，既显示金属制品的个性和自然美，也丰富了色彩的变化。因此，在产品配色时，只要恰当地处理配色与功能、材料、工艺、表面肌理等之间的关系，就能获得更加丰富多变的配色效果。

4.5 产品造型要素及形式美法则

4.5.1 产品造型要素

产品造型要素是指构成产品形体的基本知觉元素，主要有体量、形态、线型、方向与空间、色彩、材质等。

1. 体量

体量是指产品形体的规模，物质功能是形成产品体量大小的依据，体量分布与组合将构成不同的造型，直接影响产品的形体和结构，是造型设计首要考虑的方面。如图4.25、

图 4.26 所示,因使用环境及功能参数和设计定位的不同,两种不同类型的吸尘器的体量具有较大的差距,但每种所表现的体量,恰恰与其对应的物质功能相协调。

图 4.25 迷你吸尘器　　　　　　　　　图 4.26 家用吸尘器

2．形态

形是产品的物态化形体,是构成产品外观的线、面、体等形态要素,具有各种不同的形状,如方、圆、扁、厚、粗、细,几何体与非几何体等。态是产品的外观形状和神态,是外观的表情因素。产品形态就是"外形"与"神态"的结合。如图 4.27、图 4.28 所示,两种产品的形体表现出了产品不同的神态和造型内涵。

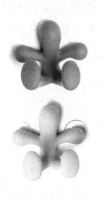

图 4.27 挂钩设计　　　　　　　　　图 4.28 坐的设计

形体在产品造型设计中主要指视觉形态,可以是纸面的表达或计算机三维模型,也可以是立体或实体材料制成的。形态作为传达产品信息的要素,使产品内在品包括构成元素、意指内涵,甚至工作原理、构造等技术因素浮现为外在的表象因素,并与感觉、构成、结构、材质、色彩、空间、功能等密切联系,通过视觉使人产生一种生理和心理的认识和认同。

3．线型

线型包括视向线和实际线两大类,视向线是造型物的轮廓线。由于观察者的观察视线不同,产品的轮廓线也是变化的,随着观察者视向而改变;实际线指装饰线、分割线、亮线、压条等,是客观存在的线。产品造型设计中,线型是最富有表现力的一种造型手段。

4．方向与空间

方向指形体形状的方向,即水平与垂直、陡与缓、同向与反向等(图 4.29)。空间是指前与后、上与下、左与右、虚与实等。由于人们会进行各种联想,对上述情况常常有明显不同的感受,方向和空间对产品造型设计的艺术表现有重要的作用。

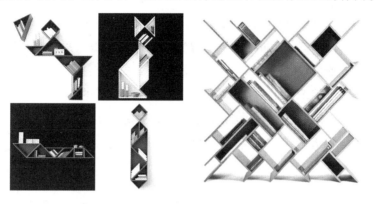

图4.29　书架设计

5．色彩

产品的色彩设计要求是使产品的物质功能、使用环境与人们的心理产生统一、协调的感觉。色彩在产品设计中的任务之一是通过色彩显示产品功能特征、设计定位,通过良好的配色,使产品外观所表达的产品的专业性得到更好的体现。

6．材质

产品造型是由材料、结构、工艺等物质技术条件构成的。因此,在造型处理上,要体现产品材料本身所特有的合理的美学因素,体现材料运用的科学性和生产工艺的先进性,求得外观造型中形、色、质的完美统一。产品选用不用的材料给人的心理感觉有时会产生较大的差别,如图联想的金属手机(图 4.30)和三星的塑料外壳手机(图 4.31),因为材料物理特性的差别和线型的不同,给人产生了两种不同的使用感觉。

图4.30　不锈钢材质手机

图4.31　塑料材质手机

4.5.2 产品造型设计的形式美学法则

所谓形式美，是指各种外形形式因素(点、线、体、色彩等)有规律的组合。形式美是一种规律，研究形式美有利于人们认识美、欣赏美和创造美，它是指导人们创造美的形式法则。

形式美法则是人们在创造美的形式、美的过程中对美的形式规律的经验总结和抽象概括。产品形态设计的美学法则是人们在长期的生活、生产实践中，对自然界中美的形式感受的总结，是在产品形态设计的实践中总结出来的规律。用来指导人们的形态设计实践，使产品的形态更加规范，符合自然界的各种规律、社会规律，符合人们的审美需求。产品造型设计的形式美法则主要有比例与尺度、统一与变化、均衡与对称、稳定与轻巧。

1. 比例与尺度

意大利文艺复兴时期的建筑师帕拉第奥曾对美的产生做了如下阐述："美产生于形式，产生于整体与各部分之间的协调，部分与部分之间的协调以及部分与整体之间的协调"。这种整体与部分、部分与部分质之间的比例关系、尺度大小，决定了美的层次。

任何一件形式与功能完美结合的产品，都有适当的比例与合理的尺度，比例与尺度既反映功能结构的关系，又反映产品和人们的视觉习惯的契合度。

产品的比例与尺度是产品功能部件之间的相互关系以及与整体之间的大小关系。产品的形态设计必须具备合适的比例和合理的尺度，是实现产品功能与形式以及各个部分形式美的最基本的、也是最重要的前提之一。

1) 比例

比例指的是产品造型的局部与局部之间、局部与整体之间的大小对比关系，以及整体或局部自身的长、宽、高之间的尺寸关系。比例是人们在长期的生活实践中所创造的一种审美度量关系，是一种以数比的形式来表现现代生活和现代科学技术美的理论。高品质设计的产品是全方位比例的协调，这种协调比例能给人带来强烈的视觉美感。如奥迪 2009 年推出的 S5 轿车，从各个角度看，都给观察者以美的享受。

现实生活中，最常用的比例关系有以下两种：黄金比及黄金矩形、根号矩形。

(1) 黄金比及黄金矩形。黄金比例是指将任意长度为 L 的直线 AB 分为两段，使其分割后的长段 AC 与原直线长度之比等于分割后的短段 BC 与长段 AC 之比，$AC:L=BC:AC$，如图 4.32 所示，C 点称为线段 AB 的黄金分割点，$BC:AC=0.618$。

这个比值关系与自然界中的大部分物体的比例关系是一致的，人体的大部分结构的比例关系也是 0.618，所以，这个比例关系是产品设计中最常用、最重要的比例。

黄金矩形可以用正方形几何作图法求得，如图 4.33 所示。先绘一正方形 ABCD，取 AB 中点 O，连接 OC，以 O 为圆心，OC 为半径画弧交 AB 延长线于 E，过 E 作垂直线与 CD 延长线交于 F，则 ADFE 即为黄金矩形。

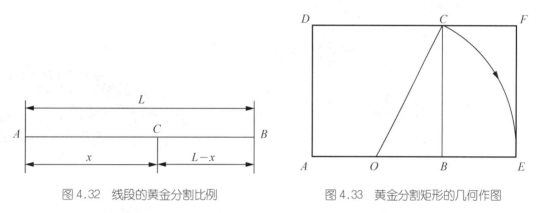

图 4.32 线段的黄金分割比例　　　图 4.33 黄金分割矩形的几何作图

德国心理学家费希纳在 1876 年做了矩形偏好实验，他发现大部分人更喜欢边长比接近 1∶1.618 的矩形。随后，在 1908 年，拉洛使用了一种更科学的方法重复了费希纳的实验，结果非常相似，如图 4.34 所示。

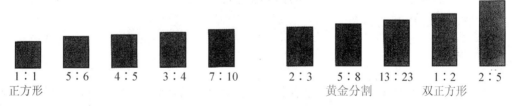

● 费希纳矩形偏好，1876 年
■ 拉洛图，1908 年

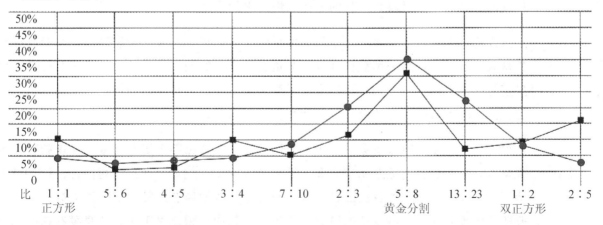

图 4.34 费希纳和拉洛对各种比例矩形喜好程度的对比研究

黄金分割比例也经常被用到现代设计的形态创造和研究中，现代主义设计的先驱柯布西埃、卡桑德拉等都主张用几何学的比例来创造形态设计。德国大众公司1997年推出的新甲壳虫汽车，其造型特点鲜明，具有很高的审美效果。新甲壳虫汽车是一个运动的雕塑，是几何概念与怀旧的融合体，如图4.35所示。该车外形符合优美的黄金分割椭圆的上半部分，侧窗重复了黄金分割的椭圆形状，车门在黄金矩形的正方形内，各重要节点大部分都分布在黄金矩形中的重要位置。

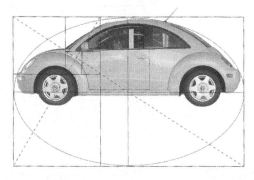

图4.35 新甲壳虫汽车黄金分割比例分析图

(2) 根号矩形。根号矩形是黄金比例进一步实用化的变形，它的特点是矩形的宽与长的比例分别是 $1:\sqrt{2}$、$1:\sqrt{3}$、$1:\sqrt{5}$ 等一系列比例形式所构成的系数比例关系。在此系数比例中 $\sqrt{2}$、$\sqrt{3}$、$\sqrt{5}$ 矩形的比例关系最为接近黄金比例，因此，这3种矩形在产品设计中最为常用。

2) 尺度

尺度是指产品的局部与人体或者整体与人体之间的比例关系。设计的尺度受到人的形体、动作和使用要求的制约，人机工程学提供的人体静态尺寸和动态尺度，以及相关尺度的计算理论，可以为产品的设计提供基本的设计依据。

尺度没有一个固定的比值，必须根据使用者的身体尺寸的大小来确定。产品的服务对象是人，所以对产品的衡量往往以产品是否满足人的使用要求和使用习惯为标准。比如蓝牙耳机的尺寸必须和人耳的生理尺度相契合，否则功能达到极致的蓝牙耳机，会因为尺度的不合理，也不能够更好地服务于使用者。

在设计中，尺度有时候也会被夸大，以达到强调、突出某个形态，或是体现独特象征意义的目的，这在商业艺术广告和建筑中都很常见。例如，印度泰姬陵(图4.36)就是为了达到震慑人心灵的目的而设计的超越人体尺度的形态。其圆形穹顶高达57m，用坚实的大理石建造，缎带式的雕刻与珠宝镶嵌其中，相比之下，人的高度在这样的空间中，几乎可以被忽略。

图 4.36 印度泰姬陵

2．统一与变化

统一与变化是造型艺术形式美的基本法则。在美学原理的诸多法则中，统一与变化是总的形式规律，具体的形式美感都从不同的角度反映着统一与变化的这一规律。统一与变化是事物发展的普遍规律。

1) 统一

统一是指组成事物整体的各个部分之间，具有呼应、关联、秩序和规律性，形成一种一致的或具有一致趋势的规律。在造型艺术中，统一起到治乱、治杂的作用，增加艺术的条理性，体现出秩序、和谐、整体的美感(图 4.37 左)。但是，过分的统一又会使造型显得刻板单调，缺乏艺术的视觉张力。因为人的精神和心理如果缺乏刺激则会产生呆滞，先前产生的美感也会逐渐消逝，所以统一中又需要有变化(图 4.37 右)。

造型的统一主要包括 3 个方面：形式与功能统一、尺度与比例统一、格调统一。要达到格调的统一，使产品形成风格、明确主调，通常采用的方法是对造型物的线型、形体、色彩、材质进行调和、呼应、过渡、韵律等处理。如图 4.38 所示，整套餐具视觉效果整体统一，餐具的设计体现了线条、材质、色彩、造型风格的一致性。

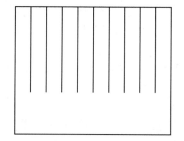
图 4.37 统一和变化

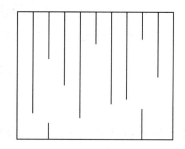
图 4.38 风格统一的餐具设计

2) 变化

变化即事物各部分之间的相互矛盾、相互对立的关系，使事物内部产生一定的差异性，产生活跃、运动、新异的感觉。

变化是视觉张力的源泉，有唤起趣味的作用，能在单纯呆滞的状态中重新唤起新鲜活泼的韵味。由于产品形态要素的不一致性，从而使形体有动感，克服呆滞、沉闷感，使形体具有生动活泼的吸引力。如图4.39所示，此耳机通过连接左右两边听筒的连接架的颜色和图案的变化，增加了耳机的醒目程度，提升了产品的审美愉悦性，对年轻一代的吸引力大大增强。

但是，变化又受一定规则的制约，过度的变化会导致造型零乱琐碎，引起精神上的动荡，给视觉造成不稳定和不统一感，因此变化须服从统一。

变化的方法主要有两种：加强对比、强调重点部位。

(1) 加强对比。对比是指产品形态中构成要素差异的程度。对比表现为相互的作用和相互的衬托，鲜明地突出各个形态要素的特点。

形状对比：主要表现为形体的线形、方向、曲直、粗细、长短、大小、高低及凹凸等方面。如图4.40所示，电磁炉的设计，通过方圆、虚实、曲直等方面的对比，使产品给人的感觉既严谨又不呆板。

图4.39 图案和颜色有变化的耳机

图4.40 电磁炉的设计

排列对比：利用各种形态元素，在平面或者空间的排列关系上，形成繁简、疏密、虚实、高低的变化，使产品的形态达到变化协调、自然生动的效果，如图4.41所示。

色彩对比：利用色彩的浓淡、明暗、冷暖、轻重等对比关系，突出形态的重点，如图4.42所示。

材质对比：材质的对比主要表现为天然与人造、有纹理与无纹理、有光泽与无光泽、细腻与粗糙、坚硬与柔软、华丽与朴素、金属与非金属、人造材料与天然材料等。1929年布劳耶设计的钢管椅，通过钢管与皮质对比，实现了坚固与舒适的完美结合。

(2) 强调重点部位。在产品设计中，根据形、色、质等形态要素，将其某部分加以强调表现就能做到突出重点、达到对比的效果。例如，在产品线形的处理上，柔软的曲线配上强劲有力的直线会增加产品的艺术感染力；在色彩设计中，以淡色为主调，再嵌上少量的浓郁色，这个形就会被明确地强调出来等。

图 4.41 麻将系列 MP3

图 4.42 通过色彩对比，增加产品的活跃性

3．均衡与对称

1) 均衡

均衡是指造型在上下、左右、前后双方布局上出现等量不等形的状态，即事物双方虽外形的大小不同，但在分量上、运动的力上却是对应的一种关系。均衡体现了异形同质，均衡所表现出的形式美要比对称更丰富。

利用均衡法造型在视觉上给人一种内在的、有秩序的动态美。它比对称更富有趣味和变化，具有动静有致、生动感人的艺术效果。但是，均衡的重心却不够稳定、准确，视觉上的庄严感和稳定程度远远不如对称造型，因而不宜用于庄重、稳定和严肃的造型物。

产品形态的均衡形式，主要是指产品由各种形态要素构成的量感，通过支点表现出来的秩序和平衡。挖掘机(图 4.43)很长前臂和稳重的机身形成了很好的均衡，给人以秩序的平衡感。所谓量感就是，指视觉对各种形态要素(如形体、色彩、肌理等)和物理量(如体积、重量等)的综合感受。

图 4.43 挖掘机

均衡(图 4.44)主要有 3 种形式：同质同量均衡、同质不同量均衡、不同质不同量均衡。

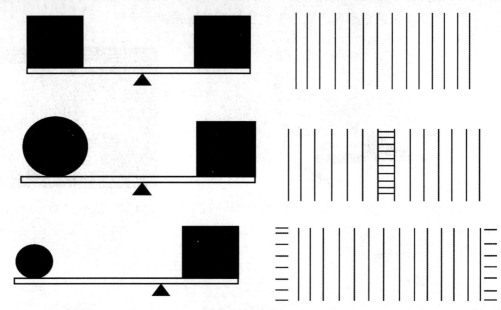

图 4.44 均衡

2) 对称

对称是自然界和生活中随处可见的一种形式，是动力和重心两者矛盾统一所产生的形态，是均衡形式中同质同量的均衡。对称形态在视觉上有自然、安定、均匀、协调、整齐、典雅、庄重的朴素美感，符合人的视觉习惯。应用对称法则要避免由于过分的绝对对称而产生单调、呆板的感觉。

产品设计采用对称的形态。一方面是产品功能所要求的，如飞机、汽车、火车、轮船等；另一方面是对称形式造型，可给人们增加心理上的安全感、稳定感和庄严感，使产品的功能与造型获得感受上的一致，产生协调的美感。

3) 产品均衡和对称关系的处理

在产品形态设计中，对称是绝对的，它是一种同形同量的实际均衡。均衡是相对的，是对于对称的破坏，是一种视觉上的对称。然而，均衡形式支点的两边体量距是相等的，因此，它又是对称的保持，是对称形式的发展和变化。

4．稳定与轻巧

稳定和轻巧是指产品上下之间的轻重和大小关系。在产品形态设计中，稳定的形式有"实际稳定"和"视觉稳定"两个方面。稳定的基本条件是物体重心必须在物体支撑面以内，越靠近支撑面的中心部位，其稳定性越大。另外，产品的重心越低，其稳定性也越大。稳定的形态给人以安全、轻松的感觉。

稳定是保证产品安全性最重要的条件，因此，进行产品设计时，首先要保证产品状态的稳定。同时，稳定的形式也是一种美的体现。

轻巧则是在满足"实际稳定"的前提下，用艺术创造的手法，使产品给人以轻盈、灵巧的形式美感。相对于稳定来说，产品的重心偏离支撑面中心，或者产品的重心越高，则产品形体的轻巧感越强。

产品形体的稳定与轻巧感同下列因素有着密切的关系，设计时可以对这几个方面进行处理。

1) 物体重心的高低

物体重心较高的产品给人以轻巧感，而物体重心较低的产品则给人以稳定的感觉。如图 4.45 所示，(a)重心比较高，轻巧感强；(b)由于增加了支撑面，产品的重心下将，稳定性增强；(c)由于采用梯形的形式，重心进一步下降，稳定性更强；(d)采用两个梯形的组合，既有稳定性，又有轻巧感。

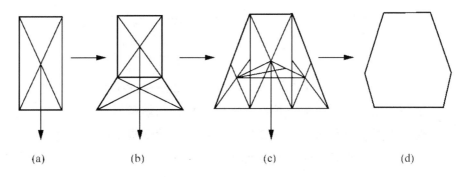

图 4.45 重心与稳定感、轻巧感的关系

2) 支撑面积的大小

支撑面积大的形态具有较强的安全感，而支撑面积小的形态则有轻巧感。适当地扩大产品的支撑面积，可提高产品的稳定性，图 4.46(a)所示。图 4.46(b)所示支撑面积小，给人以不安全感。图 4.46(c)所示结构的重心比较低，稳定性强，再加上支撑面积比较大而显得笨重。而图 4.46(d)、(e)所示的结构显得轻巧，增加了产品的动感和活力。

图 4.46 支撑面积与稳定感轻巧感的关系

3) 产品的视觉中心

产品的某些结构比较复杂，线形多变，或者局部的结构采用了比较强烈的对比形式，具有较强的视觉吸引力，那么这部分结构在产品的形态上就形成了明显的视觉中心，产品的视觉重心自然偏向这部分，如图4.47所示。

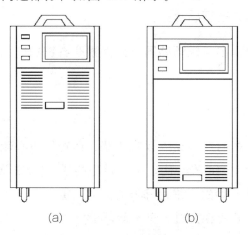

图4.47 视觉重心与稳定感的关系

4) 色彩轻重及位置关系

不同的色彩由于明度的不同，会使人产生轻重的感觉。明度低的色彩，体量感大，明度高的色，其效果刚好相反。因此，可以利用色彩的这种属性，在产品的不同位置设置不同明度的色彩，来提高或者降低产品的视觉重心，提高产品结构的稳定性或者轻巧感。如图4.48所示，锤头用深灰的金属色，加以相对的大体量，给人以重量感、力量感；锤把采用黄色、黑色搭配，给人以轻巧、方便的感觉。这种配色把锤头的功能和使用感受结合起来，达到了功能和色彩的协调搭配。

图4.48 锤子配色

5) 材料、质地和肌理

不同的材料，由于材料表面状态及材料密度不同能产生轻重不同的心理感受，如表面粗糙、无光泽的材料比表面致密、有光泽的材料具有较大的量感，密度大的材料比密度小的材料的量感大。所以，对于由人们概念上的重量感比较强的材料制成的产品，本身的视觉稳定性就强，在进行形态设计时要注意形态轻巧感的创造，如金属材料制品、石材制品等。而对于由重量感比较弱的材料制成的产品，本身的视觉稳定性就弱，比如塑料、有机玻璃材料等制成的产品，进行形态设计时要注意形态稳定感的创造。

6) 装饰的形式

在产品设计中，由于装饰物独特的形式及对比强烈的色彩，均可显示出一定的体量感，会使产品形态的稳定性和轻巧感发生很大的变化。比如水平形式的装饰色带由于水平线形的稳定性，就能够增加产品本身的视觉稳定感，而垂直或者倾斜的装饰色带由于垂直或者倾斜线的不稳定性和动感，则增加了产品形态的视觉轻巧感和运动感，直线的装饰比曲线的装饰稳定性要强，反之亦然。

思 考 题

1．阐述形态的分类，并在自然界中找到与其相对应的物品形态。

2．根据不同的点、线、面所给人的心理感觉，在自然界或网络中找到与其心理感觉相对应的物品。

3．用水粉绘制 12 色或 24 色色相图。

4．用水粉绘制 2 或 3 种颜色的蒙赛尔明度轴。

5．用水粉绘制 2 或 3 种不同色系颜色的由高到低的纯度图。

6．对图 4.49 进行色彩属性分析。

图 4.49　色彩属性分析

7. 在大自然中或网络图片中找到同类色的几种花卉、邻近色的几种花卉、对比色的几种花卉。

8. 通过对几种产品的分析，阐述产品设计中的配色原则。

9. 通过对具体产品或户外广告的分析，阐述不同色彩给人的心理感觉。

10. 列举3～5种产品，以此为分析对象，从体量、形态、线型、方向与空间、色彩、材质等方面，进行产品要素分析。

11. 列举3～5种产品，分析其造型中所体现的形式美法则。

第 5 章　工业设计工程基础

教学目标

熟悉工业设计的各种材料。

了解工业设计各种成形方式。

了解各种材料的加工工艺。

了解各种表面技术工艺。

了解各种数字化技术及特点。

教学要求

知识要点	能力要求	相关知识
工业设计的各种材料	熟悉工业设计材料包括金属、高分子、陶瓷、复合材料及天然材料等	材料特性
工业设计各种成形方式	了解三种成形方式	成形原理
各种材料的加工工艺	了解金属等材料的常用加工工艺	各种加工术语
各种表面技术工艺	(1) 了解表面技术的作用； (2) 了解各种表面技术工艺	不同材料的表面技术工艺
各种数字化技术及特点	(1) 了解数字化造型技术及特点； (2) 了解数字化仿真技术及特点； (3) 了解数字化制造技术及特点	各种数字化技术主要用途

基本概念

工业成形方式：可以分为去除成形、添加成形和净尺寸成形3种。

金属加工工艺：可分为铸造、切削加工、塑性加工、焊接与粉末冶金5类。

表面技术：指对正确、合理设计达到造型要求的形体，经过一系列加工处理，达到产品理想状态的加工造型过程。

工业设计是对以工业生产方式生产的产品进行规划与设计的创造性活动。这种创造性活动是从工程设计的合理性出发，基于功能、材料、技术等方面的客观创造。需要依托于工程实践和工程技术知识，以期达到技术与艺术的完美结合。因此设计师需要熟悉与设计对象相关的材料、加工方法及计算机和信息技术等各类知识，从而合理利用造型材料，选用正确加工方法，获得良好表面效果，充分实现设计理念。

5.1 关于工程材料

材料为设计的功能和形态提供物质基础，是设计中的主要造型元素之一，影响着设计的最终效果。在对材料性能全面了解的基础上，使材料与产品间建立正确的对应关系是良好设计的必要条件。

设计的实现离不开材料的支撑，没有材料，设计将永远停留在"创意"阶段，无法成形。百万年以来，材料越来越丰富，从天然材料：金、木、水、火、土到人工材料：高分子材料、复合材料、信息材料、光子材料、纳米材料等。目前世界上材料已达 40 余万种，且在不断增加中。常用材料可以分为金属材料、高分子材料、陶瓷、复合材料、天然材料等。

(1) 金属材料：铸铁、碳钢、合金、有色金属等。

(2) 高分子材料：塑料、合成橡胶、合成纤维等。

(3) 陶瓷：玻璃、水泥、陶瓷、新型陶瓷等。

(4) 复合材料：两种或者两种以上不同材料的组合材料，是一种特殊材料。

(5) 天然材料：木材、竹材、石材等。

材料的性能包括使用性能和工艺性能两方面，前者是材料在使用条件下反映的性能，如力学、物理、化学性能等；后者是材料在加工过程中反映出的性能，如切削加工性能、铸造性能、热处理性能等。材料两种性能均对设计产生影响，材料的选择应是根据各个使用情况下的多种技术因素和经济因素而有目的地逐步获得其最佳特性的。

5.1.1 金属材料

金属是现代工业最主要使用的材料，具有综合性能优越，可用多种加工方法形成各种形状和性能的零件。金属材料具有良好的导电性、导热性、塑形和工艺性能等，应用十分广泛。从造型语言角度来说，金属材料作为古老同时也是现代工业设计应用最广泛的材料之一，是一种现代气息感极强的材料。金属材料给人总体的情感可以描述为：人造、坚硬、光滑、理性、拘谨、现代、科技、冷漠、凉爽、笨重，但不同的金属材料种类又具有不同的情感特性。根据色泽的不同，可分为黑色金属和有色金属。其中黑色金属包括铁和铁的合金，表现出深重的黑色，给人以坚硬、凝重、冰冷、理性、厚重的感觉。有色金属是指铁和铁的合金之外的其他金属及其合金，由于它们分别具有不同的色泽故而得名。比如金、银、铜、铝、镁、锌、钛等，其中金和铜具有金黄色，呈暖色，显示出华丽、富贵、柔和、温暖的情感；而铝、钛和镁则呈银白色，带给人们雅致、含蓄、轻盈、现代的情感体验。青铜合金，青灰的色泽给人以凝重庄严的感觉。由于金属材料种类丰富、特征差异大以及加工、表面处理方式多样，因此可以广泛地应用于产品设计中，为产品创意提供一些灵感。

最简单的金属材料是纯金属，如铁、铝、铜等。铝是地球上储量最丰富的金属元素之一，具有柔韧可塑、易于制成合金、防腐蚀、易于导电导热、可回收等特性，在工业产品中被广泛应用。20世纪初，奥迪轻型汽车NSU8/24采用的就是铝制车身，随后推出的A2和A8车型更是将这种材料用到了极致。A2是第一辆车身全部用铝制成的汽车，A8车型比同类车型要轻得多，其铝制架结构重量为215kg，仅为钢制架相同汽车结构重量的一半。镁的比重只有铝的约2/3，具有振动吸收性能好，切削性能好，尺寸稳定性高等特点。镁合金还具备了强度高、质量轻、刚性好、优良的热传导性能、良好的热成型性能、可全部回收再利用等优点，是航行器骨架、照相机机身、移动工具以及便携式电脑外包装等理想的加工材料。不锈钢是在钢里溶入铬、镍及其他一些金属元素而制成的合金，其不生锈的特性就是来源于合金中的铬成分。20世纪初，由于具有坚韧以及抗腐蚀性的特征，不锈钢开始作为原材料被引用到产品设计领域，并开发出许多新产品。

案例1：不锈钢产品是采用不锈钢材料为主要原料加工而成的生活用品、工业用品的统称。生活中的不锈钢家居用品较多，常见的包括不锈钢的厨房用品和不锈钢家具等(图5.1)。

图5.1　不锈钢厨具和家具

案例2：不锈钢材质的灯具(图5.2)，利用不锈钢材料本身的延展性和可塑性，制造成薄片然后进行弯曲加工获得像蜂巢一样的造型，给人一种简约、现代、科技、光亮又神奇的感受。充分利用不锈钢材料的情感特性，产生不同的视觉感受，特别适合现代人追求简约、现代的情感诉求，同时也丰富了灯具设计的语言。

实例 3：镜面不锈钢是金属环境雕塑(图 5.3)中常用的一种材质，镜面能够反射周围的景物，使雕塑可以和周围的环境很好地融合在一起，因此具有非常独特的表现效果，在环境雕塑中应用广泛。

图5.2　不锈钢材质的灯具

图5.3　不锈钢环境雕塑

实例 4：轻制发泡铝合金的许多性能与普通金属合金类似，这类金属具有相当出色的机械性能，如表面积大、强度重量比高等，在这些高性能材料的内部存在着大量呈网络状并相互连接的气孔(图 5.4)，在建筑业及工业产品结构中被大量应用。

图5.4　轻制发泡铝合金及相关产品

案例 5：铝镁合金质量轻、密度低、散热性较好、抗压性较强，能充分满足 3C 产品高度集成化、轻薄化、微型化、抗摔撞及电磁屏蔽和散热的要求(图 5.5)。其硬度是传统塑料机壳的数倍，但重量仅为后者的三分之一。

图5.5　铝镁合金制作的苹果笔记本和松下照相机

案例 6：铁金属是地球上分布最广的金属之一。铁是有光泽的银白色金属，硬而有延展性，有很强的铁磁性，并有良好的可塑性和导热性，铁制品如图 5.6 所示。

图 5.6　电镀铁质座椅和烛台

由于金属所代表的价值特性，为了提升产品档次与质感，很多厂商选择借助金属材料进行产品的外观设计。与普通塑料外壳相比，金属壳体更加坚固且利于散热，同时还具备更好的手感和时尚感。为了迎合追求差异化体验的顾客需求，随着近年来彩色外壳的流行，一些先进的金属着色工艺被运用于制造过程中，使金属外壳摆脱了原先单调的银色，为产品增添了视觉吸引力。数控自动化设备还可以将具有立体感的预设图案直接雕刻在金属表面，这种新型蚀刻工艺不仅可以实现更为丰富的艺术造型效果，扩展了设计师的创作空间，而且也有助于增加外壳的摩擦力。

科学技术的不断进步扩大了材料的使用范围和提高了使用效果，在现代科技条件下，金属材质可以根据人们的审美要求、设计师的创意而不断变换形态，用于不同的工业设计。如带有建筑风格纹样的金属织物可以用于创作独具美感的大型窗帘及挂毯等。这种金属织物表面细致而具有通透性，还可以制成隔音设备的遮蔽装置。这种金属薄片融合了不锈钢网眼、链条及编织结构的趣味组合，相对传统纺织品具有耐久、阻燃、视觉效果独特等优点，同时金属编织结构的图案及肌理都有着非常广泛的变化可能(图 5.7 左)，利用这种织物可以完全改变一项产品的外观效果，使产品外观独具魅力。无论是从审美角度还是从功能角度看，这些创新金属材料都有着无限宽广的发挥空间。Anemo 灯(图 5.7 右)是形状优美的金属灯罩与向上照射 Led 灯的组合，照射出梦幻般的阴影和柔和的散射光源。金属灯罩便于拆卸、清洗。Led 技术可以提供高亮度和超长照明时间，既环保又耐用。

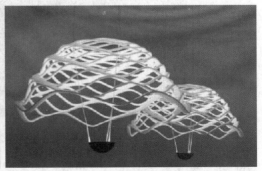

图 5.7　金属时装与 Anemo 灯

总之，金属产品造型的创新设计需要通过金属材料的物质载体实现。金属材料除具有一定的强度、硬度、延展等实用功能外，还代表着高科技、精致、简约、光亮、平滑等品质，在视觉等感受层次上与人发生深刻的联系。

5.1.2 高分子材料

高分子材料是工业上发展最快的一种新型材料。由于原料来源丰富，易于加工成形，价格低廉，还具有很多金属不具有的特殊性能，如塑料密度小、强度高、有良好的电绝缘性和热绝缘性；橡胶具有高弹性等，都是高分子材料迅速发展的原因。缺点是强度和硬度较低、热性能差、工作温度低、室温时也会发生变化、容易老化等。这些缺点限制了高分子材料应用范围扩大，目前已可通过改性和增强的方法提高或改善高分子材料的许多性能。

塑料是一种人工合成材料，一般作为昂贵天然材料的替代品。自20世纪初开始进入商业应用，经历了持续100多年的高速发展。造型结构常用塑料有聚丙烯PP、聚苯乙烯PS、ABS树脂、聚乙烯PE、聚氯乙烯PVC、聚碳酸酯PC等。由于种类繁多、性能优良，广泛运用在人们日常生活、工作的各个方面。塑料制品给人们的感受一般可以描述为：人造、轻巧、细腻、艳丽、优雅、理性。塑料具有很强的模仿性，可以逼真地模仿玻璃、陶瓷、竹材、皮革、纸张等多种材料。比如模仿玻璃的塑料，晶莹透亮，给人明亮、透彻、优雅之感；再如模仿木材、皮革、纸张等天然材料的塑料，虽然手感和质感相对不如模仿对象，但从视觉上可以以假乱真，给人自然、温暖、人性、品味、柔软的感觉。塑料材料优良的加工性能赋予产品特殊的造型和丰富的色彩，给人活泼、时尚、简约、动感、艳丽的情感体验。塑料经过电镀、磨砂、印刷等表面处理工艺，可以具有光洁明亮或凹凸不平或朦胧的质感，带给人们类似金属的冷酷、坚硬，木材的自然、优雅等情感体验。

案例7：塑料自从它被开发以来，各方面的用途日益广泛。ABS是一种用途广泛的工程塑料，具有优良的物理机械和热性能，广泛应用于家用电器、面板、面罩、组合件、配件等，尤其是家用电器，如洗衣机、空调、冰箱、电扇等(图5.8)，用途十分广泛。

图5.8　ABS制品

案例 8：聚乙烯简称 PE，是日常生活最常用的高分子材料之一，由于具有抗撕强度高、不吸水、不透水及耐化学药品性，抗多种酸碱腐蚀等特点，在包装工业中有着十分广阔的应用(图 5.9)，主要包括制造桶类产品、塑料袋、塑料薄膜等。

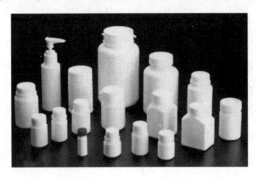

图 5.9　PE 制品

5.1.3　玻璃与陶瓷材料

陶瓷是人类最早应用的材料，具有熔点高、硬度高、化学稳定性高、具有耐高温、耐腐蚀、耐磨损、绝缘等优点，在现代工业中应用广泛，主要用于建筑工程、一般电气工业、日常生活及装饰品、艺术品等方面。

玻璃材料最大的特点是透光、折射、反射，其视觉效果受光与周围环境的影响较大。一般材质以透明为主，既具有工业机械特性，也具有自然朴实的性质。玻璃材料在高温下处于一种熔融状态，可以任意塑造成自由的形态。玻璃材料的情感特性可以描述为：高雅、明亮、光滑、时髦、干净、整齐、协调、自由、精致、活泼。例如玻璃材质键盘从外观来看新颖独特，打破常规，另辟蹊径采用透明、易碎的玻璃材料，带给人们不同的视觉感受，丰富了产品设计的内涵。从使用性能来看，该键盘不仅具有照片功能，还具有防水功能，特殊的材料运用达到了产品创新设计的目的。

案例 9：玻璃是一种透明的固体物质，混入了某些金属的氧化物或者盐类而显现出颜色的有色玻璃在建筑和产品上均有广泛的应用，如图 5.10 所示。

图 5.10　有色玻璃制品

案例 10：经强化处理，在玻璃表面上形成一个压应力层，从而具有良好的机械性能和耐热震性能的玻璃称为钢化玻璃，这种通过特殊方法制得的钢化玻璃由于强度较高，抗弯和使用安全而广泛应用在建筑、家具、家电、电子、汽车、日用品等行业内，如图 5.11 所示。

图 5.11 钢化玻璃制品

日用陶瓷，一般用于制作茶具、咖啡具及中西餐具、旅馆饭店专用餐茶具、文具、酒具等。工业化陶瓷材料的科技含量很高，不仅耐火、耐摔、韧性足，有很大的延展性，还可以产生不同的效果。由于工业化陶瓷材料具有很强的韧性与特殊的性能，在欧洲使用陶瓷制作刀具手柄，甚至刀刃。与金属相比，它的磨损率很低，所以不需要经常打磨。而且因为有玻化过的釉面，就不会存在生锈的问题，可以防止污染食物。陶瓷用土烧制而成，虽然消解的时间很久，但是对人体或环境基本没污染，不像某些材料对人体产生危害，陶土本身的污染很微小。建筑陶瓷作为一种时尚家居装修、装饰用品，具有很强的功能性、文化性和艺术性，有很大的发展空间。

案例 11：工业陶瓷刀具是高科技的产物，一般是利用高温重压之后金刚石打磨成型。陶瓷刀具有耐磨性好、精度高、耐用度高、耐高温等优点(图 5.12)，同时陶瓷的应用可以代替金属等材料的消耗，可以节约其他金属的使用。

图 5.12 陶瓷刀具

案例 12：随着科技的发展，新型的多功陶瓷不断涌现，结构陶瓷、功能陶瓷、纳米陶瓷发展势头很好。如具有吸收功能、反射音响的专用音响功能瓷砖；具有防止静电性能的防静电瓷砖；具有抗菌、保洁功能的抗菌瓷砖等(图 5.13)。这些新产品既打破了陶瓷的传统造型，又拓宽了陶瓷的新功能，具有很强的市场竞争力。

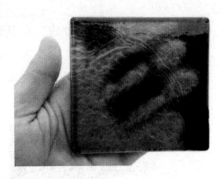

图 5.13 音响功能瓷砖和可变色瓷砖

5.1.4 复合材料

复合材料具有成形工艺简单灵活、耐热性好等特点，是一种新型材料。由两种或两种以上不同材料的组合材料，具有其组成材料所不具备的性能，具有广阔的发展前景。通过各种性能的复合，可以形成各种各样特性复合材料。复合材料具有节省能源、易于回收、降低生产成本、减轻材料的重量等特点，性能取决于它的基本组成材料。复合材料的基体材料分为金属和非金属两大类。金属基体常用的有铝、镁、铜、钛及其合金，非金属基体主要有合成树脂、橡胶、陶瓷、石墨、碳等。复合材料按其组成分为金属与金属复合材料、非金属与金属复合材料、非金属与非金属复合材料。按其结构特点又分为：纤维增强复合材料、夹层复合材料、细粒复合材料、混杂复合材料。复合材料中以纤维增强材料应用最广、用量最大。其特点是比重小、比强度和比模量大。

复合材料由于其优良的综合性能，特别是其性能的可设计性被广泛应用于航空航天、国防、交通、体育等领域，纳米复合材料则是其中最具吸引力的部分。主要应用领域有：①航空航天领域。由于复合材料热稳定性好，比强度、比刚度高，可用于制造飞机机翼和前机身、卫星天线及其支撑结构、太阳能电池翼和外壳、大型运载火箭的壳体、发动机壳体、航天飞机结构件等。②汽车工业。由于复合材料具有特殊的振动阻尼特性，可减振和降低噪声、抗疲劳性能好，损伤后易修理，便于整体成形，故可用于制造汽车车身、受力构件、传动轴、发动机架及其内部构件。③化工、纺织和机械制造领域。有良好耐蚀性的碳纤维与树脂基体复合而成的材料，可用于制造化工设备、纺织机、造纸机、复印机、高速机床、精密仪器等。④医学领域。碳纤维复合材料具有优异的力学性能和不吸收 X 射线特性，可用于制造医用 X 光机和矫形支架等。碳纤维复合材料还具有生物组织相容性和血液相容性，生物环境下稳定性好，也用作生物医学材料。此外，复合材料还用于制造体育运动器件和用作建筑材料等。

由于复合材料具有重量轻、强度高、加工成型方便、弹性优良、耐化学腐蚀和耐候性好等特点，已逐步取代木材及金属合金，广泛应用于航空航天、汽车、电子电气、建筑、健身器材等领域，在近几年更是得到了飞速发展，如图 5.14 所示。

图 5.14 复合材料产品

玻璃钢具有设计自由、造型美观和成型制作方便等特点。利用玻璃钢材料制作的售货亭、电话亭等，不仅造型美，在性能方面也比一般塑料、铝合金、铁皮和木质亭体具有明显的优点。首先质量轻，强度高，其质量仅为钢材的 1/5，而且材质坚固，整体性好，搬运方便。同时保温、隔热、隔音效果好。同时可以根据需要配色，质感好，耐老化，使用寿命长，维修保养方便。玻璃钢所提供的技术可能性，使建筑形式和构造特征统一起来，如图 5.15 所示。

图 5.15 玻璃钢产品

5.1.5 天然材料

木材是一种具有独特的自然纹理和色泽的天然材料，总体给人的印象是珍贵、自然、亲切、古典、手工、温暖、粗糙、感性、有文化底蕴、历史悠久和高档的。不同的树种获得的木材具有不同的纹理、硬度和色泽，一般分为硬木材和软木材。硬木材树干通直部分较短，具有美丽的纹理，材质较硬，如白杨、白桦、水曲柳、紫檀、榉木等。软木材则树干直而高大、纹理平直、材质较软，如红松、马尾松、杉木、银杏、铁杉等，其中松木大量运用于儿童家具设计中。表面涂以清漆，保留木材本身的自然纹理和色泽，给人以自然、环保、健康、生命的感受。

案例 13：由原木材切成薄板经过热压胶合而成的人造板材具有很好的弯曲性能，胶合板椅(图 5.16)的曲线带给人们柔美、活泼、现代的情感体验，同时打破了传统实木家具以直线为主造型特点，为家具设计的创新提供了可能和思路。

图 5.16 胶合板椅

竹材,作为一种典型的速生材料,在产品开发领域具有很高的经济价值。我国既是世界上竹类资源、竹材产量大国,也是竹制品加工量、出口量最大的国家。竹木材料作为天然材料,在加工性能和成本上并不具备优势,但在环保性、宜人性上却有着合成材料不可比拟的优势。竹子的生长特性决定了它的坚韧性,具有优良的力学结构,强度高、弹性好、性能稳定,而且密度小的特点,还具有吸震的天然特性。竹材目前在家庭装修方面被尝试用于制作地板,在工业方面甚至可以制造船舶、现代大型高层建筑和高荷载的桥梁建设。从竹子中提取纤维,通过编织工艺可以形成各种织物用于汽车内饰中。将薄片材、细杆材进行编织则可以形成介于织物和板材之间的空间结构,用于座椅、扶手或者中控台等处,可形成全新的结构形式。随着环境保护意识的增强,人们逐渐认识到竹子是很好的绿色环保材料,竹子建筑和竹子工业产品越来越多,甚至不少机械产品也开始用竹子代替钢材和塑料。

案例 14:图 5.17 为华硕推出竹子外壳的笔记本,这种材质自然轻便,外观个性突出,而且十分环保,通过热弯曲可以使其外观贴合各种不同品牌的笔记本外壳。

图 5.17 竹子外壳的笔记本

5.2 成形工艺

在工业设计中,产品形态受到功能、审美、人文价值规律、商业规律等各种条件的约束。而在其生产过程中,最重要的部分是成形工艺,这决定了设计构想是否能够实现、成为成品。成形工艺是工业设计中结构形态设计物化的手段,造型和结构必须要考虑成形工艺的可实现性和经济费用,否则便无法进行加工和制造。只有符合相应成形工艺要求的造型结构形态,才能完整、准确地被制造出来。一定范围的材料、结构和形状的产品加工对应不同的成形工艺:不同材料其成形工艺不同、不同造型结构其成形工艺不同、同一材料、同一造型又可以用多种不同成形工艺来完成。因此,材料知识与成形方式都是工业设计师必须掌握的知识。

工业成形方式可以分为3种:去除成形、添加成形和净尺寸成形。①去除成形指从材料中去除某些部分而达到设计要求的零部件的形状和尺寸,如削、磨、切割、钻孔等,是目前最主要的成形方式。②添加成形又称堆积成形,是通过逐步连接原材料颗粒、丝条、层板等,或者是通过流体(熔体、液体或者气体),在指定位置凝固定型达到目的,如涂层、固化等,其最大特点是不受零件复杂程度的限制。③净尺寸成形是利用材料的可成形性(如塑形等),在特定外围约束下,将半固化的流体材料挤压成形后再硬化、定型,或挤压固体材料而达到要求。多用于毛坯成形、特种材料或特种结构成形,也可直接用于最终部件成形。

这三种成形方式中,去除成形和净尺寸成形属于传统成形方式。添加成形工艺突破传统的成形观念,能够制造各种复杂原型,大大缩短了生产周期,降低了成本。不同的成形工艺,由于具有不同的成形条件和成形范围,对产品的造型结构会有不同的要求。只有熟悉不同材料的工艺性能和各种成形工艺的特点,才能够确定最合理的结构造型,实现加工方便、生产率高、材料消耗少和成本低的目标。

5.2.1 金属的加工工艺

金属加工工艺可分为铸造、切削加工、塑性加工、焊接与粉末冶金5类。

(1) 铸造是将金属熔炼成符合一定要求的液体并浇进铸型里,经冷却凝固、清整处理后得到有预定形状、尺寸和性能的铸件的工艺过程(图5.18)。铸造毛坯因近乎成形,而达到免机械加工或少量加工的目的,不仅降低了成本并在一定程度上减少了制作时间。被铸物质多原为固态经加热至液态的金属(铜、铁、铝、锡、铅等)，而铸模的材料可以是沙、金属等。砂模铸造、熔模铸造、金属模铸造等是加工金属元件常见的制造工艺。

砂模铸造(图 5.19)是用型砂紧实成型的铸造方法，应用的最为广泛。具有适用于各种形状、尺寸及各种常用合金铸件的生产。设备投资少，原材料易得且价格低廉。砂模铸造以砂为主体，配以黏土、树脂、水玻璃等黏结剂，加上适当的水就形成了砂型铸造的造型材料。砂模铸造需要在砂子中放入成品零件模型。然后在模型周围填满砂子，从而形成铸模。在浇铸金属之前，必须取出模型，一般铸模应做成两个或更多个部分。要对铸模进行修改，使其具有向铸模内浇铸金属的孔。浇铸后铸模应保持适当时间，直到金属凝固。取出零件后，铸模被毁，因此必须为每个铸造件制作新铸模。砂模加工可以铸造大型零件。铁铸造、青铜铸造、黄铜铸造与铝铸造都可以使用砂模。

熔模铸造(图 5.20)通常是指将易熔材料制成模样，在模样表面包覆若干层耐火材料制成型壳，再将模样熔化排出型壳，从而获得无分型面的铸型，经高温焙烧后即可填砂浇注的铸造方案。由于模样广泛采用蜡质材料来制造，故常将熔模铸造称为"失蜡铸造"。

图5.18 铸造

图5.19 砂模铸造

金属模铸造俗称硬模铸造，是用金属材料制造铸件，并在重力下将熔融金属浇入模具(图 5.21)获得铸件的工艺方法。由于一副金属型可以浇注几百次至几万次，故金属型铸造又称为永久型铸造。金属型铸造既适用于大批量生产形状复杂的铝合金、镁合金等非铁合金铸件，也适合于生产钢铁金属的铸件、铸锭等。

图5.20 熔模铸造

图5.21 金属铸造模具

(2) 切削加工用切削工具(包括刀具、磨具和磨料)把坯料或工件上多余的材料层切去成为切屑,使工件获得规定的几何形状、尺寸和表面质量的加工方法。切削加工是机械制造中最主要的加工方法。由于切削加工的适应范围广,且能达到很高的精度和很低的表面粗糙度,在机械制造工艺中占有重要地位。按工艺特征,切削加工一般可分为:车削(图 5.22 左)、铣削(图 5.22 右)、钻削、镗削、铰削、刨削、插削、拉削、锯切、磨削、研磨、珩磨、超精加工、抛光、齿轮加工、蜗轮加工、螺纹加工、超精密加工、钳工和刮削等。

图 5.22 车削和铣削

(3) 塑性加工是使金属在外力(通常是压力)作用下,产生塑性变形,获得所需形状、尺寸和组织、性能的制品的一种基本的金属加工技术,以往常称压力加工。金属塑性加工的种类很多,根据加工时工件的受力和变形方式,基本的塑性加工方法有锻造(图 5.23 左)、轧制、挤压、拉拔、拉伸、弯曲(图 5.23 右)、剪切等几类。金属塑性加工由于具有上述特点,不仅原材料消耗少,生产效率高,产品质量稳定,而且还能有效地改善金属的组织性能。这些技术上和经济上的独到之处和优势,使它成为金属加工中极其重要的手段之一。

图 5.23 锻造和弯曲

(4) 焊接(图 5.24)是被焊工件的材质(同种或异种),通过加热、加压或两者并用,并且用或不用填充材料,使工件的材质达到原子间的结合而形成永久性连接的工艺过程。焊接过程中,工件和焊料熔化形成熔融区域,熔池冷却凝固后便形成材料之间的连接。这一过程中,通常还需要施加压力。焊接的能量来源有很多种,包括气体焰、电弧、激光、电子束、摩擦和超声波等。金属的焊接,按其工艺过程的特点分有熔焊、压焊和钎焊3大类。

(5) 粉末冶金(图5.25)是制取金属或用金属粉末(或金属粉末与非金属粉末的混合物)作为原料,经过成形和烧结,制造金属材料、复合材料以及各种类型制品的工艺技术。粉末冶金法与生产陶瓷有相似的地方,因此,一系列粉末冶金新技术也可用于陶瓷材料的制备,金属材质也可以用这种技术加工。粉末冶金技术是一种利用高温材料生产大批量具有复杂外形的产品的加工方式,这类高温材料包括工具钢、不锈钢等。

图5.24 焊接　　　　　　　　　图5.25 粉末冶金设备

经过不同的加工工艺可以获得不同的效果。通过浇铸方式生产的金属制品给人产生凝重、庄严、肃穆之情;采用冲压方式将金属片或金属丝弯曲成型塑造的制品则富有轻盈、弹性、灵巧精致之感。随着科技的发展,一些新的加工工艺为设计艺术效果提供了技术基础,如利用空气等离子切割技术可以作金属薄板的镂空花纹效果;激光切割可以用来加工复杂精致的造型;现代金属焊接和研磨技术的运用也为金属工艺造型产生新的效果。

案例15:采用空气等离子切割技术制作的镂空金属灯罩(图5.26),能够加工出较为复杂的镂空花纹图案,灵动美观,具有艺术审美性。

图5.26 镂空金属灯罩

案例 16：设计师奥斯卡·泽塔利用 FIDU(自由内压成形)法创作出前所未有的造型，融合了未来感与幽默感。FIDU 是一种从汽车制造工艺移植而来的技术，能够将钢铁像气球一样充气，材料在保持坚固性的同时比以前更加轻盈。FIDU 提供了无限可能，从制作椅子、小凳到纽扣、雕塑(图 5.27)。

图 5.27　FIDU 技术

案例 17：麦兰多利纳折椅(图 5.28)在加工初期本来是一张平整的铝片，经切割、钻孔及冲压以后，形成其三维形态。这张成型座椅上没有任何钉子、螺丝、胶水及焊接点，是用现代化的成型技术将平面材料转化成实用产品的典型范例。

图 5.28　麦兰多利纳折椅的加工

5.2.2　高分子材料的加工工艺

以使用最广泛的塑料为例，塑料零部件的成型加工方法有注射成型、挤出成型、压缩成型、吹塑成型、热压真空成型等方法。

(1) 注射成型(注塑成型)是热塑性材料的最基本的加工方法。它将颗粒状原料加入塑料机筒，在热和机械剪切力的作用下塑化成具有良好流动性的熔体，在柱塞或螺杆的推动下进入温度较低的模具内，冷却固化后成为塑料制品。注射成型能够一次成型外形复杂、尺寸精确、可带有各种金属嵌件的塑料制品。生产的塑料制品的种类之多，形状之复杂是其他任何成型方法都无法比拟的(图 5.29)。目前注塑制品的产量占塑料制品的总产量 30% 以上，是造型产品最重要的成型方法。

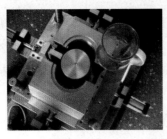  

图 5.29 注塑成型设备及产品

(2) 挤出成型是将加热或未经加热的塑料通过成型孔(口模)变成连续成型的制品。主要用于各种断面的管材、型材、板材、片材等的成型。挤出成型属于连续生产工艺，产品批量大，因此在塑料加工工业占有重要的地位。目前我国挤出成型制品占塑料制品总量的 1/3 左右。

(3) 压缩成型是热固化塑料最古老的方法，目前仍然占据着塑料成型中的重要地位。它通过粉体原料在模具中加压、加热使零件固化成型。主要用于厚壁件和耐高温零件的成型。

(4) 吹塑成型是容器、瓶子等各种空心制品的基本生产方式(图 5.30)。

图 5.30 吹塑成型产品

5.2.3 玻璃与陶瓷材料的加工工艺

玻璃的生产工艺一般包括：配料、熔制、成形、退火等工序(图 5.31)。配料是将各种主要原料，如石英砂、石灰石等，称量后按照一定量在混料机里混合均匀。熔制是将配好的原料经过高温加热，形成均匀的无气泡的玻璃液。成形是将熔制好的玻璃液转变成具有固定形状的固体制品，为一个冷却过程。成形方法分为人工成形和机械成形两种。玻璃在成形过程中经受的温度变化和形状变化在玻璃中留下了热应力。这种热应力会降低玻璃制品的强度和热稳定性。直接冷却的话会让玻璃产生"冷爆"现象，因此，成形后不能直接冷却，而要进行退火处理。有时，为了增加玻璃强度，还要进行钢化处理。

图 5.31　玻璃生产线

陶瓷种类繁多，生产工艺过程各不相同(图 5.32)，但是一般都要经历三个阶段。首先是坯料的制备：矿物经过拣选、破碎后，进行配料，再经混合、磨细等加工，成为符合规定要求的配料，可以是可塑泥料、粉料或浆料。然后是坯料的成形：坯料经压制、可塑、注浆等方法加工成一定形状和尺寸的坯料。成形包括压制成形、可塑成形、注浆成形三种方式。成形后的制品称生坯，没有多大强度，经初步干燥后可涂油或直接送去烧结。最后一个阶段是制品的烧结。干燥后的坯件通过在炉中加热到高温进行烧结，内部发生一系列物理、化学变化，使坯件瓷化为陶瓷制品。烧结过程对烧结温度、升温速度、炉内气氛、保温时间、冷却速度等均有一定要求。

图 5.32　陶瓷的烧制和干燥

5.2.4　复合材料的加工工艺

复合材料的成型方法按基体材料不同各异。①树脂基复合材料的成型方法较多，有手糊成型、喷射成型、纤维缠绕成型、模压成型、拉挤成型、RTM 成型、热压罐成型、隔膜成型、迁移成型、反应注射成型、软膜膨胀成型、冲压成型等。②金属基复合材料成型方法分为固相成型法和液相成型法。前者是在低于基体熔点温度下，通过施加压力实现成型，包括扩散焊接、粉末冶金、热轧、热拔、热等静压和爆炸焊接等。后者是将基体熔化后，充填到增强体材料中，包括传统铸造、真空吸铸、真空反压铸造、挤压铸造及喷铸等。③陶瓷基复合材料的成型方法主要有固相烧结、化学气相浸渗成型、化学气相沉积成型等。

5.2.5 天然材料的加工工艺

木材加工包括木材切削、木材干燥、木材胶合等基本加工技术，以及木材保护、木材改性等功能处理技术。切削有锯、刨、铣、钻、砂磨等方法。木材改性是为提高或改善木材的某些物理、力学性质或化学性质而进行的技术处理。在竹木材料领域，相应的材料加工新工艺也不断受到重视和提高，如各种竹木复合积成材、刨削微薄材、竹木纤维材料及竹木材的弯曲工艺、理化处理工艺、表面处理工艺、雕刻工艺等。这些技术已经在建筑、装饰、家具等领域有了广泛运用，并取得了很好的经济、社会效益。

2010年发布的奥迪全新车型A7采用了新概念的木材内饰件设计(图5.33)：将木材切割成纤薄的长条并拼贴成整体的饰面，再采用切削造型工艺来成型。这种独特的三维切削加工工艺使得木材拼贴层叠的肌理焕发出独特的美感。这种设计也大大提高了材料的利用率和碰撞安全性能。在低碳环保的时代背景下，该设计代表了利用新工艺来形成木材(等天然材料)新性状的发展趋势。

利用竹木材的弯曲工艺(图5.34)可以形成多变的造型，形成优美独特的形式。通过与金属或者高分子材料的层压组合，可以大大提高其稳定性。

图5.33 奥迪A7木材内饰件设计

图5.34 竹木材的弯曲工艺成型家具

5.3 表面技术知识

产品在形成要求形体后，在成为产品前还需要经过某种形式的表面处理与加工。表面技术是指对正确、合理设计达到造型要求的形体，经过一系列加工处理，达到产品理想状态的加工造型过程，经过表面处理和修饰的材料能改善性能和观感、触感等。

表面技术是改善和提高产品表面质量的手段，可以影响甚至改变材料的表面力学性能和产品的美学特征及品质。一般具有防护功能和装饰功能双重功能：一方面要实现对产品表面的防护、防腐蚀、耐磨损、防老化等物理功能，延长使用寿命；另一方面要达到对产品进行美化等装饰性目的。良好的表面处理可以增加产品的装饰性，通过人为质感达到设计的多样性和经济性，提高产品的商业价值和市场竞争能力。工业设计中所采用的表面技术一般可以分为三种：表面覆盖技术、表面改性技术和表面削除技术。表面覆盖技术是在原有材料表面堆积新物质的技术；表面改性技术是改变原有材料表面性质的技术；表面切削技术是削除或者蚀刻原有材料表面的技术。

在材料加工成形时，也会形成一定的表面效果，有时这种质感也是需要的，因此常常将加工成形和表面处理进行全面考虑和统一处理。

5.3.1 表面预处理

金属或者非金属材料在涂装、电镀或者化学镀、防锈封存、表面改性、表面膜转换前，都要进行表面预处理。表面预处理可以增加防护层的附着力，是后续工序顺利进行的条件，并充分保证防护层的装饰效果，是表面处理不可缺少的工序。表面预处理方法很多，按处理性质不同可以分为：去除油污、除锈或者除腐蚀产物、表面精整、磷化、氧化等。去除油污包括碱液清洗、溶剂清洗、水剂清洗。除锈或者除腐蚀产物包括化学除锈和机械清理。表面精整包括磨光、抛光等。

5.3.2 有机涂装

涂料是有机高分子等材料的混合物，将其涂饰在物体表面上，能干结成膜，俗称油漆。将涂料涂覆到经过一定表面处理的物体表面，干燥后在物面上形成涂膜的工程称为涂装或者涂装技术。涂料涂覆在物面表面上，能形成一层薄膜，具有各种物理保护作用，还可以改变物体本身的颜色，提高物体的实用价值和经济价值。某些具有特殊功能的涂料，涂在物体表面将使物体具有特殊功能，如改变物体表面导热、导电性能、耐辐射等。

把涂料涂覆到工件表面的方式很多，古老的涂装方式有刷、浸等手工操作，随着科技的发展，喷涂、静电喷涂等新的涂装方式相继出现。刷涂法是利用手工以漆刷蘸漆后把涂料涂覆到工件表面的一种涂装方式，设备简单，操作方法容易掌握施工适应性强，几乎所有的涂料都可以采用刷涂法进行施工。但由于是手工操作，生产效率低，不能适应机械化、自动化生产的需要。

利用机械产生的能量作为动力，将涂料从喷具中喷涂到工件表面的施工方法，叫作喷涂法(图 5.35)。空气喷涂是靠压缩空气的气流使涂料雾化，在气流的带动下将涂料带到被涂物上面的一种涂料方法。涂布量大，效率高，作业性好，均匀美观，对各种涂料都适用，但飞散的漆雾对环境污染较大。

静电喷涂法(图 5.36)是使喷枪与被涂物之间形成高压静电场，使雾化的喷雾粒子带负电荷并进一步雾化，形成均匀的涂膜。特点为飞漆与溶剂的飞散量少，涂料的利用率高，同时减少了污染，大大改善了劳动条件。由于静电屏蔽作用，静电喷涂不适用于形状复杂的工件，对非导电的材料不经特殊处理不能涂装。

图5.35　喷涂法

图5.36　静电喷涂法

电泳涂装法(图 5.37)是随着水溶性涂料的发展而出现的一种先进的涂料工艺。将被涂物浸渍在水溶性涂料中作为阳极(或阴极)，另设一与其对应的阴极(或阳极)，在两极间通直流电，靠电场的作用使涂料离子电泳到被涂物上放电沉积成膜的一种涂料方法。此法具有生产率高，膜厚均匀，漆膜附着力好，耐腐蚀性强和内腔结构能涂上漆等特点。但设备复杂、投资大、耗电量大、生产管理复杂和不易改变颜色等。目前应用最多的是汽车、自行车和家电领域。

图5.37　电泳涂装法

粉末涂料是粉末状无溶剂涂料，需要用静电方式或将工件加热到涂料熔点使粉末吸附在被涂物上，是随着无溶剂涂料的研制而出现的一项新涂装技术(图 5.38)。具有环境污染小，涂料利用率高，一次性成膜厚的优点，是一种有发展前景的涂装技术。由于一般为单涂层，耐腐蚀性不如电泳涂料好，装饰性不如烤漆好，也可单独作为装饰性漆用。

图 5.38 各种溶剂涂料及粉末涂料设备

浸涂法是把被涂物全部浸没在盛涂料的容器里，经过一定时间，再从容器里取出，流尽多余的涂料，用吊钩悬挂的方法送入烘干室烘烤或者自然干燥，即完成整个浸涂工艺过程。适用于小型五金制品，电器绝缘材料等。

淋涂法是将涂料淋涂到被涂物表面，随后滴尽多余的涂料而成涂膜的方法称淋涂法。较为经济高效，适合大批量的，只进行一面涂漆的大板面制品。此种方法生产效率高，劳动强度低，特别适合于流水线生产。由于涂剩的涂料可以不断循环使用，操作环境可以密封，溶剂挥发和涂料损失小，从而改善了劳动条件。

施工后，由液态或者黏稠薄膜转变成固态的化学和物理变化过程。它是涂装过程中不可忽视的重要环节。只有合理有效的涂层干燥，才有可能获得理想的漆膜。

5.3.3 电镀工艺

电镀工艺的出现最初是为了满足人们防腐和装饰的需要。随着现代工业和科学技术的发展，新的镀层材料和复合镀技术的出现，极大拓展了电镀工艺的应用领域。

电镀是通过电解方法在固体表面上获得金属沉积层的过程。其目的在于改变固体材料的表面特性，改善外观，提高耐蚀、耐磨性能等。电镀工艺过程一般包括电镀前预处理、电镀及镀后处理三个阶段。电镀的种类繁多，与表面装饰有关的金属表面电镀工艺主要有镀铬、镀银、镀金、镀锌和镀铜、电镀合金等。另外，随着科技的发展。除了金属材料外，各种塑料、陶瓷、玻璃等非金属材料，特别是塑料的应用日渐广泛。非金属材料本身存在不耐磨、不导热、易变形及不抗污染等缺陷，可以利用给非金属表面施加金属镀层的方法，提高产品性能。目前已可以在各种非金属制品上镀覆导电层、焊接层、导磁层、耐磨层和防护装饰性镀层。非金属材料制品在进行电镀前，一般要进行机械粗化、化学除油、化学粗化、敏化处理、活化处理、还原处理、化学镀覆等一系列工序。

塑料电镀制品(图 5.39)具有塑料和金属两者的特征。塑料电镀是在塑料表面镀上一层金属，使其表面呈现出金属的某些性质，如导电性、磁性、导热性等。金属化后的塑料具有金属外观，镀层硬度高，便于焊接，可以代替金属制品，降低成本；同时由于塑料一般具有高韧性、耐热性、耐蚀性等，使金属化的塑料比普通金属材料性能更好，并广泛应用于电子、机械、化工设备、航空航天、生物医学等领域。

电镀是一种非常经济的复制加工方法，可以降低生产成本，获得精致复杂的造型。现在，电镀工艺还被用来加工专门的实验室器材、乐器、装饰构件，以及细节考究的银器等。电镀技术可以表现出多种设计效果和设计语言。

图 5.39　塑料电镀制品

5.3.4　其他表面技术简介

化学镀是在没有外电流通过的情况下，利用化学方法使溶液中的金属离子还原为金属并沉淀在基体表面形成镀层的一种表面加工方法。化学镀具有不管零件形状如何复杂，其镀层都很均匀等优点，在电子、石油、化学化工、航空航天、核能、汽车、机械等工业中得到广泛应用。

电刷镀是在被镀零件表面局部快速电沉积金属镀层的技术，是由电镀发展起来的一种表面技术，主要用于技术材料的表面防护强化处理，改善材料表面性能、报废零件修复、金属与非金属制品的装饰等。

热喷涂是采用气体、液体燃料或者电弧、等离子弧、激光等作为热源，使金属、合金、金属陶瓷、氧化物、碳化物、塑料等，以及它们的复合材料等喷涂材料加热到熔融或半熔融状态，通过高速气流使其雾化，然后喷射，沉积到经过预处理的工件表面，从而形成附着牢固的表面层的加工方法。热喷涂适用范围较为广泛，工艺灵活，喷涂层的厚度可调范围大，工件受热程度可控，生产率较高。

5.3.5　天然材料的表面处理技术

木材表面涂饰最初是以保护木材为目的，如传统的桐油和生漆涂刷；后来逐渐演变为以装饰性为主，实际上任何表面装饰都兼有保护作用。人造板的表面装饰，可以在板坯制造过程中同时进行。木材保护包括木材防腐、防蛀和木材阻燃等，可用相应药剂涂刷、喷洒或浸注。

利用雕刻工艺，可以在竹木面饰件上形成浮雕、镂刻和同一部件的不同表面质感等新形式(图 5.40)。可以提高竹木面饰件的装饰效果，并可和一些功能部件组合，形成全新的结构形式。表面雕刻工艺的效果，通过雕刻形成的图案可以大大提高竹木板材的视觉和触觉感受。

图 5.40　竹木雕刻工艺在装饰板上的应用

5.4　数字化技术知识

随着信息化社会的到来，计算机技术对人类产生了巨大影响。数字化时代对产品提出了更高的要求，如希望产品的质量更优良、设计周期更短、品种更加多样化、个性化等。工业设计已由传统的设计生产模式转变为以现代信息技术为依托和主要对象的数字化设计。所谓数字化设计是指将设计对象的各种信息统一起来，进行完全的数字化表述，建立起这些信息之间关系的数学模型和物理模型，实现产品的并行设计与制造。与传统工业设计相比，数字化技术在设计方法、设计过程、设计质量和效率等各方面，都发生了质的变化。

数字化输入包括数字化实体建模和数字化反求工程两种方法。数字化输出分为两类，一类是通过打印机等数字化视觉传达方式输出产品造型方案，另一类是通过数字化成形工艺完成。在数字化的虚拟环境中，各种输入、输出设备与多维的信息环境进行交互，生成设计效果，有利于对设计对象的观察与研究，加速设计构思，深化设计概念，塑造艺术形象。

5.4.1 数字化造型技术

数字化产品造型也叫产品建模，主要是研究以数学方法在计算机中表达物体的形状、属性和相互关系，以及如何在计算机中模拟模型的特定状态。产品造型是数字化设计技术的核心内容，因此产品造型技术在很大程度上决定了数字化设计技术的水平。产品造型技术大致经历了 20 世纪 60 年代线框造型技术，70 年代自由曲面造型技术和实体造型技术，80 年代参数化造型、变量化造型和实体造型技术三个发展阶段。

在计算机绘图机数字化设计技术的发展初期，只有二维线框模型，这就需要用户逐点、逐线地构造模型。二维线框模型的目标是用计算机代替手工绘图。随着计算机软硬件技术的发展和图形变换理论的成熟，基于三维线框模型的绘图系统发展迅速，但三维线框模型也仅仅由点、线及曲面等组成。线框模型的缺点在于当模型对象形状复杂、棱线过多时，显示所有线条不易观察，容易引起理解错误；有时，一些线框模型还会导致歧义，很难判断模型的真实形状。另外，线框模型无法识别面与体，无法形成实体，不能区分体内、体外，不能消除隐藏线不能进行面的计算等缺点。由于线框模型能满足特定的设计与制造需求，具有一定的优点，不少数字化设计与制造软件仍将线框模型作为建模基础，经常使用。

曲面模型以面来定义对象模型，能够精确地确定对象面上任意一个点的坐标值。曲面模型的描述方式包括线框为基础的面模型和以曲线、曲面为基础构成的面模型两种。以线框为基础的面模型只适用于简单形体的描述，现代航空航天、汽车以及模具等产品中复杂且需要精确描述的曲面，需要以曲线曲面为基础构成的面模型通过参数方程进行描述。实体造型是一种具有封闭空间、能提供三维形体完整的几何信息的模型。因此，它所描述的形体是唯一的。

采用传统造型方法建立的几何模型具有确定的形状和大小。模型建立后，零件的形状和尺寸的编辑修改过程烦琐，难以满足产品变异设计和系列化开发的需求。参数化造型中，当输入一组新的参数数值，而保持各参数之间原有的约束关系时，就可以获得一个新的几何模型。因此，使用参数化造型软件，设计人员在更新或修改产品模型时，可以根据产品需要动态进行新产品设计。

20 世纪 90 年代产生了产品结构模型。产品结构模型采用统一的数字和图形模型，在计算机中全面描述新产品，从概念设计、制造到装配等整个开发过程。它集成了零件、部件及装配的全部可用信息。近年来，产品结构建模逐步成为人们研究的重点，由于是面向装配的建模技术，包含了产品从零部件到装配的统一、完整信息，为信息共享创造了条件。

在数字化造型技术中，几何形体的渲染技术是产品数字化设计的重要研究内容，也是工业设计师应掌握的最基本技能之一,其目标是实现用计算机生成和输出具有真实感的物体图形,涉及几何形体的空间表达、消隐、光照、纹理、颜色、质感等。在产品几何造型、动态仿真、科学计算可视化、产品宣传等领域有着广泛应用。在计算机图形学的早期,所生成的只是线框图,通过透视变换和消除隐藏线等方法,能产生具有一定真实感的图形。随着图形显示技术的发展,为真实图形的生成和显示提供了良好条件,下面介绍常用的渲染技术。

(1) 光照:是指在计算机中模拟光照射到物体表面产生的反射或折射现象的渲染方法。光照到物体表面时,根据不同情况可能会被吸收、反射、折射或者透射。光线在物体间经过多次反射、折射后,照射到物体上。根据物体表面的不同,呈现出不同的色彩、亮度和质感。要在屏幕上输出逼真的图形,必须考虑光照因素,模拟光在物体间传递的复杂过程。目前,数字化设计软件为产品造型设计提供了多种光源类型,可以调整光线方向、强度、颜色等来改善光照效果。

(2) 纹理:是指物体表面的细节描述。在计算机图形学中,纹理处理是通过数字化的纹理图案覆盖或者折射到物体表面,来增加物体细节的过程。纹理通常与材质相关。通过纹理处理可以增加物体质感,使计算机生成的物体更加自然逼真。纹理可以通过色彩、明暗、花纹、起伏、凸凹等来体现。

(3) 颜色:是产品的重要外观特征。产品颜色的确定取决于物理学、心理学、人机工程学、美学等多方面因素。实际上,物体的颜色不仅取决于其本身,还与周围环境及观察者的视觉条件等有关。计算机显示器中通常采用红、绿、蓝三种基色,将这三种颜色按照适当比例混合,可以匹配出任意颜色。

目前,计算机绘图、产品数字化造型及数字化装配等设计技术已经趋于成熟,各种数字化造型软件在工业界得到广泛应用。主流的数字化造型和设计软件有 UG、CATIA、Pro/E、AutoCAD、Solid Edge、SolidWorks 等。

产品造型技术已广泛应用于机械产品开发、艺术造型等领域,比如产品设计时用来反映物体外观、检查零部件的装配关系,生成工程图样等;结构分析时用以计算零件的物理参量;运动分析时用于机械结构的动作规划与运动仿真等;数控加工时,以产品的几何模型为基础、规划数控加工的刀具轨迹和刀具运动仿真等。此外,产品造型技术在多媒体、动画制作、仿真、计算机视觉、图形图像处理、机器人等领域也得到了广泛应用。基于提高创新能力和网络环境下的应用,产品数字化设计技术的研究热点主要包括:

(1) 计算机辅助概念设计(图 5.41)。概念设计是产品设计过程中非常重要的阶段,概念设计的结果在很大程度上决定了产品的成本、性能及价值,也决定了产品的创新性和竞争力。概念设计阶段所受约束往往未知和不精确的,因此给数字化设计技术带来巨大挑战。

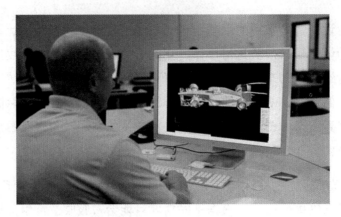

图 5.41　计算机辅助概念设计

(2) 计算机支持的协同设计。产品设计是群体共同完成的工作，因此要求成员间既有分工，又有合作。传统设计中成员之间没有计算机作为支持，导致协调、沟通困难，从而容易出现产品设计中的反复。计算机支持的协同设计可支持成员间交流设计思想、讨论设计结果、发现设计模块间的各种问题，并及时解决，从而提高产品设计的效率和质量。

其他还包括海量信息的存储、管理和检索，支持设计创新，计算机安全问题等。

5.4.2　数字化仿真技术

随着计算数学、计算力学及计算机硬件等相关技术的成熟，在计算机中利用数学模型来分析和优化系统，逐渐形成了计算机仿真技术。其实质是仿真过程的数字化，也称为数字化仿真。数字化仿真技术有利于提高产品及制造系统的质量，在产品或者制造系统尚未实际开发出来之前，研究系统在各种工作环境下的表现，以保证系统具有良好的综合性能。利用数字化仿真技术，可以在计算机上完成产品的概念设计、结构加工、加工、装配以及系统性能仿真，提高设计的一次成功率，缩短设计周期。利用数字化仿真软件，可以在计算机中开展各种仿真试验，从而降低开发成本。对复杂产品或技术系统，采用数字化仿真技术，可以再现系统运行过程。模拟系统状态，降低培训成本的同时也改进了培训效果。为适应不同产品需求，市场上有各种功能、适合于不同领域的仿真软件。目前，通用的分析软件有 ANSYS 等，另外还有面向专业领域的分析软件。

传统的产品开发需要经过"手工设计—手工制造—物理样机—物理样机试验"等环节，通过构建物理样机来分析和测试系统性能。20 世纪 80 年代后，产品开发开始向"数字化设计—数字化样机—数字化样机测试—数字化产品全生命周期管理"的模式改变。数字化样机也称为虚拟样机，是由多学科集成形成的综合型技术，以运动学、动力学、流体力学及计算机图形学等学科知识为基础，构建虚拟现实的产品数字化设计、分析和优化研究平台，以便在制造之前准确了解产品性能。虚拟产品开发的数字化具有数字化方式、贯穿产品全生命周期、网络协同等特点，目前该技术已经广泛应用于航空航天、汽车、工程机械、物流系统等领域。国内知名自主汽车品牌奇瑞汽车十分重视数字化仿真技术，从海内外引进 100 多名专业技术人员，建立了具有国际领先水平的汽车研发仿真平台，有效缩短了新产品开发周期，降低了开发成本，对提高产品的安全性、耐用性、综合性能发挥了重要作用，成为奇瑞汽车研发、设计和生产中不可缺少的重要手段。

虚拟样机技术在其他方面也得到广泛应用。在科技部《制造与自动化领域"十五"计划及 2015 年远景规划》中，将虚拟现实技术列为重点攻关和推广内容。总之，虚拟样机技术正在改变传统的设计思想，也必将产生深远影响。

5.4.3 数字化制造技术

数字化制造技术建立在计算机硬件、信息技术和网络技术的基础上，已经成为现代产品开发的基本手段，也是先进制造技术的核心。数字化制造技术是基于产品数字加设计的制造，以产品的数字化模型为基础，通过对产品结构的仿真分析，实现产品设计的最优化，实现产品制作、工艺管理、成本核算、控制、检测及装配等过程的数字化。数字化制造是以控制为中心的制造，以数字化方法实现加工过程中信息的存储和控制。建立功能完善的数字化管理系统，是充分体现数字化制造系统价值的前提条件。数字化制造的核心技术包括计算机辅助工艺规划、成组技术、数控加工技术及快速原型制造技术等。

快速原型制造技术：原型是指用于开发未来产品或系统的初始模型。原型制造是指设计和加工原型的过程，大致可分为净尺寸成型、去除材料成型、生长成型、添加材料成型四类。将成型思想与数字化设计、数字化制造技术相结合，就可以快速制造各种复杂形状的原型或零件，有效缩短生产周期，即为快速原型制造技术。它是指由产品数字化直接驱动成型设备，以快速制造任意复杂形状三维实体的相关技术的总成。快速原型制造理论上可以加工出任意复杂形状的零部件，创造了产品开发的全新模式和全新境界。快速原型制造技术以数字化设计及制造技术为基础，可以实现自由成型，实现了产品的快速制造，是高新技术集成的产物。由于材料来源丰富，因此应用领域广泛。除制造产品原型外，此技术还适用于新产品开发、快速单件及小批量零件制造、不规则零件或复杂形状零件的制造、难加工材料的制造等。此外，在工业设计、文化艺术、建筑工程等领域具有潜在的经济效益，具有广阔的发展应用前景。目前，已经有数十种快速原型制造的工艺和方法，但真正实现商业化技术和设备的只有几种，成型精度也还难以满足生产要求。因此，快速原型技术必须与传统的制造工艺结合，以形成快速产品开发系统。

工业设计的工程基础知识在整个设计过程中起着非常重要的作用，造型材料知识、成形工艺知识和表面技术知识帮助根据设计需要对材料进行规划，对工艺进行选择，对表面进行处理，从而高质高效生成所期望的造型形态；利用先进的数字化技术知识，可以充分发挥信息化的优势，简化设计表达步骤，创新设计思维，塑造出更富有创造性的造型形态。一个产品的诞生，最终落到实处的还是生产的过程。而产品的生产，必须在一系列严格的工艺流程中得以实现。因此，产品设计环节就需要与材料加工工艺紧密联系在一起，有一个系统化的思想，并在设计中能够处于前期而顾及后续的生产、运输、使用等环节。同时，随着社会的发展，对材料的非物质特性的研究，也将成为工业设计对材料研究的一个重要方向。

工业设计是立足在特定构成材料的基础上所做的规划活动，材料在很大程度上决定了生产加工方式及产品的最终质感与形态。从技术美学角度来看，好的工业设计应该首先给用户带来最佳的问题解决方案，同时还应该融合技术、材料、工艺和文化等方面来体现产品的和谐美。产品造型设计的成功与否在很大程度上是以市场接受度作为评判标准，优秀的设计师必须具备对技术和艺术进行整合的能力。材料是理性的，也是感性的。它不仅是产品设计的物质保证，也是一种反映产品特性的表达媒介，使产品成为一个和谐的复杂系统。正确运用材料本身的肌理、纹路、色彩、透明度、发光度、反光率及它们所具有的表现力，会给工业设计带来新的体验和创意。

思 考 题

1. 简述常用工程材料的分类。

2. 简述金属材料的特点。

3. 常用的非金属材料有哪几种，特点是什么？

4. 陶瓷材料一般应用在哪些方面？

5. 复合材料的应用领域有哪些？

6. 天然竹木的应用举例。

7. 工业成形方式可以分为哪三种？

8. 金属材料、高分子材料、陶瓷材料、复合材料，以及天然竹木的典型加工工艺包括哪些？

9. 工业设计中采用的表面技术的作用有哪些？

10．数字化输入和数字化输出包括哪些内容？

11．数字化造型技术的包括哪些发展过程？

12．常用的几何形体的渲染技术包括哪些？

13．数字化仿真技术包括哪些作用？

14．什么是快速原型制造技术？

第 6 章　工业设计表现

教学目标

了解各专业设计速写的特点。

了解设计速写画法。

了解手绘效果图表达的各种工具。

了解计算机辅助设计特点及常用软件。

了解设计模型的工具及基本程序。

教学要求

知识要点	能力要求	相关知识
设计速写	(1) 了解设计速写的特点； (2) 了解设计速写画法	产品速写、艺术速写、建筑速写
手绘效果图	(1) 了解手绘效果图的表达特点； (2) 了解手绘效果图的表达工具	透视画法、质感表达等
计算机辅助设计特点及常用软件	(1) 了解计算机辅助设计表达特点； (2) 了解常用软件及适用范围	计算机辅助设计的特征
设计模型制作	(1) 了解模型的分类； (2) 了解模型的工具； (3) 了解模型的基本制作程序	模型材料类型及制作

基本概念

设计速写：是一种方便快捷的设计表现方法，一般表现为草图式速写，能够随时记录下被观察对象的外形和色彩等特征，是设计过程中从设计构思到方案确定的必经阶段。

手绘效果图：为了具体表现出设计构思，效果图能够非常精细、真实地表达出形态、材质、色彩、结构、尺寸等内容，是绘制电脑精细效果图的前一个步骤。

透视图：将映入人们眼帘的物象在平面上进行表现的方法，正确的透视可以表现产品的体量特征。

常用的计算机辅助设计软件：常用设计软件种类较多，如 Rhino、3ds max、UG、Alias、SolidWorks、Pro/E、CATIA、Photoshop、Illustrate、CorelDRAW 等。

模型：立体草图，设计者将自己的印象做成立体模型后进行差别确认和变化比较及修正，为下一步制作更高精度的模型图纸和效果图打下基础。

工业设计是对工业相关产品进行的预想开发和生产设计,在这种将构思转化为现实的创造性活动中,设计者在各个设计制作环节运用多种方法和技巧来传达、交流、评议各种设计信息和设计方案,最终将构思转变为实际产品。在构思环节有众多的设计表达方法和技巧,如设计速写、手绘效果图、计算机辅助工业设计、模型等各有其适合表达的方面和特点。手绘设计表现主要包括设计速写和手绘效果图两部分。设计速写不受时间、工具限制,能够快速、直观、简洁地表达设计创意。手绘效果图是将设计内容用手绘的方式,以较为接近真实的三维效果展现出来,是各种设计专业的一门重要的专业技能。但在学习手绘效果图前期必须有素描、色彩、设计速写、透视这些知识作为基础。随着科技的发展,为了更利于手写文字与绘图输入的需求,出现了各种手写绘图输入设备,包括手写板、绘图板、数位板等,这些硬件设备使电脑手绘效果图作为一种新型的手绘方式迅速发展起来。计算机辅助工业设计是采用计算机进行设计的一种设计表现方式,是一个包含设计的系统。各种计算机辅助工业设计软件随着设计的需要不断完善,为真实的设计表现、设计实现提供了强大的工具支撑。这里的模型是指按照设计想法的形状和结构按比例制成的实物,能够体现原型的结构、功能、属性,多用于展示或实验,是完善设计方案的一种重要途径。

6.1 设计速写

6.1.1 设计速写概述

设计速写是一种非常方便快捷的设计表现方法,可以为设计创意积累大量创作素材与设计资料。一般表现为草图式速写,能够随时记录下观察对象的外形和色彩等特征,几乎是每一个设计的开始步骤,是设计过程中从设计构思到方案确定的必经阶段。因此设计速写是设计表现的基础,在设计专业的学习中具有重要的意义。同时,通过设计速写的大量练习,能够提高造型能力表达,是创意表达的重要训练途径。设计速写能够训练设计者用立体的思维理解设计对象,培养准确的整体描绘能力,结构分析能力和塑造能力,同时还能锻炼设计者眼、心、手的协调能力,通过速写认识物体,发现创意,准确表达设计意图,从而提高设计者的设计修养。

由于设计速写具有快速、灵活、易操作,记录性强的特点,有助于设计者在第一时间准确地描绘物象特征,从而快速地记录随时随地可能闪现的创作灵感。设计者可以在记录的过程中体会产品的形态变化和细部结构,同时,大量设计素材的积累为后期的设计奠定了坚实的基础。设计者运用设计速写这一手段，大量设计创造产品，为工业设计预想效果图迈出了第一步。同时，设计速写担负着信息传递的使命，有助于使用者和设计师进行设计方案的讨论，更深入地了解使用者市场需要和变化情况。

在计算机辅助工业设计飞速发展的今天，设计速写依然具有不可替代的作用，它是表达设计思维最直接、最便捷、最经济的方式，使设计师在抽象与具象之间实时交互，是培养设计师艺术修养和艺术技巧的有效手段，使设计师加强对于形态的分析和理解，并能够捕捉到在头脑中闪现的各种创意灵感。

6.1.2 各专业设计速写特点

传统的绘画速写(艺术速写)与设计速写有很大的区别，即使是不同设计专业的设计速写训练的内容和方式也是不同的。

如图6.1所示，艺术速写比较注重感性、随意，是一种主观和艺术手法的表达，更多的是传递一种自我的情绪，或者是为了欣赏。除了表现形体外，还要求表现明暗、氛围、感觉等要素。工业设计中的速写(设计速写)注重理性、严谨、精确，是为以后生产的产品做资料搜集或者是设计描述。设计速写主要是以线条迅速表达出准确的造型，是表示产品形态、结构的一种快速表达方式。

产品设计速写(图6.2)的主要作用是在快速描绘的过程中不断了解、分析产品的结构和形态。其训练，首先可从简单的形体结构入手，之后逐渐从二维平面的速写连续过渡到三维形体，观察一些形体结构简单的产品，从不同方向进行描绘，经过一段时间的练习再过渡到复杂的形体。在速写的过程中，应找准产品的结构特征，比例结构和透视关系，运用正确的观察方法进行练习。

图6.1　艺术速写　　　　　　　　图6.2　产品设计速写

建筑速写(图6.3)是用较快的速度来描绘建筑和环境空间，应在了解建筑比例关系、建筑透视规律、建筑结构，以及了解建筑体量、空间关系的基础上，对建筑与环境进行线条和明暗关系的描绘。建筑速写还应在良好构图和取景的基础上，把需要表现的内容在画面中和谐统一地表现出来，同时还要做到主次分明。同一座建筑物，由于选择的切入点与表现方法不同，会产生相异的画面效果。另外，为了满足建筑表现图构图时的需要，可以将实际生活中无法变动的景物做出相应的位置改变。空间、尺度和形态特征是建筑速写时需要特别注意的部分。

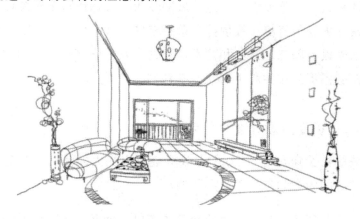

图6.3　建筑速写

设计速写着重于手，突出于思维创新，在整个设计流程中属于计算机辅助工业设计的前期步骤，可以快速表达出设计师的创意思维，是设计专业的一项基本功，也是设计师进行设计交流的重要工具。找出对速写对象最有利的表现方法和灵活、自然运用各种线条对设计速写非常重要。

6.1.3　设计速写画法

1. 单画线条

开始练习速写时，可以先慢慢画，主要注意大的形体和透视关系，再去讲究线条的流畅与否。当逐渐能准确把握形体，并逐渐解决好透视关系后，可以慢慢把干涩的线条变圆滑、流畅，速写的速度也会得到提高。速写要养成经常动手的习惯，才能慢慢熟练起来。

2. 线、面结合

把产品的明暗交接线用面来表示，可以增加投影，使整体效果更强烈。这种画法一般用于已经对设计速写有一定基础的情况下，能够掌握用笔的快慢，比较容易修改，有助于以后的上色学习。

3. 组图画法

将同种类型产品进行组合速写，整个效果会比较完整。各个产品间还可以通过各种速写手法进行结合与连接，使画面更为协调。

4. 投影与背景

为了突出速写效果,可以加重投影,从而凸显出结构和形体。增加背景同样可以拥有较好的画面效果。比如明暗交界线的画法也可通过线条或者面的方式来表达。

课堂练习:尝试用设计速写的方式绘制身边的一个小产品,如笔、课桌、灯等。

6.2 手绘效果图表达

6.2.1 手绘效果图概述

在设计过程中,当草图绘制阶段完成后,设计师可挑出具有可行性的方案,进行进一步展开与细化。最初草图呈现的只是设计师稍纵即逝的创意,要最后形成成熟的设计效果,需要将最初的大概的设计想法进行发展与深入。这时,便需要绘制更加详细和完整的效果图。效果图是为了具体表现出设计构思,因此,需要非常精细、真实地表达出形态、材质、色彩、结构、尺寸等内容。效果图不一定是最后的效果,所以其中很多细节是可以调换与更改的。手绘效果图要求具有一定的绘制速度,是设计师推敲与细化方案,与他人进行交流的必要手段,也是绘制计算机精细效果图的前一个步骤。手绘效果图作为一种途径和手段,是一种直观而高效的沟通工具。

6.2.2 手绘效果图常用工具

手绘效果图对工具材料并没有严格的规定,多数时是材料的综合运用。常用工具有铅笔、橡皮、尺、针管笔、马克笔、彩色铅笔、水彩、水粉、喷笔等。常用纸张有复印纸、硫酸纸、水粉纸、色纸等。具体绘画时常用工具与纸张的选择因个人的风格喜好而定。根据不同的表现形式,工具可大致分为:上色工具、线稿笔工具及其他辅助工具。

1. 上色工具

1)马克笔

20世纪80年代初期马克笔设计表现方法传入我国并得到发展,是目前用途非常广泛的产品设计效果表现工具,它吸收了水彩亮丽、清新的特点,同时具有方便携带、速干、色彩丰富等特点,大幅度地提高了作画的速度,成为当今产品设计、室内设计、服装设计、建筑设计等领域快速表现的必备工具。

马克笔(图6.4)大致可分为水性马克笔、油性马克笔和酒精马克笔三种。

图6.4 马克笔

(1) 水性马克笔：笔头有四方粗头、尖头、方头，绘画效果与水彩相似，适用于大面积与粗线条的表现，其中尖头适用于对细部的刻画。

(2) 油性马克笔：具有侵透性，挥发较快，使用范围广泛，且能在玻璃、塑料等表面附着。

(3) 酒精马克笔：色彩透明、色彩鲜艳，适宜在较光滑的纸面上和吸水性强的纸面上着色，色彩容易扩散。

市面上马克笔以日本的YOKEN、德国的STABILO、美国的PRISMA、韩国的TOUCH等品牌为主。由于马克笔笔头有方、圆、粗、细、宽、窄之分，且不易涂改所以无论是徒手画还是借助工具都应先掌握其绘制方法，尤其在排线方式上，需要大量的练习，熟悉其特点后再绘制画稿。

马克笔表现效果(图6.5)可分为以下两种。

产品和背景整体处理：在画较小的产品时，当产品的色彩本身较一致，没有其他区别较大的色彩时，可用马克笔将产品本身和局部背景整体涂色，形成一个抽象的空间。画在产品上的部分是产品的颜色倾向，在背景的部分即可理解为背景的变化。

当只处理产品本身，不处理背景时：当产品较大或没有必要处理背景时，可只处理产品本身。这时的处理步骤与前面的例子相同，但为了追求更加丰富的效果和表现出明快感，在处理产品的灰色层次时可适当超出产品本身的轮廓，尤其是暗部，使画面看上去更丰富柔和，这样能够使笔触更加放开,不至于拘谨,更有利于发挥马克笔笔触明快的特性。

2) 彩色铅笔

彩色铅笔(图6.6)是产品手绘效果图较常用的表现工具，其特点是既能用线条表现也能用颜色表现。颜色过渡自然、柔美而丰富，便

图6.5 马克笔表现效果

于修改，可用橡皮擦拭，一般可分为普通彩色铅笔和水溶性彩色铅笔。普通彩色铅笔笔芯较硬，能画出较细的线条，色彩的浓淡、虚实变化可通过自身实现。水溶性彩色铅笔笔芯较软，附着力较好，除了具有普通彩色铅笔的特点外，还具备了水溶的特性，大大提升了色彩的表现力，拓展了彩色铅笔的表现范围。

 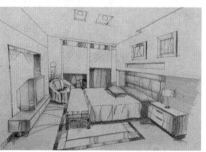

图6.6 彩色铅笔及彩色铅笔作品

3) 色粉

色粉是棒状粉质的干介质表现工具(图 6.7)。粉质细腻，色彩鲜明，涂抹均匀，非常适用于表现产品设计中光影变化、均匀的过渡和浓淡层次的效果。但在细节表现方面不够理想，比较平淡。一般搭配针管笔、马克笔等其他工具进行表现。色粉的使用大致有以下几种。

(1) 用脱脂棉或纸巾揉擦：产品设计表现幅面不大，追求简洁明快的画面效果，直接用色粉条画会产生许多笔的痕迹，为了使画面色调柔和均匀，可利用脱脂棉或纸巾将其擦拭，使其过渡更加自然。

(2) 直接用手揉涂：将刮成粉的色粉直接用手指蘸上在所需处揉擦，此方法优点是颜色可涂的较深，这是用脱脂棉和纸巾揉擦颜色不易达到的深度。用手指揉擦较大面积不易涂匀，需要一定的控制技巧。

  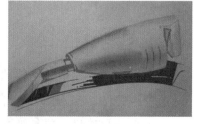

图6.7 色粉及色粉作品

4) 喷笔

喷笔是一种较为精密的设计表现工具(图 6.8)，能制造出较为细致的线条和柔软渐变的效果。早期喷笔是用来帮助摄影师和画家修改画面的。喷笔的艺术表现力强，尤其在表现物体微妙的细节变化方面非常出色，明暗层次细腻自然。但喷笔的价格较为昂贵，配套设备较多，绘制过程比较烦琐。随着计算机辅助设计的广泛运用，喷笔的使用越来越少。

2．线稿笔工具

手绘表现图线稿用笔常用的有：钢笔、签字笔、铅笔、制图笔等。

1) 硬质水性笔[钢笔、针管笔(签字笔)、制图笔]

图6.8 喷笔

钢笔、针管笔(签字笔)、制图笔是线稿中较为常用的笔，其特点是笔尖较硬，画出的线条肯定有力，可根据不同型号画出粗细不同的线条，不易修改。

2) 铅笔

铅笔笔芯有软硬之分，H型号铅笔型号越大笔芯越硬，B型号铅笔型号越大笔芯越软。铅笔使用方便，易于修改，表现力强。

3．辅助工具

1) 软质笔

软质笔(图 6.9)包括水彩笔、水粉笔、尼龙笔等，此类笔必须用水调和颜色上色，需注意笔毛的硬度、厚度与含水量之间的关系。

图6.9 各种软质笔

2) 纸

一般纸张质地较结实的绘图纸、水彩纸和水粉纸、白卡纸、铜版纸和描图纸，以及特殊纸(如半透明纸、有色纸等有着较强的艺术表现力)等均是设计表现的理想纸张。需要注意的是，每种纸都需配合工具的特性而呈现不同的质感。

3) 绘图用尺

常用的绘图用尺(图 6.10)有直尺、曲尺、界尺、蛇尺等。尺子的用途非常大，主要是辅助各种笔画出所需的线条，多利用尺子画线稿图。对尺子要求不是很严格，实际作图时多是徒手画与尺结合使用。

图6.10 常用的绘图用尺

6.2.3 透视与空间

空间是在二维的图纸上表达三维的立体效果,除明暗、浓淡、虚实、色彩冷暖等外,运用透视效果可以表现画面的空间感。所谓透视图,即将映在人们眼帘的物象在平面上进行表现的方法。产品透视是产品设计透视的基础,正确的透视可以表现产品的体量特征,掌握一定的透视原理才能画出准确的效果图。

在日常生活中,同样大小的物体会有近大远小感觉,同样高的物体会感觉到近高远低,圆形的物体在倾斜一定的角度后看起来像扁圆形,这些都是透视现象。虽然生活中透视现象随处可见,但把透视表现出来并不容易。在平面上正确的表现立体的物体必须经过严格的训练。常选的透视视角有30°、60°或45°角透视,也就是画面与产品成30°、60°或45°角,这种视角最能够体现产品的形态特征。30°、60°角透视法通常用于产品需要分别表现主次面时的透视图。45°角透视法是相对于水平线和画面,以水平的正方形的对角线为基础完成直立的立方体,适合于对象物的两个侧面几乎相等且都需要表现的情况。图6.11为30°角透视图和45°角透视图。

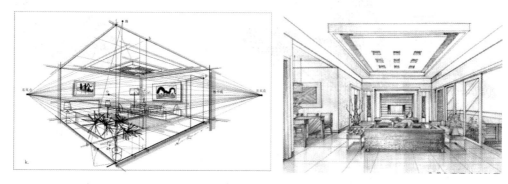

图6.11 30°角透视图和45°角透视图

6.2.4 质感表现

设计的目的是将设计概念与设计构想以一种虚拟真实的效果表达出来。由于概念并不是实际存在的,因此要求设计表现图要达到真实的效果,需要把概念产品的质感特征进行详细、逼真的表达,如物体是光滑还是粗糙、软还是硬等。

材料质感又称为材料的感觉特征，包括两个基本属性：一是生理、心理属性，即材料表面作用于人的触觉和视觉系统的刺激信息，如粗犷与细腻、粗糙与光滑、华丽与朴实、浑厚与单薄、沉重与轻巧、坚硬与柔软、粗俗与典雅等基本的感觉特征；二是材料的物理属性，即材料表面传达给人的知觉系统的意义信息，也就是材料的类别、性能等，主要体现为材料表面的几何特征和理化类别特征，如肌理、光泽、色彩和质地等。

1. 金属质感及表现

金属材料光泽感强，给人以强烈的视觉冲击力(图 6.12)。大多数金属材料反射性强，在不同的环境中产生不同明暗的变化。在表现金属质感时，笔触应尽量光洁平整，并加强明暗交界处的处理。一些表面有镀层的金属材料是没有色彩倾向的，表现时要结合光源色和环境色一起处理，运用明暗强烈对比的手法，合理地利用补色对比使表现图生动、强烈、具有真实感。

2. 塑料、陶瓷材料质感及表现

塑料产品品种繁多，具有质轻、绝缘、价格低廉、加工成型方便等优良特征，在人们的生活中得到广泛的运用。陶瓷材料(图 6.13)、塑料(图 6.14)在喷漆或做表面处理后属于不透光反光的材料，在表现时要注意表现其丰富的色彩变化，并着重表现其强烈的光洁度和反光。

图6.12 金属效果图

图6.13 陶瓷等材质的表现

3. 玻璃材料质感及表现

玻璃具有高透光、强反光的特性，画好玻璃效果的关键是要画出层次感。颜色与颜色之间，笔触与笔触之间主要是靠相互间的叠色来体现层次感。上色时颜色要有虚实、深浅、明暗的变化，不能平涂颜色。玻璃边框、转折、隔断等处的线条一定要画的直率挺拔，这样才能显示玻璃的平整光滑。玻璃遮挡住的物品与未被遮挡住的物体颜色间的深浅、清晰程度要有所区别。加强玻璃亮面光影的表现，提亮笔触一定要干净利索。

4. 木材质感及表现

木材一直是最广泛、最常用的传统材料,其朴实、自然的特性给人以亲切之感,被认为是"最富有人性特征"的材料。对木材质感的表现主要是对木纹的表现上(图 6.15),找出清晰的纹理变化,先平涂木材色,再用稍深的马克笔画出木纹色,即可表现出木质材料的真实感。

图 6.14 玻璃材质的表现

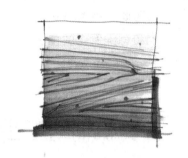

图 6.15 木材材质的表现

5. 石材的质感及表现

石质材料表现时要加强物体反光度,颜色和笔触过渡尽量柔和一些(图 6.16)。无论石材的色彩还是纹理,表现时要注意处理好色彩与纹理的关系,注意色彩明暗变化与纹理深浅变化要统一协调。

6. 皮革质感及表现

皮革可分为:天然皮革和人造皮革两种。从表现角度可分为高亮皮革和亚光皮革,在表现皮革质感时要特别注意皮革高光的表达(图 6.17),可用彩色铅笔对皮革高光进行刻画。

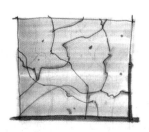

图 6.16 石材的表现

图 6.17 皮革质感的表现

手绘效果图看似简单,实则涵盖了许多内容。首先,手绘的基本造型能力来源于结构素描的训练,只有具备良好的结构表现能力,才能把头脑中的设计概念准确地表达出来;其次,手绘表达运用一个非常重要的知识——透视学,手绘表达形态时经常会用到夸张的透视角度,这些透视必须建立在精准的透视学理论基础上。同时清晰地描绘产品的表面材质和光影效果也可以使效果图更加真实，从而达到展示产品基本特征，推动设计构思深入的目标，为塑造优质产品打下基础。不同的材料和材质也决定了最终的设计是否能够得以实现。

熟练的手绘表达能力是一个合格的工业设计师所必须具备的一项设计技能。在设计时，经过市场信息的反馈，资料的整理，方案的构思，最终环节就是落在方案的表达上，因此，手绘表达不但是新产品设计理念和使用功能的体现，同时也是设计者设计过程和思维逻辑的体现。

6.3 计算机辅助工业设计

数字化技术是信息时代的核心技术，具有鲜明的时代特征。设计表现手段在信息化社会中随着各种计算机技术的发展也具有了新的特征。计算机给设计带来的种种变化，几乎可以完全取代传统的各种设计手段。借助于电脑手段，设计师可以快速制作出逼真的效果图，并可在此基础上变换不同角度、不同环境绘制出多种方案。计算机高效的绘图技术及基于数字化的处理方式为设计人员节约了大量重复变换所耗费的精力和时间，为他们提供了更广阔的思维和创作空间。随着计算机图形学及三维动画技术在设计中的运用，设计师逐渐摆脱了材料和制作技术的制约，其创造力和想象力得到充分发挥和拓展。计算机辅助设计具有精密准确、处理速度快、质感逼真等一系列手绘表现手段无法比拟的优势，三维动画技术的发展使该技术拥有更为真实和动态的视觉效果，是现代设计表达必备的重要手段。

6.3.1 计算机辅助工业设计特征

设计师的一项主要工作就是准确、生动、真实地表达自己的设计意图，将设计概念转换成可视化形态并展现在客户等对象面前。设计效果图正是为了满足这一要求而产生的，在没有计算机的条件下，一般是由手绘效果图来完成。信息化社会中，设计师需要利用计算机软件将设计好的作品制作成3D模型，然后渲染出逼真的计算机效果图。计算机在设计实践中的广泛运用，使设计表现出现了新的特征。

(1) 计算机的三维实体模拟可以使设计师将设计思维中的三维形象构成与真实产品一致的三维模型。对于设计对象的整体造型、色彩、材质、细节、不同环境条件显示，可以真实的生成，为设计师等提供了比较和选择的依据。计算机设计的高精度、高效率和高编辑性能，使现代设计的制作工作大大缩短了过程时间，减少了创意和成品的距离。

(2) 计算机在设计中的应用使设计更趋向于标准化、可视化、实时化，增加了设计的可操作性，提高了设计效率，节约了时间。计算机可以利用已储存的各种图形、图像、符号等进行方便、直观的设计，并通过计算机软件的介质进行转换，克服了传统设计表现耗时的缺点。

(3) 在设计完成后，可以运用计算机技术进行进一步的分析、模拟、检验，对设计作品进行评价和评测，保证其可行性。通过对设计数据的比较、分析，可找到需要改进的部分，最近进行方案的审定等，并制订出生产、销售计划，从而对产品进行系统化、数字化的管理。

如图 6.18 所示，不止在产品设计领域，计算机在建筑、室内等领域可以逼真预演建筑在真实环境的效果，运用更多画面多层次对建筑的外部形态、内部层面及局部做多视角审视，合理展现设计创意的同时，也使设计师有时间进行更多创意的表现。在视觉传达领域中，计算机平台所提供的快速、方便的设计表现手段，为视觉传达领域提供了良好的操作环境。随着计算机硬件的发展，以及各种设计软件的不断出现，视觉传达设计现在已经进入到几乎完全数字化的时代。

图 6.18　计算机辅助设计效果图

6.3.2　常用设计软件

当前计算机辅助设计软件种类较多，如 Rhino、3ds max、UG、Alias、SolidWorks、Pro/E、CATIA、Photoshop、Illustrate、CorelDRAW 等。

(1) Rhino 是美国 Robert McNeel and Association 公司开发的 NURBS 专用三维建模工具，适用于产品造型设计、CAD/CAM、逆向工程领域和动画领域。由于具备 NURBS 建模技术，以及作图精密、具有强大技术支持，软件方便易上手等优点，在上述各个领域都得到广泛应用。虽然 Rhino 具备了各种设计作图需要优点，但 Rhino 自带的渲染功能不够强大，对于产品级渲染远远不够。因此需要依靠一些其他渲染器或者渲染插件来弥补不足。

(2) 3ds max 是目前流行的三维动画和建模软件，具有运算速度快、特效丰富、建模功能直观便捷、图像生成能力超强等特点，是产品设计、建筑设计、影视、广告、动画制作的有力工具。使用该软件,可以方便地建立影视和三维效果,并对其中的组件进行修改,还可利用动画功能形成动画效果。3ds max 使设计人员可以定制工作环境,可以在虚拟环境中创建摄像机和真实的场景相匹配。该软件集成了近千种第三方开发的工具,为创作提供了丰富的设计手段。

(3) UG 是美国 EDS 公司出品的一套集 CAD/CAM/CAE 于一体的软件系统,提供了强大的实体建模技术和高效能的曲面建模能力,以及装配功能、出图功能、模具加工功能等。UG 具有高性能的机械设计和制图功能,为制造设计提供了高性能和灵活性,针对用户的虚拟产品设计和工艺设计的需求,提供了经过实践验证的解决方案。广泛应用在汽车、航空航天、家电、模具加工及设计和医疗器械行业等领域。UG 包括了强大、广泛的产品设计应用模块,能够迅速地建立和改进复杂的产品形状,能够以数字化的方式仿真、确认和优化产品及其开发过程,几乎所有飞机发动机和大部分汽车发动机都采用 UG 进行设计。

(4) Alias 是一种可以提供从草图绘制、产品造型,一直到制作可供加工采用的最终模型各个阶段的设计工具,也是全球汽车和消费品造型设计的行业标准设计工具。其操作界面简单,易于上手学习。Alias 的图像描绘工具具有各种曲面类型和光影效果,能够生成真实自然的三维感觉。Alias 可划分为基本模块和灵活的增补模块,用户可按需添置增补模块。通过相应数据传送接口,还可获得所设计产品在生产时的参考数据。应用 Alias 软件,可以进行各种产品的造型开发设计。

(5) SolidWorks 是世界上第一个以 Windows 为基础开发的三维 CAD 软件,具有功能强大、易学易用和技术创新三个特点。SolidWorks 提供了强大的实体建模功能,比如能够通过动态修改实现参数化设计,三维草图功能够通过扫描、放样生成三维草图路径等各种功能,操作简单、方便。提供的大量新功能可提高工作效率,能够充分利用原有的设计数据和标准件库,是可以和其他 CAD 系统共享三维模型。

(6) Pro/E 是参数化技术的最早应用者,是美国参数技术公司(PTC)出品的 CAD/CAM/CAE 一体化的三维软件,是现今主流的三维造型软件之一,特别是在国内产品设计领域占据重要位置。它能够把设计到生产全过程集成到一起,实现并行工程设计。同时,Pro/E 采用了模块方式,可以分别进行草图绘制、零件制作、装配设计、钣金设计、加工处理等,保证用户可以按照自己的需要进行选择使用,应用十分广泛。

(7) CATIA 由法国达索公司开发的用来帮助制造厂商设计未来产品的设计软件,支持从项目前阶段、具体的设计、分析、模拟、组装到维护在内的全部工业设计流程。自 1999 年以来成为世界上最常用的产品开发系统。由于拥有较强的曲面设计模块等特点,CATIA 系列产品在汽车、航空航天、船舶制造、厂房设计、电力与电子、消费品和通用机械制造等领域成为最重要的三维设计和模拟解决方案。

(8) Photoshop 简称"PS",是 Adobe Systems 公司开发和发行的最著名的图像处理软件之一。Photoshop 主要处理以像素所构成的数字图像,应用领域很广泛。可以使用在图像、图形、文字、视频、出版等各方面,通过编修与绘图工具,有效进行图片编辑工作。

(9) Illustrate 是 Adobe 系统公司推出的基于矢量像素的图形制作软件,也是最著名的矢量图形软件,最初是 1986 年为苹果公司设计开发的。Illustrator 功能强大、界面简洁,是一款非常好的图片处理工具,在印刷出版、线稿设计、专业插画、多媒体图像设计、互联网页设计制作领域,都占有极为重要的地位。

(10) CorelDRAW 是加拿大 Corel 公司开发的平面设计软件,是矢量图形制作软件。主要功能是制作矢量动画、页面设计、网站制作、位图编辑和网页动画等。广泛地应用于商标设计、标志制作、模型绘制、插图描画、排版及分色输出等诸多领域。CorelDRAW 具有强大的交互式工具和各种智慧型绘图工具,操作简单,能够实现多种特殊效果,使用起来非常灵活。

6.3.3 计算机辅助工业设计的意义

计算机的引入在设计领域引起了巨大的变革,计算机不仅成为一种技术工具,也为人类思维的延伸提供了文化的依托,具有强大的潜能。对传统的设计观点提出了挑战,并使设计领域发生了深刻的变化,对设计对象、设计程序、设计方式、设计思维等都产生了巨大影响。尽管设计的本质不会因为计算机的引入而发生变化,但技术的发展的确大大推动了设计的发展。传统方式因计算机的引入而变得简单、快捷。在产品设计、环境设计、视觉传达设计中,把设计方案以数据化的方式进行表现,为设计的展现与交流提供更为直观、便捷的服务,但不管怎样,计算机的应用应基于设计师的设计认识和设计创造能力,计算机只是一种设计表现的工具,是设计的辅助手段。新时代下设计师应具备综合使用各种设计软件进行整体规划进行个人风格化设计的能力。

6.4 设计模型制作

6.4.1 产品模型的概述

模型是立体草图。这里所说的模型制作不是指以正确的图纸为基础经过精致加工,作为产品投产前拍摄商品照片和商品说明书用的模型。这里的模型是作为立体草图,设计者将自己的印象做成立体模型后进行差别确认和变化比较及修正，为下一步制作更高精度的模型图纸和效果图打下基础。

如图 6.19 所示，现代设计中的产品设计、建筑设计、规划设计、展示设计及环境艺术设计等都需要按一定比例制作模型，通过推敲和修改来寻求最佳效果。立体模型与草图等平面表现相比较，虽然制作时间相对较长，但设计者可以亲自动手，从各个方向观察、操作及其他物品进行组合。模型所提供的逼真的三维实体感觉是任何其他模拟效果所不能达到的。通过模型制作，可以思考平面与立体表现的不同，加深对立体形态的理解和表现。

图 6.19　各种实物模型

6.4.2　模型的分类

模型制作是在设计图纸的基础上，选取合适材料和合理加工工艺，按照一定的比例关系进行缩放，将图纸上的二维形象，用立体的表现手法表达出来的一种转换手法。模型的分类按研究用途可以分为草模、初步概念模型、结构研究模型、功能研究模型、外观仿真模型、产品展机、产品样机等。按模型制作材料分可以分为纸材模型、石膏模型、黏土及油泥模型、木材模型、塑料模型、玻璃钢模型等。建筑模型的材料一般包括纸质、木质、有机玻璃、吹塑、胶片、复合材料等。新材料与新工艺的不断出现，使模型制作的应用知识不断扩展。

1. 石膏材料

模型石膏主要为白色粉末状的无水硫酸钙，制作石膏模型时需要将石膏粉和适量的水进行按比例调和，在此过程中可加入适量添加剂。利用石膏制作模型优点为模型的稳定性较高，在不同的温度、湿度条件下可保持尺寸的精确性。石膏的可塑性强，可以制作不规则或者复杂的形状。石膏的价格较低，同时对工具的要求不高，加工非常方便，而且便于掌握，制作效率也很高。其缺点主要在于石膏材质比较脆，精度低，细节不好表现；一般具有气孔气泡，且表面进行涂料时不容易出光洁效果，如图 6.20 所示。

2．油泥材料

油泥是由滑石粉、凡士林等材料按照一定比例制作而成的一种人工材料，具有细腻、软硬可以调整、不容易变形、可反复使用的特点，是模型制作时使用较为普遍的一种材料。其可塑性随着组成成分的比例、环境温度的变化而变化。室温时油泥比较硬，使用时需要对其进行加热，但如果温度过高，油泥会发干从而影响使用效果，如图 6.21 所示。

图 6.20　石膏模型

图 6.21　油泥模型

3．塑料材料

塑料材料的品种很多，包括 PVC、ABS、有机玻璃、发泡塑料等，在家用电器和电子产品的模型制作中应用最为广泛。PVC 本色为微黄色半透明状，有光泽。常见制品有板材、管材、鞋底、玩具、门窗、电线外皮、文具等。ABS 通常为不透明的象牙色或者瓷白色，主要用于制作板材、卷材、棒材、管材等，可进行各种机械加工。有机玻璃外观透明，具有良好的着色性。由于材质较硬，加工不便，但易于黏结。有机玻璃不适合制作较为复杂或者曲面较多的形体。泡沫塑料是塑料颗粒用物理或者化学方法发泡形成的，较其他塑料软，因此成型速度快。但密度低，表面装饰效果差，如图 6.22 所示。

4．木材

木材是人类使用最早的材料，也是一种绿色可再生资源。由于具有资源丰富，取材方便、容易加工等特点，一直应用非常广泛。软质木材易于切割，但表面处理较为耗时。硬质木材由于密度较高，加工不易，但表面涂饰比较方便。胶合板是现代建筑和家具常用的材料，在模型制作中一般用作辅助材料。竹材具有良好的韧性和强度，藤材较为结实，富有弹性，一般用来编制物品，如图 6.23 所示。

5．其他材料

其他材料还有金属、复合材料等。除了这些成型材料，模型制作过程中还需要一些辅助材料，如结合剂、腻子、涂料及辅助加工材料等。结合剂是起黏结作用的，腻子主要用来填补不平整表面，涂料用来保护模型表面，又有增加外观效果的功能。辅助加工材料有研磨材料、抛光材料、填充材料、五金材料、转印纸等。

图 6.22　塑料模型

图 6.23　木材模型

6.4.3　制作工具

工具是模型加工过程中的重要条件。工具的合理选择有助于快速、便捷、高质量完成模型。应在充分了解掌握模型制作材料的性质、特点后，选择适合制作的工具。制作模型的工具包括手动工具和电动工具两种。

1. 手动工具

手动工具包括如下几类。

(1) 量具：直尺、卷尺、直角尺、卡钳、游标卡尺、高度游标卡尺、万能角度尺、厚薄规、水平尺等；

(2) 画线工具：画规、画针、画线平台、画线盘、方箱、V 形铁、样冲等；

(3) 切割工具：多用刀、勾刀、曲线锯、板锯等；

(4) 挫削工具：钢锉、木锉、整形锉等；

(5) 卡固工具：台钳、平口钳、手钳、木工台钳等；

(6) 钻孔工具：手摇钻、木钻等；

(7) 冲击工具：斧、手锤、拍板、橡皮锤等；

(8) 錾削工具：金工錾、木工凿、木刻雕刀、塑料凿刀等；

(9) 刨削工具：木刨、槽刨、边刨、铁刨等；

(10) 装配工具：活络扳手、固定扳手、梅花扳手、内六角扳手、拉柳钳等；

(11) 低压电器工具：验电笔、钢丝钳、剥线钳、螺丝刀、电烙铁等。

2．电动工具

电动工具包括以下几类。

(1) 加热工具：电烤箱、电炉、吹风机、塑料焊枪等；

(2) 切割工具：手提圆盘锯、手提电钻、手提电刨、手提电剪、手提曲线锯、手提雕刻钻等；

(3) 打磨工具：手提砂磨机、手提砂轮机、手提修边机、手提模具电磨、手提角磨机等；

(4) 重型加工工具：车床、铣床、磨床、钻床、镗床等。

6.4.4 制作模型基本程序

根据现代新产品开发需求，手工模型制作的一般程序基本可归纳为如下几个阶段。

(1) 画图：根据要制作模型的效果图，绘制出基本尺寸比例图；

(2) 制作草模：根据效果图与尺寸比例图制作产品草模。在制作草模的过程中，可以运用各种辅助工具达到基本形状，一般会有一个预留的间距，以便进行精细的修正；

(3) 精准修正：大致形态出来后，可进行各种精细操作，以达到基本尺寸比例图的精准，并要对产品表面进行打磨和除尘等，为喷漆做准备；必要时还需要组装等操作；

(4) 表面涂饰：涂饰是模型制作的作后一道工序，可以使模型更能展示出真实效果。涂饰后，一个模型就基本完成了。

建筑模型的制作过程与产品模型制作稍有不同，首先需要确定模型比例。由于采用的建筑设计图纸往往不能直接用于制作模型，因此需要计算出图纸比例。另外，由于建筑各个部分位置、空间、结构关系的复杂性，需要对图纸进行分析和熟悉。一般建筑模型框架完成后，表面还需要进行装饰，如门窗、阳台、台阶、橱窗等。

制作模型可以形象地将设计物体表现为三维立体，为设计师和委托者之间提供一种高度仿真的交流语言，可以进一步说明设计构思，阐述设计方案实际形态。模型为研究设计对象的结构、功能、空间体量感等方面提供了直观真实的效果，为在设计过程中选择适当的材料和加工工艺等提供了实体依据。

思 考 题

1. 简述工业设计常用的设计表现手段。
2. 设计速写的特点有哪些?
3. 简述各专业设计速写的特点。
4. 手绘效果图与设计速写的区别有哪些?
5. 手绘效果图常用工具有哪些?
6. 理解手绘效果图中透视与质感表达。
7. 计算机辅助设计的特征是什么?
8. 了解目前常用的计算机辅助工业设计软件及其特点。
9. 工业设计中采用的表面技术的作用是什么?
10. 数字化输入和数字化输出的内容包括哪些?
11. 数字化造型技术的发展过程包括哪些?
12. 常用的几何形体的渲染技术包括哪些?
13. 数字化仿真技术的作用是什么?
14. 什么是快速原型制造技术?
15. 制作实物模型的意义是什么?
16. 产品模型一般包括哪些常用材料?
17. 制作产品模型的基本过程是怎样的?

第 7 章　工业设计与相关学科

教学目标

掌握人机工程学的定义及几个发展阶段。

了解人机工程学的研究内容。

熟悉设计心理学的概念。

了解设计心理学研究内容。

熟悉设计心理学研究方法。

了解不同消费群体的消费特征。

熟悉产品语义学的定义。

了解工业设计中的产品语义分析。

教学要求

知识要点	能力要求	相关知识
人机工程学	(1) 掌握人机工程学的定义； (2) 掌握人机工程学的发展阶段； (3) 了解人机工程学的研究内容	权威定义、三个发展阶段、工业设计与人机工程学
设计心理学	(1) 了解设计心理学定义； (2) 了解设计心理学研究内容； (3) 熟悉设计心理学研究方法	马斯洛供求理论、不同的消费群体的消费特征、消费者满意度
产品语义学	了解产品语义学的定义、起源	语义学、符号学、工业设计与产品语义学

基本概念

人机工程学：人机工程学是研究人与系统中其他因素之间的相互作用，以及应用相关理论、原理、数据和方法来设计以达到优化人类和系统效能的学科。

设计心理学：设计心理学是工业设计与消费心理学交叉的一门边缘学科，是应用心理学的分支，也是工业设计学科的重要组成部分。研究内容为设计与消费者心理匹配问题，设计主体和设计目标主体的心理现象，以及影响心理的各个因素与条件。

马斯洛供求理论：消费者的需求是分层次，逐渐上升的。人类需求可分为7种，按照从低到高的顺序，依次为生理需要、安全需要、社交需要、自尊需要、审美需要、认知需要、自我实现需要。

消费者满意度：是社会经济生活中的一个概念，简称 CSI。CSI 指标体系是一种科学和系统的理论和经营方法。

产品语义学：一门研究人造物的形态在使用情境中的象征意义，以及如何应用在工业设计上的学问。

工业设计是工业化生产方式的产物，也是现代科技和人文艺术结合的成果，属于综合性交叉学科，具有相当广泛的学科基础。除最基本的造型基础和工程基础外，还涉及很多学科知识，如人机工程学、设计心理学、设计语义学、工业工程等。这些学科知识为工业设计提供了各方面的科学及理论支撑，构成了工业设计的相关知识链，是工业设计学科发展的必要组成部分。

7.1 人机工程学

由于研究的内容和应用的领域非常广泛，人机工程学的命名也较为多样，在不同国家的名称不尽相同，如在美国被称为 Human Engineering (人类工程学)或 Human Factor Engineering(人因工程学)，在日本被称为人间工学。在欧洲各国一般被称为 Ergonomics(人类工效学)，由两个希腊词根 Ergo 和 nomics 构成，这两个词根分别表示"工作"和"法则或者习惯"，其含义为把设计对象设计成十分符合人类的工作或动作的法则或习惯。Ergonomics 这一名称已被国际标准化组织采纳。人机工程学在我国 20 世纪 70 年代才开始起步，除普遍采用人机工程学这个名称外，还有人体工程学、人类工程学、宜人学等不同称呼。

7.1.1 人机工程学的概念

由于研究重点的不同，人机工程学的概念也不尽相同。随着学科的发展，其概念也在不断拓展和变化。美国人机工程学专家 C. C. 伍德对人机工程学所下的定义为：设备设计必须适合人的各方面因素，以便在操作上付出最小的代价而求得最高效率。著名的美国人机工学及应用心理学家 A. 查帕尼斯说：人机工程学是在机械设计中，考虑如何使人获得操作简便而又准确的一门学科。比较全面和权威的是国际人机工程学学会于 2000 年 8 月对人机工程学所下的定义：人机工程学是研究人与系统中其他因素之间的相互作用，以及应用相关理论、原理、数据和方法来设计以达到优化人类和系统效能的学科。人机工程学将人作为技术的核心，为产品、系统和环境的设计提供与人相关的科学数据，极力寻求人与产品、系统、环境间的最佳联系，使之更适合人使用。

人机工程学是处理人与工作环境系统之间关系的学科,要使产品符合人类特性,就必须收集人类有关数值数据,这些将工程设计与生理学、解剖学、心理学都密切联系到一起。对于解剖学的研究使人与使用工具间的身体适应性得到改善;人类学提供了各种人体姿势的数据,生物力学考虑肢体和肌肉的动作,确保工作时的正确姿态。生理学的范畴包括两方面:劳动生理学研究人体作业所需能量,计算出人类可承受工作频率和工作载荷的标准;营养学考虑人在某些特殊工作条件下的营养需求。心理学则主要与人处理信息的过程和决策能力有关,可以帮助人更好的认知他们所使用的工具。因此,人机工程学的定义可以简单描述为"研究与劳动环境和设备设计有关的人的因素的科学"。

7.1.2　人机工程学的起源与发展

考古发现证明虽然古代没有系统的人机工程学理论研究,但人类在很久以前已经注意到利用人机工程学原理来改善工作条件,在设计工具、选择工作场所等情况时都考虑到了人的因素。以人类早期的主要生产器具石斧的发展为例,旧石器时代多只是简单打制出石斧的棱角(图7.1),到新石器时代已经可以对石斧进行打磨成一定造型,通过钻孔可以使斧头和斧柄紧密结合,使之更适应人翻耕土地的需要(图7.2)。当可以铸造青铜器后,农用器具有了更大的发展,根据不同的农业操作对应不同种类的农具,如耒、铲、锛、钁、锸、锄、耨、镰、斧等。

图7.1　旧石器时代石斧

图7.2　新石器时代石斧

早期的古埃及家具座椅椅背多为直角,后期多改为加有支撑倾斜或者弯曲的后背(图7.3),说明设计师开始考虑到了人的舒适性问题。古埃及的床头一般装有新月形木枕(图7.4),一个支撑后脑勺的木架,用来保护睡眠者的头部并使其安睡。通常外部会包裹布料以使木枕更加柔软,这便是最初的枕头。

古希腊人具有非常良好的人类学知识,他们利用人体各部分的相对比例作为设计的基本比例。例如庙宇的圆柱高度是柱脚直径的8倍来源于女性的身高与脚长之比(图7.5)。古代常用的器皿一般都有不同的形状和尺寸,对应不同的用途和人体尺寸。古代家具与现代家具形态上的相似,说明人们在很久以前就注意到了人的使用特点,并通过设计使产品很好地适用于使用者。

第 7 章 工业设计与相关学科

图7.3 后期古埃及座椅

图7.4 古埃及木枕

虽然在几千年前人机工程学原理就已经为人们所了解,但直到20世纪初,人机工程学作为一门完整的学科才开始出现,它的出现是以工程学、生理学、心理学等较为成熟学科为基础的。人机工程学的发展大致经历了三个阶段:

第一个阶段为以机器为中心,人适应机器的阶段,又被称为经验人机工程学阶段。20世纪初,美国学者泰罗首创了以传统管理方法为基础的新的管理方法和理论,并制定了一整套以提高工作效率为目的的操作方法。他的科学管理方法和理论被认为是后来人机工程学发展的基石。从泰罗的科学管理方法和理论的形成到第二次世界大战之前,这一时期在人机关系上以选择和培训操作者为主,使人适应于机器。这一阶段是人机工程学的萌芽阶段(图 7.6)。

图7.5 古希腊庙宇圆柱

图7.6 人适应机器

第二个阶段是以人为中心,让机器适应人的阶段,又被称为科学人机工程学阶段。科学人机工程学的最初应用是在军事领域。第二次世界大战期间,由于战争的需要出现了新的效能高的武器系统,增加了操作难度。由于忽视了人的因素,操作失误而导致失败的情况大量增加。比如由于仪表位置设计不当而导致飞行员误读仪表导致的意外事故,或者由于操作系统不符合人的生理尺寸而造成的战斗命中率低等。人们逐步认识到"人的因素"是设计中一个重要条件,设计一套高效的设备,除工程技术知识外,还需要与人相关的生理学、心理学、人体测量学等知识。战争的需要迫使武器设计者从设计阶段就考虑操作人员的生理、心理特点。战争结束后,人机工程学逐渐从军用领域扩展到民用领域,并开始运用军事领域的研究成果来解决汽车、飞机、机械、建筑、工业等方面的问题。这一时期的发展特点是重视工业与工程设计中"人的因素",通过设计使机器适应于人。这个阶段所涉及的与人有关因素的问题也在不断增多,人机工程学得到了进一步发展(图 7.7)。

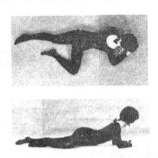

图 7.7 对人体的研究

第三个阶段是以整个人机环境系统为中心,将人—机—环境作为一个整体来研究的阶段,又被称为现代人机工程学阶段。20 世纪 60 年代后,随着机械自动化的大规模使用和科学技术的进步,人—机器—环境间的关系越来越复杂。控制论、信息论、系统论和人体科学等学科中心理轮的建立,为人机工程学提出了新的要求和新的课题。现代人机工程学的研究方向是把人—机—环境系统作为一个统一的整体来研究,以创造最适合于人操作的机械设备和作业环境,使人—机—环境系统相协调,从而获得系统的最高综合效能(图 7.8)。因此,在设计阶段就应将操作者、机器、使用环境作为一个整体来考虑。1961 年国际人机工程学学会正式成立,为推动人机工程学的发展和交流发挥了重要作用。如今,信息技术扩展了人类认识、处理和传递信息的能力,人机工程学更注重于人对于信息处理的能力,注重人—机—环境整体系统的研究,以使整个系统效能发挥到最大化。这个阶段是人机工程学的成熟阶段。

图 7.8 现代人机关系

7.1.3 人机工程学的研究内容

人机工程学的研究内容和应用范围非常广泛,最根本的研究方向是通过揭示人—机—环境之间相互关系的规律,达到确保人—机—环境系统总体性能的最优化。工业设计专业对于人机工程学的研究其主要包括如下内容。

1. 人体特性的研究

主要研究对象为在工业设计中与人体有关的问题,目的是使各种机械设备、工具、工作场所的设计符合人的生理、心理特点,为使用者提供安舒适、高效的工作条件。

和人有关的设计要符合人体主要的基本尺寸。百分位数是研究人机工程学时常用的一个指标,是指人体测量的数据常以百分数 K 作为一个界值。一个百分位数将群体或者样本的全部测量值分为两部分,有 K%的测量值等于和小于它,有(100-K)%的测量值大于它。在设计中最常用的是 P5、P50、P95 三种百分位数。其中第 5 百分位数代表"小"身材,是指有 5%的人群身材小于此值,而有 95%的人群身材尺寸均大于该值。第 50 百分位数表示"中"身材,是指大于和小于此人群身材尺寸的各为 50%。第 95 百分位数代表"大"身材,是指有 95%的人群身材尺寸均小于此值,而有 5%的人群身材尺寸大于此值。图 7.9 为男性身高百分位数示意图。

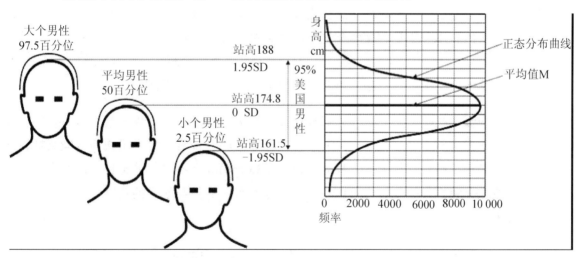

图 7.9 男性身高百分位数

人机工程学的发展也促进了人体测量学的发展,三维数字化人体测量仪器是专门针对人体进行扫描的产品。非接触式三维人体测量系统,通过应用光敏捕捉设备,可精确计算出人体三维数据,如图 7.10 所示。

2. 人机系统的总体设计

人机系统的总体设计即在整体上使人机相互配合,互相取长补短,使两者的结合更加高效，主要是解决人机分工协作及人机间的交流问题(图 7.11)。在生产中应通过总体的合理分配充分发挥人与机器各自的特长，达到提高系统效率的目的。合理分配人机功能可以使系统的工作效果最佳化，加快工作速度、提高工作精度和可靠性，减少人的工作负荷。

图 7.10　三维数字化人体测量仪

图 7.11　企业内部生产流水线

3．工作场所和信息传递装置的设计

工作场所的设计一般包括：工作空间设计、座位设计、工作台或操控台设计，以及工作场所的总体布置等。操作与显示的结合性表现为操纵器与显示装置的对应应符合右增左减、右上左下、右前左后、右开左关、方向顺向等规律。如操纵器右移或右旋时，水平式代表的指针应右移，垂直式仪表的指针朝上移动(图 7.12)。

汽车内部系统(图 7.13)是人和汽车的交互界面，直接影响驾驶者对汽车行驶的有效与可靠操控、能否舒适驾驶，具有良好的驾驶体验。仪表及显示系统为驾驶员提供所需的汽车运行参数、故障、里程等信息，是每一辆车必不可少的部件。因此汽车内部设计要充分考虑到操作空间及座位的尺寸与布置、操控与显示的实时性与精确度等人机要素。

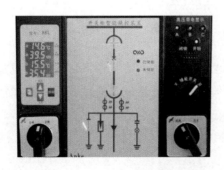

图 7.12　操控显示装置

图 7.13　汽车内部系统

4. 环境控制与安全保护设计

从环境控制方面应保证照明、微小气候、噪声和振动等常见工作环境适合操作人员的要求。安全防护装置、操作者的安全培训和个人防护等也是人机工程学必须要考虑的内容。

7.1.4　人机工程学与工业设计

在人们更加注重"方便、舒适、可靠、安全、效率"的今天，人机工程学的发展和人类生活的各方面都有着越来越密切的关系。从工业设计的范畴来说，从各种家居产品、家用电器、数码产品到交通工具、机械设备、城市规划、建筑设施等，所有为人类的生产生活所提供的"物"，都必须考虑到"人的因素"。而工厂生产作业、监视作业、车辆驾驶作业、物品搬运作业、办公室作业以及非职业活动作业等应考虑操作者的作业姿势、作业方法以及工具的选用及配置。工厂、车间、控制中心、计算机房、办公室、车辆驾驶室、交通工具的座乘空间以及生活用房也应考虑到声环境、光环境、热环境、色彩环境、振动、尘埃及有毒气体环境等环境设计相关内容。

人机工程学是人体科学、技术科学和工程科学相结合的产物，通过揭示人—机—环境之间相互关系的规律，使整个系统达到效能最优化。就工业设计领域来说，人机工程学应用人机测量学等学科的研究方法，为工业设计提供人体结构特征参数和人体机能特征参数，对其进行静态及动态分析，研究人在各种条件下生理、心理的变化及对工作效率的影响的规律。从而为各种"物"的最优化设计方案提供了参数与要求等科学依据。同时还确定人在生产、生活中各种环境条件下的舒适范围和安全限度，为保证人的健康、安全、舒适、高效的环境提供了评价和设计标准。总之，人—机—环境系统三要素之间相互作用，并最终影响了整体的效能。人机工程学正是在坚持以人为核心的基础上，科学利用三方面各自的理论成果，并着重研究三者相互关系及对整个系统的总体性能的影响，最终实现设计系统的最优化方案。

7.1.5　人机工程学应用实例

良好的工作环境是保证工作者工作效果的重要条件，因此，工作场地的大小和分区、环境的照明条件、温度条件、噪声条件等能够直接影响工作者的工作效率。

案例 1：麦当劳餐厅的内部空间与通行空间布置、室内照明的照明分布、室内装饰的色彩搭配等，都充分考虑了就餐者的就餐状态和服务人员的工作效率(图 7.14)。

案例 2：Herman Miller 公司生产的 Aeron 座椅(图 7.15)兼具先进的人体工程学理念以及独特的外观。气压式调节的最大调节范围为 11.5 厘米，适合各种体重及身型的使用者，可以针对各种坐姿随时进行调节；创新的悬浮式设计及便捷的调节控制，能够使人们获得健康的舒适感和平衡的身体支撑。由于能够在骨盆自然向前倾斜时提供有效支撑，托住脊柱，避免背部酸痛，因此即使连续数小时坐在 Aeron 座椅上，依然感觉非常舒服，有"世界上最舒适的椅子"之称。

图 7.14　麦当劳餐厅的内部设计

案例 3：自行车(图 7.16)的设计中涉及很多人机工程学的知识。自行车的功能是供人骑行，在这个使用过程中包括了人与自行车各个部分间的关系。如人与车把、车座等支撑部件的关系，人与脚蹬等接收动力部件的关系，人与链条等传动部件、车轮等工作部件的关系等。影响自行车性能的因素除了人的因素，还有各种机械因素，以及动态特性等。

图 7.15　Aeron 座椅　　　　　　　　图 7.16　日常生活中的自行车

案例 4：鼠标是现代社会中生活中常见的计算机附件之一。由于使用者长时间接触和使用电脑，导致对腕部的重复性压迫，出现了大量的"鼠标手"症状。为了减少这种症状的发生，其中一个对策就是将鼠标设计的尽可能符合人机工程学原理，减少使用者的手握力，使鼠标操控更为放松，使用起来更加方便。如图 7.17 为各种不同于传统鼠标的人机工学鼠标，它们使操作者能够在连续工作的情况下尽可能地减少对手掌与手臂的伤害。

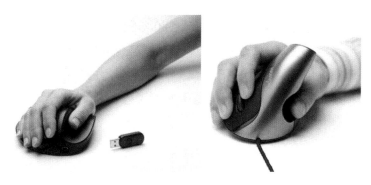

图 7.17　Wowpen Joy 人机工学鼠标和 HandshoeMouse

思考：生活中处处存在着与人机工程学相关的应用，请你选出一些身边的案例进行分析。

7.2　设计心理学

7.2.1　设计心理学的定义和研究内容

工业设计活动的出发点是满足消费者的需求，最终目的是达到消费者需求的满足。设计心理学是专门研究在工业设计活动中，如何把握消费者心理，遵循消费行为规律，设计适销对路的产品，最终提升消费者满意度的一门学科。设计心理学是工业设计与消费心理学交叉的一门边缘学科，是应用心理学的分支，也是工业设计学科的重要组成部分。研究内容为设计与消费者心理匹配问题，设计主体和设计目标主体的心理现象，以及影响心理的各个因素与条件。从心理学出发可以从社会角度了解人们的价值观念和需要，了解人的行为过程包含的动机等各个步骤，以及行动所主要包含的认知、情绪等心理学因素。

设计心理学研究心理学范畴在工业设计中的应用，涉及的领域非常广泛，既包括心理学方面的如社会心理学、消费心理学、市场心理学、管理心理学等心理学知识，也包括设计中的功能、材料、结构、色彩、装饰、回收等内容，涵盖了材料学、美学、生理学、市场营销学等，是设计科学和心理学科的交叉与渗透。

7.2.2　设计心理学的发展过程

20 世纪 40 年代末期到 50 年代，人机工程学等学科得到迅速发展，期间提出了产品的可用性等问题。20 世纪 60 年代，与设计心理学相关的消费心理学、广告心理学、工业心理学等发展巨大。20年代80年代美国教授兼认知和心理学家唐纳德·A.诺曼出版了著作 The Design of Everyday Things(国内译为《设计心理学》),提出"重点在于研究如何设计出用户看得懂、知道怎么用的产品",开始建立设计心理学的理论体系。2004年,唐纳德·A.诺曼撰写了关于设计心理学的另一本作品 Emotional Design(国内译为《情感化设计》)。之后,关于设计心理学的专业书籍在国外和国内开始陆续出版。

7.2.3 设计心理学的研究方法

设计心理学的研究方法是心理学的研究方式在设计领域的应用,包括观察、访谈、问卷、实验、案例研究等。人的消费活动是一种非常复杂的行为,消费者的心理现象既包括消费者的一般心理活动过程,也涉及消费者作为个别人的心理特征的差异性即个性。在运用心理学研究方式进行消费者的心理研究时,包括了对于一系列消费行为规律的研究。观察法是最基本的研究方法,是在确定一定的目标的情况下,观察消费者的一言一行,达到分析消费者行为和心理的目的。比如在不同的设计效果条件下,观察不同消费者的各种言行、表情、动作等,以达到对于设计效果综合评价的目的。这种研究方法真实、自然、成本低廉,但是也具有需要设定环境条件及较为被动等缺点。即使通过现代化的科技手段,也无法直接获得消费者的心理活动资料。访谈法是通过主动询问受访对象,使消费者对一系列问题进行分别回答,来达到了解消费者的消费观点和态度、价值取向和价值观念等个体想法的目的。问卷法是指在问卷中设计好需要提问的问题,由消费者进行回答,通过对答案进行归纳和总结,得出需要的结论。由于一张问卷可以对应多个对象,因此这种方法是一种快捷而且能够得到丰富资料的方式。实验法是在一定的环境条件下,对消费者的心理现象进行研究的方法。可以在专门的实验室,借助于各种仪器取得各项数据;也可以与实际正常生产活动结合起来进行。案例研究法是分析一个人或者一个群体在一定时间段内的特点,是企业经营管理研究的一种方法。其他还有很多设计心理学的研究方式与方法,如抽样调查、心理描述等,对于我们研究消费者的心理活动规律提供了科学基础。

课堂讨论:根据设计心理学的研究方法,以团队的方式讨论,并形成关于某产品的问卷。

7.2.4 设计心理学与消费者

1. 马斯洛供求理论

消费者的消费行为和消费心理一样,非常复杂和多样化。也正是消费行为的多样化造就了丰富的市场和个性化的产品。根据美国人本主义心理学家马斯洛的理论(图7.18),消费者的需求是分层次,逐渐上升的。人的需求首先是最基本的生存需要,如衣、食、住、行等，当最基本的生存需要满足后，才是各种社会需要和精神需要。人类需求可分为 7 种，按照从低到高的顺序，依次为生理需要、安全需要、社交需要、自尊需要、审美需要、认知需要、自我实现需要。有时也可以将自尊和审美、认知和自我实现进行合并，将其简化为五种需要。当低级的需要得到满足后，就会出现高级别的需要以及对于满足较高级别需求的激励。按照马斯洛的需求理论，第一、第二层次属于温饱阶段，第三、第四层次属于小康阶段，第五至第七层次属于富裕阶段。当到达小康和富裕阶段后，消费心理趋向于个性化消费，这部分消费者是工业设计的主要考虑对象。

图 7.18　马斯洛供求理论

消费者的需要不仅和消费层次有关，也和社会经济、文化发展水平及消费者的个性等因素有关。

2．对消费心理的研究

不同的消费群体具有不同的消费特征，可以根据年龄、性别、收入、社会角色、地理、文化背景等对其进行细分。

(1) 年龄对消费心理的影响：我们一般可以把消费者按照年龄，分为儿童、青少年、中年、老年等几个阶段。儿童阶段，由于自己本身没有收入，主要经济来源是家长，因此除了设计孩子喜爱的商品外，家长的消费心理也是需要重点考虑的。青少年阶段一般会有一些自己可以独立支配的费用，由于青少年的心智还没有完全成熟，因此冲动型消费和新奇型消费的成分较大，对于这个阶段的商品情感色彩非常浓重，需要良好和健康的消费引导。中年阶段一般都已经拥有了固定的收入和稳定的家庭，所以消费主要集中于家庭各成员间的需求。由于年龄增长的关系，心智已经比较成熟，相对也要务实得多。老年阶段虽然具有一定的消费能力，但比起中年阶段要弱。他们一般都有自己的消费习惯，不容易被外界的各种广告等所打动。而且根据老年人的生理特点，保健用品非常受欢迎。随着社会的发展，经济负担的减轻，中、老年消费也在向多样化和求新、求美方面发展(图 7.19)。

(2) 性别对消费心理的影响：不同性别的消费人群，由于生理特点和心理特点的不同，对于消费行为的影响是巨大的，往往表现出不同的消费特点(图 7.20)。一般来说，女性比较擅长形象和感性思维，容易受外界影响，易受暗示，情绪稳定性不够；男性则侧重于抽象和逻辑思维，更加具有控制性和攻击性。反映在消费行为方面，女性消费者在购买时多比较谨慎，普遍具有从众心理，对产品的包装及设计等会有较多考虑；男性消费者则较为迅速和理智，比较注重购买对象的实用性。在现代社会中，女性的角色定位往往是家庭的主要购买执行者，因此，研究女性消费群体的消费心理对于工业设计来说是非常重要的。只有考虑到消费心理规律，适时推出具有针对性的产品，才能收到良好的经济效益。

图 7.19　儿童推车与老年助行车

图 7.20　笔记本电脑的市场细分

(3) 社会角色对消费心理的影响：人们在社会中总是处于不同的角色，社会定位使人们行为消费观念受相同消费群体中其他人的影响，也就是说，社会同类消费群体消费行为的统一性。就社会等级方面而言，每个消费者都归属于一定的社会阶层，同阶层人群往往具有相似的价值观和生活目标，即使个体有不同的差异性，其消费行为也要受到所属阶层的制约与影响。社会定位相似的消费群体成员，由于受到群体观念的约束，在购买产品时要考虑到同类群体的消费导向，从而调整自己的消费行为，以获得其他群体成员的认可。

(4) 不同地理位置、不同文化背景对消费心理的影响：不同国家甚至不同地区、不同民族各有自己独特的文化背景，因而会影响消费者的消费观念，由于对本国文化或地区文化的认同感，产生出各种消费习惯和消费方式。这类影响消费行为包括一些国家或地区特有的节日或纪念性消费等，是在社会发展中逐渐形成的各种消费习惯。如美国由于经济条件优越，消费者一般注重追求生活质量，喜好时尚、喜爱彰显个性的各类消费品。欧洲文化一直崇尚高消费，消费者由于购买力强，经常会追求一些新颖的产品，容易喜新厌旧。而日本在东西方文化的冲击下，形成消费方式看西方，储蓄意识看东方的消费观。新潮产品在日本很有市场，但日本人同时也积极储蓄，购买产品时也注重实用因素。中国的消费者大多仍受传统的文化思想的影响，保持传统的消费观念，勤俭节约，有了钱会先考虑储蓄，然后才会考虑其他的消费。以饮食文化为例，西方多用刀叉，食物以汉堡包、西餐为主；东方多使用筷子，吃的是肉夹馍、馒头。尽管在世界经济一体化的趋势下，东西方国家开始互相认同，但传统的习惯和文化意识的不同不是短期就可以消除的。

3．消费者满意度

消费者满意度(Customer Satisfaction Index)是社会经济生活中的一个概念，简称 CSI。CSI 指标体系是一种科学和系统的理论和经营方法，1986 年起开始被美国企业研究，并在各个国家得到发展。产品只有提高消费者满意度，增强消费者的消费欲望，提升 CSI 指数，才能达到占领市场的目的。设计是服务于大众的艺术，不同的消费群体具有不同的消费需求和消费特点，同时随着市场竞争的加剧和经济环境的变化，消费者的消费观念也在发生巨大的转变。

在物质较为贫乏的时代，人们对于商品的要求不高，主要集中在商品的使用功能和价格方面，是"量"的消费阶段。商品经济的高度发展使社会物质极大丰富，各种商品品种五花八门，琳琅满目。尤其是在全球一体化进程的大趋势下，市场竞争非常激烈。消费者的消费行为由"量"的消费转变为"质"的消费，对商品的品质、服务、舒适度、审美要求都提出了新的要求。为使企业能够适应种种新环境，CSI 成为企业主考虑的首要因素和对于产品和服务的主要评价指标。企业需要利用 CSI 理念来站在消费者的角度满足消费者的消费要求，使商品与服务高于消费者预期值，使他们感到满意。研究消费者满意度的真正目的是预测消费者的反应，从行为学的角度来说，高水平的消费者满意度可以引起消费者好感，增加对品牌的重复购买行为。同时通过对产品的较多正面的评价，可以使产品获得较好的口碑。消费者满意度的调查，如设计消费者满意度调查问卷等是一种获得企业的不足从而加以改进的方式。当然，设计也可以起到增加产品附加值，增大产品竞争力，增强企业识别性的重要作用。

7.2.5 工业设计与设计消费心理学

"以心理学为基础建立设计思想的主要目的是弥补以机器为本设计思想的缺陷"(引自：李乐山，《工业设计心理学》)，因此基于设计心理学的工业设计研究是有意义的。随着"人本主义"设计理论的提出，以及近年来人性化设计的流行等，均强调设计中人的因素的重要性。而工业设计的主要设计目标是消费者，因此，以消费者作为研究对象的设计消费心理学所进行的用户心理研究具有非常重要的作用。将设计消费心理学知识运用在工业设计上，可以有效把握消费者的心理，从心理学角度解决设计类问题，按照规律设计，从而使设计增加可用性，使产品更加具有市场竞争力，达到满足消费者需要和市场需要的目的。

案例 5：如图 7.21 所示，目前手机市场已经进行了比较细致的市场细分，儿童手机是专为儿童设计的手机，与普通手机相比，儿童手机往往设计卡通化，功能定制化，更注重安全性，针对不同年龄段具有不同的功能。青年机一般造型较为多样化，有主流型也有个性化的，主要通过广告宣传定位吸引不同消费对象。老人机一般功能单一，具有满足日常使用的电话和短信功能，同时老人机的按键和显示字体一般较大，操作简便，通常具备一键拨号等人性化功能。

图 7.21　儿童机、青年机和老人机

案例 6：色彩是视觉传达的重要元素，与人的心理紧密相关，可以成为吸引消费者的有力手段。例如，红色代表热情、警示、激情；黄色代表轻盈、明亮、喜悦；蓝色代表清爽、理性、平静；绿色代表生命、自然、成长、安全等。如图 7.22 所示，快餐店的装修色彩多以橙色、红色或者黄色为主，这几种颜色可以使人心情愉悦、兴奋并具有增进食欲的作用。为了满足不同群体的心理需求，商家会对产品进行色彩的系列化处理，这是一种低成本高回报的营销手段。

图 7.22　"麦当劳"店面

案例 7：不同产品在中西方销售时，因为存在文化背景、生活习惯等消费差异，其结构、造型、尺寸等均需要根据本地情况进行调整。由于美国人身体一般较为高大，国外居住条件比较宽裕，因此美式家具一般尺寸都较大，这是符合美国家庭具体情况的。美式家具要进入中国市场，就必须调整尺寸，才能被中国家庭所接受。

案例 8：即使是在同一地区，由于所受的教育背景、消费能力、家庭状况、职业等的差异影响，不同人的消费审美取向也是不能同一而论的。经调研，民工所喜欢的手机一般为外放型多功能手机(图 7.23)；高校学生多喜爱造型时尚、物美价廉、高性价比的品牌机；商业人士一般都拥有不止一部手机，多为智能型高端品牌手机。不同群体的消费取向是不同的，设计时首先要确定目标群体，然后对目标群体的消费心理特点做分析，才能设计出适合细分市场的产品。

图 7.23　外放型多功能手机

7.3　产品语义学

7.3.1　产品语义学的起源

产品语义学(Product Semantics)始于西方 20 世纪 60 年代。由于微电子等新的技术不断涌现并应用于设计中，电子时代产品的内部"黑箱化"使理性几何造型已经远远不能适应新形势，因此迫切需要一种新的设计理论，通过形式来反映设计的操作与功能，用形式来表达功能。著名的德国乌尔姆造型学院曾经探讨过设计中对于符号学的应用，初步建立了对于产品语义学的理论架构。20 世纪 80 年代美国教授克里彭多夫正式提出了产品语义学的概念："一门研究造型在使用时的社会与认知情境下的象征意义，以及如何应用在工业设计上的学问"。克里彭多夫毕业于乌尔姆造型学院，他提出了产品语义学这个新的概念，认为产品语义学主要是研究设计对象的含义和符号象征，以及其使用心理和使用的社会、文化环境。利用语义的方法把产品的象征功能与传统的几何学、劳动学和技术美学等联系在一起。在此之后，产品语义学被逐步推广应用到设计中以提高设计品质。

7.3.2 产品语义学的理论基础与概念

语义学，顾名思义是指语言的含义，是研究语言意义的学科。人们通过话语或者文字交流，以话语和文字作为工具，其目的是为了表达它们所代表的含义。产品语义学的理论来源是语言学的符号学：人通过处理各种符号来交流信息，研究这些符号的学说叫符号学。符号学的目的是建立广泛可应用的交流规则，其对象可引申至多种文化的符号和交流方式。将研究语言和文字的方式、方法运用到产品设计上，即为产品语义学。

美国工业设计师协会(IDSA)将产品语义学定义为：一门研究人造物的形态在使用情境中的象征意义，以及如何应用在工业设计上的学问。它突破了传统设计理论将人的因素都归入人机工程学的简单作法，扩宽了人机工程学的范畴；突破了传统人机工程学仅对人的物理及生理功能的考虑，将设计因素深入至人的心理、精神因素。从符号学的观点来看，产品的外部形态实际上就是一系列视觉传达的符号，如点、线、面、体等形态要素就是人与产品交流过程中最基本的"语言"素材——利用形态可以表达某种意义。因此，产品造型具有表现与传达等语言具有的功能。根据使用者在日常生活中的使用经验，用户可以通过产品外形快速理解该产品的功能与使用方式。

7.3.3 工业设计与产品语义学

人和人的交流是通过语言来互相交流与沟通的，产品与人的交流则是人根据自己的视觉与使用经验对产品进行认知。设计是使设计对象形象化和符号化的过程。产品的造型语言，如结构、形态、色彩、肌理、装饰等，作为传达各种信息的语言或符号，是一种表象符号。不同的产品或不同的设计风格，往往具有不同的造型语言。产品设计中应用语义学思想，就是要使产品的各个部分自己表达自己，表达自己的作用、使用方式、操作方法。即使在没有说明书的情况下，人们也可以根据自己的生活经验通过产品的造型语言认知产品。

如图 7.24 所示，这款尼康 D90 相机是一款比较经典的数码单反相机。从语义学的角度来分析，带有竖分隔刻度的部分为可以精确按刻度旋转调节的部分，快门部位及旁边的按钮暗示可以在此进行按键操作，各个充电及插卡部分均有符号提示，覆盖橡胶蒙皮部分可以增加粗糙度和摩擦力，为握持位置，防止把握过程中打滑。在这个产品中，各种造型语言在直观提示使用者各个部分的操作方式。

产品造型要发挥语言或符号作用，就要使这种语言能为人们所理解。针对不同文化背景的消费对象，产品需要不同的符号语言来表达自己，以便于人们认知和识别。产品的外部形态的各种视觉符号要素可以通过排列组合，产生丰富的变化，来表示各种各样的情感。台灯是常用的家居用品，如图 7.25 为飞利浦普通台灯。灯罩为倒扣的半球面，可以使内部光线向下集中。颈部弯曲具有折痕，隐喻这部分是可以调节使用的。底座为较为稳重的扁圆柱，表达支撑、基础的作用，底座上的旋钮为半球形，呼应了灯盏的半球造型。旋钮下部带有分隔隔断，表示调整方式为旋转式，一般按照生活经验应为左小右大。台灯造型很好地表达了它的各部分功能和使用方式。

图 7.24　尼康 D90　　　　　　　　　图 7.25　飞利浦台灯

传统造型产品一般追随功能，因此不易在操作上被误解产生误操作。但在电子时代，产品造型不再依赖于传统模式。因此，工业设计需要利用人们的生活体验，使设计出的新产品能够具有亲和力并易于使用。电子书(图 7.26)是电子信息时代对于传统阅读方式的一种延续与提升。为使用户对其心理上具有亲切感，其造型显然受到传统书籍的影响。另外人机界面方面，一般会模拟纸质书籍的翻页方式进行翻页，以拉近电子产品和用户的心理距离。

另外，通过产品语义学这个桥梁与工具，工业设计也可通过隐喻色彩、审美情调及文化符号的运用，给设计赋予更多的意义。这种手法属于产品的象征语义，可以提升产品的文化价值。如图 7.27 所示为著名的"联邦椅"，是中国现代家具发展的里程碑。该家具将设计与文化融为一体，充满浓郁的中国特色。联邦椅采用传统的木质材料，创意源于明代家具，同时满足现代功能。整体简洁且具有中国文化内涵，从 1992 年至今已经销售过亿套。

图7.26　电子书

图7.27　联邦椅

思 考 题

1. 阐述人机工程学发展的三个阶段。

2. 工业设计对人机工程学的研究有哪些方面？

3. 设计心理学的研究内容是什么？

4. 设计心理学的研究方法是什么？

5. 简述马斯洛供求理论。

6. 简述研究消费者满意度的目的。

7. 产品语义学的概念是什么？

8. 选择一款产品的造型进行语义分析。

第 8 章 产 品 设 计

教学目标

了解产品设计的概念。

掌握产品设计的要素。

掌握产品设计的分类。

掌握产品设计的流程。

了解设计师应该具备的素质。

教学要求

知识要点	能力要求	相关知识
工业设计与产品造型	(1) 掌握工业设计的概念特点； (2) 了解造型艺术与产品设计	工业设计
产品设计的要素	(1) 掌握产品设计的各种要素； (2) 了解我国产品设计的现状	设计的要素
产品设计的分类	(1) 了解工业设计的分类； (2) 掌握工业设计的内容	二维设计、三维设计
产品设计的流程	(1) 了解产品项目的开发流程； (2) 理解产品设计的工作原理； (3) 掌握产品设计工序	设计草图、工程图、效果图、产品模型、头脑风暴法
设计师应该具备的素质	了解设计师的知识	知识结构、素质要求

基本概念

工业设计：工业设计是一种创造性的活动，其目的是为物品、过程、服务以及它们在整个生命周期中构成的系统建立起多方面的品质。

产品：即针对人与自然的关联中产生的工具装备的需求所做的响应。包括为了使生存与生活得以维持与发展所需的诸如工具、器械与产品等物质性装备所进行的设计。产品设计的核心是产品对使用者的身、心具有良好的亲和性与匹配。

设计：设计是人类改变原有事物，使其变化、增益、更新、发展的创造性活动。是构想和解决问题的过程，其涉及人类一切有目的的价值创造活动。

产品的功能：功能是产品所具有的能力。

在人类的生活中充斥着各种各样的产品，人们的生活离不开产品，人们的生活需求促进了产品的开发；产品带给人类无处不在的便利，产品也带给了人类各种弊端。什么是产品设计？如何设计出符合人们需要的产品？这些问题都可以在本章找到答案。

8.1 产品设计概述

8.1.1 工业设计概念

工业设计是随着社会的发展、科学的进步,人类进入到现代生活而发展起来的一门新兴学科。除国际工业设计协会理事会 ICSID(International Council of Societies of Industrial Design)给工业设计所做定义外,还对工业设计做了如下诠释:工业设计是一种创造性的活动,其目的是为物品、过程、服务以及它们在整个生命周期中构成的系统建立起多方面的品质。美国工业设计协会 IDSA(Industrial Designers Society of America):工业设计是一项专门的服务性工作,为使用者和生产者双方的利益而对产品和产品系列的外形、功能和使用价值进行优选。

8.1.2 产品设计起源与发展

如果说人类的第一件作品就属于设计的话,那么真正的工业设计起源于机器工业时代的来临,而包豪斯学校首先把设计作为一门专业,它的成立标志着现代设计的诞生,对世界现代设计的发展产生了深远的影响,包豪斯也是世界上第一所完全为发展现代设计教育而建立的学校。工业设计真正为人们所认识和发挥作用是在工业革命爆发之后,以机械化大批量生产为条件发展起来的。当时为了机械化,大量工业产品粗制滥造,缺乏美感,工业设计作为改变当时状况的必然手段登上了历史的舞台。传统的工业设计是指对以工业手段生产的产品所进行的规划与设计,使之与使用的人之间取得最佳匹配的创造性活动。从这个概念分析工业设计的性质:第一,工业设计的目的是取得产品与人之间的最佳匹配。这种匹配,不仅要满足人的使用需求,还要与人的生理、心理等各方面需求取得恰到好处的匹配,这恰恰体现了以人为本的设计思想。第二,工业设计必须是一种创造性活动。工业设计的性质决定了它是一门覆盖面很广的交叉融汇的科学,涉足了众多学科的研究领域,如物理学、化学、生物学、市场学、美学、人体工程学、社会学、心理学、哲学等,彼此联系、相互交融,结成有机的统一体。传统工业设计的核心是产品设计。伴随着历史的发展,设计内涵的发展也趋于更加广泛和深入。现代工业设计可分为两个层次:广义的工业设计和狭义的工业设计。广义工业设计包含了一切使用现代化手段进行生产和服务的设计过程,狭义工业设计单指产品设计,即针对人与自然的关联中产生的工具装备的需求所做的响应。包括为了使生存与生活得以维持与发展所需的诸如工具、器械与产品等物质性装备所进行的设计。产品设计的核心是产品对使用者的身、心具有良好的亲和性与匹配。

8.1.3 工业设计的核心是产品设计

产品设计一个时代经济、技术和文化的体现。因为产品设计阶段要全面确定整个产品策略、外观、结构、功能，从而确定整个生产系统的布局，所以产品的设计受到了多种要素的影响。

1. 社会发展的要求

设计必须以满足社会需要为前提。随着时代的发展，技术的进步，人们审美要求的变化，开发产品要符合时代的特点，并且要具有前瞻性，好的设计能够改变人们的生活使用方式，能够引领整个时代。

2. 经济效益要求

设计和试制新产品的主要目的之一，是为了满足市场不断变化的需求，以获得更好的经济效益。好的设计可以解决顾客所关心的各种问题，如产品功能如何、手感如何、是否容易装配、能否重复利用、产品质量如何等；同时，好的设计可以节约能源和原材料、提高劳动生产率、降低成本等。所以，在设计产品结构时，一方面要考虑产品的功能、质量；另一方面要顾及原料和制造成本的经济性；同时，还要考虑产品是否具有投入批量生产的可能性。

3. 使用的要求

新产品要为社会所承认，并能取得经济效益，就必须从市场和用户需要出发，充分满足使用要求，这是对产品设计的起码要求。使用的要求主要包括以下几方面的内容。

(1) 使用的安全性。设计产品时，必须对使用过程的种种不安全因素，采取有力措施，加以防止和防护。同时，设计还要考虑产品的人机工程性能，易于改善使用条件。

(2) 使用的可靠性。可靠性是指产品在规定的时间内和预定的使用条件下正常工作的概率。可靠性与安全性相关联。可靠性差的产品，会给用户带来不便，甚至造成使用危险，使企业信誉受到损失。

(3) 易于使用。对于民用产品(如家电等)产品易于使用尤为重要。

(4) 美观的外形和良好的包装。产品设计还要考虑和产品有关的美学问题，产品外形和使用环境、用户特点等的关系。在可能的条件下，应设计出用户喜爱的产品，提高产品的欣赏价值。

4. 制造工艺的要求

生产工艺是对产品设计的最基本要求，就是产品结构应符合工艺原则。也就是在规定的产量规模条件下，能采用经济的加工方法，制造出合乎质量要求的产品。这就要求所设计的产品结构能够最大限度地降低产品制造的劳动量，减轻产品的重量，减少材料消耗，缩短生产周期和制造成本。

这些要素都是特定的社会历史环境下的产物，每个时代都有本阶段的时代背景特点，而时代特点促进了设计的发展，同时也限制了设计的发展。

8.1.4 产品造型设计

由于工业设计在其发展过程中又被称为"工业造型设计"，所以很多人误认为工业设计是单纯的造型活动。外观造型设计只是工业设计的一部分，是设计师运用多方面的知识赋予产品的一种外在表现形式，而这种表面形态背后的内容、工业设计的内涵远不止于此，它们就是蕴含在设计之中的技术知识、人机关系理解、文化价值观念、市场需求等。

进入21世纪，人们对于工业设计的思考更为深刻，工业设计的对象也不再局限于实体的产品，它的范围逐渐被扩大和延伸，对工业社会中任意一个具体的或抽象的、大的或小的对象的设计和规划都可称为工业设计。设计不仅是一种技术，还是一种文化。同时，设计开始更加关注使用者的精神需求，越来越偏重于对人的关爱，人们正在用设计改变着生活。

造型一般可分为造型艺术和产品造型两类。

(1) 造型艺术是指在空间或平面对有形世界做主观的、明显的、为视觉所感受的描绘。一般多以自然物为表现对象，如雕塑、绘画、盆景艺术等。这些造型物所表现的是作者主观的思想意识，是其心灵的表现。因此，造型艺术主要体现物品的精神功能，它供人们欣赏并从中得到美的享受。也就是说，造型艺术的优劣是以其艺术欣赏价值来衡量的。如图8.1所示，不同的造型给人不同的感受。

图8.1 各种造型艺术

(2) 产品造型主要是以工业产品为表现对象，在满足其工业品属性的前提下，用艺术表现手段创造出实用、美观、经济的产品，如家用电器、交通工具、机械设备等。这些造型物除了要保证产品物质功能的实现外，还要关心产品与人相关的一切方面，充分考虑人的因素，使产品能适应和满足人的生理、心理要求。因此，从现代设计的观点看，产品造型必须满足实用要求的物质功能和审美要求的精神功能两方面的需求，最终是以产品的市场竞争力和人机系统使用效能来衡量的。

8.2 产品设计的要素

8.2.1 产品设计要素的内涵

设计创意可以是天马行空，但是设计的实现却是一个复杂的过程，设计是一项综合性较强的工作，它融合了当时的各种设计要素，才能够产生富有意义的产品。

1. 社会与自然环境要素

社会与自然环境方面包括两个内容，即社会要素和自然环境要素。其中社会要素又分为政治、文化、宗教等要素；自然环境涵盖资源和能源等大自然本身提供给我们的宝贵财富。

在人类的造物活动中，出现了多种不同的风格。在人类早期，由于对自然的认知水平低下，出现过各种图腾崇拜，而人类的创造性活动具有时代的特点，因此也会以自然界的事物作为造物的元素(图 8.2)。随着历史的发展，各种文化思潮不断涌现，人类的精神生活深刻地体现在设计上，因此，不同时期的设计就具有了当时的深刻内涵，有的是质朴与不加装饰的，使得它们显得更加实用；有的为了满足宗教的要求而具备了独特风格。如哥特式建筑(图 8.3)以尖拱取代了罗马式圆拱，宽大的窗子上饰有彩色玻璃宗教画，广泛地运用簇柱、浮雕等层次丰富的装饰，高耸的尖塔把人们的目光引向虚渺的天空，使人忘却现实而幻想来世。

工业革命的完成将人类从手工业时代带进了工业时代，机器的出现使设计界一度为之迷茫，他们怀念传统手工艺带给他们的高质量享受，痛斥机器生产的粗制滥造，因而出现了工艺美术运动。然而，工业发展的趋势是不能逆转的，逆潮流的改革必定要失败，继而出现了新艺术运动，不久在美国出现了影响世界设计的美国制造体系，最终使美国第一个走进了工业设计的门槛。

图 8.2　新石器时代彩纹陶器　　　　图 8.3　米兰大教堂哥特式的建筑风格

在大批设计改革和美术改革的探索下，现代主义酝酿而生，它极力赞美机器的特点，并产生了一种机器美学，纯几何化的形式适应机器生产，从而形成了"国际风格"(图 8.4)，尽管这种风格被视为忽略消费者的心理感受、冷漠、刻板，但它毕竟将设计与批量化生产结合起来。随着社会与文化的解放，体现消费者，特别是年轻人，追求新奇的波普风格悄然兴起(图 8.5)。不过，因为它无法适应工业化的生产不久便消失了，但它留给我们的是对社会与文化生活中潜在意识挖掘的启发。

图 8.4　国际主义风格的建筑　　　　图 8.5　波普风格的家装

随着工业的发展，它所带来的负面影响不容忽视，人与自然如何共生成了社会化的新问题。绿色设计应时而生，它提倡人—自然—环境的和谐发展，将环保这一迫切的社会问题付诸实践。

信息时代的来临，将全球化的进程加速，导致了社会文化的相互冲击，设计如何立于本土，将是我们设计师要面对的另一棘手问题。

2．技术要素

技术要素包含材料、能源和加工工艺。技术要素是最直接制约设计实现的要素。在金属如青铜出现以前，我们的祖先使用天然的材料制作生活必需品，这些天然材料包括石头、陶土、兽骨、木材等，此时的设计工作是纯手工的制作。我国明代的家具是手工艺发展史上的杰出代表，由于当时木材丰富，木工工艺的高超，打造了完全靠榫接而成的家具，使得结构完美，造型简单优雅，意匠独特，其独特的风格在世界家具史上具有很高的水平和美学价值。

随着工业化的出现，批量生产的需要使手工艺人逐渐从经济中消失，蒸汽机的发明为时代注入了动力，人类从此有了另一种能源——金属材料，特别是钢铁的广泛应用是工业发展的基础。18 世纪中叶，由于军备的需要和造船业的扩展，加上冶铁业不再依赖于木炭，生铁生产有了很大发展，冶铁业成了大规模的产业。1779 年，在冶铁业的重要基地柯尔布鲁克代尔建造了第一座大型的铁结构桥梁。这座桥梁提供了一个使用新材料的范例，从而使整个设计的手法发生了变化。

20 世纪早期，电气化时代的来临是人类的福音，各种电器产品也如雨后春笋，这些产品以一种新的形式改变着人们的生活，例如，贝尔的电话机，爱迪生的电灯。材料及其加工工艺的发展是使产品设计发展的基础。

从木材来讲，从原木发展到胶合板、层积木等，随之也产生各种木材新的加工方法，这些都广泛地影响了家具业的设计发展。例如，芬兰的家具设计师阿尔托，利用薄而坚硬但又能热弯成形的胶合板来生产轻巧、舒适、紧凑的现代家具。在金属材料方面，无缝钢管的产生让米斯椅得以诞生，包豪斯的设计师才会有那么多经典钢管椅的作品(图 8.6)。两次世界大战期间，轧钢逐渐取代了铸铁和其他类型的钢材生产，铝、镁等轻金属也日益普及。福特公司使冲压技术处于领先，并产生了机壳的概念。塑料的产生对设计的影响不容忽视，最早的塑料叫赛璐珞，1909 年的酚醛塑料的发明，使部分金属有了代替品。总之，塑料的出现让产品设计有了更多样性，多色彩性的发挥。

走进信息时代，集成的概念激起了设计界的波澜，产品可以不受本身解构的局限，有了更大的形式发展空间。同时，信息时代带动了有关信息产品诸如电脑，手机等的发展。例如美国的苹果公司的 imac(图 8.7)与日本的索尼公司的 walkman 等，都极大地改变了人们的生活。它们都是信息时代设计的典范。

图 8.6　瓦西里椅

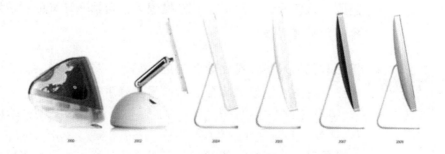

图 8.7　Imac 的演变

3. 审美要素

审美要素的决定是多方面的,包括对象的社会环境、教育程度、价值观念、个性等。人们真正将产品的实用性转为审美性是原始装饰艺术的出现,包括兽牙、贝壳等制成的装饰物。随着社会文化的发展,设计活动被附加了更多层次的精神诉求,如中世纪的哥特风格主要为高直式,体现的是一种宗教精神,设计品被冠以了政治的意识。随着人们思想的解放,寻求一种更亲切和理性的风格成为设计的方向,新古典的意义就在于此。巴洛克和洛可可的流行代表了上层社会炫耀与浮夸的风气。工艺美术甚至包括新艺术运动以前的产品都带有手工艺制造的特点,早期的新艺术运动喜用卷曲的线条,设计师麦金托什,运用高直式的线条的风格使他的设计别具一格,他的设计以及维也纳分离派的设计因为简单的几何型更适于机器生产,使之成为由手工艺转为批量生产的设计风格转折点。

现代主义因为崇尚机器美学,以及受到诸如构成主义、未来主义和表现主义等的影响,它的风格趋于几何化,这种适于批量生产的设计风格很符合现代主义的宗旨(图 8.8)。现代主义的目的是为大众设计,从而改善人们的生活质量,但是他们忽视了过于刻板的几何化磨灭了消费者对于多样化的选择性。

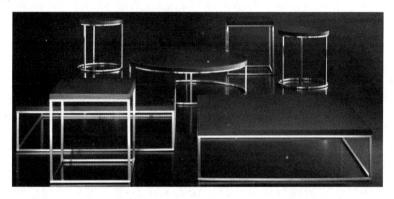

图 8.8 现代主义茶几设计

现代的时尚设计更注重人的情感化和个性化,消费者面对多样性的产品有了更多的选择,可以说现在的产品设计形式已经几乎不受技术的约束了,各种风格争奇斗艳,对于它是否被市场所接受,关键在于它是否符合某个群体消费者的需要。

4. 人的要素

"以人为本"是工业设计的宗旨,人类最终意识到一切设计活动的根本是为了人,不管人是充当设计者、使用者、生产者、销售者还是经营者,所以越来越多的国家及企业更加注重工业设计的发展,是因为"以人为本"的概念要建立在为公众服务的基础上。手工艺时期的设计是服务于少数上层社会群体的,因此我们不能归其为"以人为本"。当批量生产出现后,使得商品空前繁荣,低廉的价格让普通消费者也有了选择的可能,

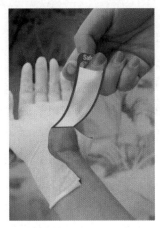

图8.9 手套设计

这样才能为进一步的设计公众服务打下基础。人机工程学的发展是设计"以人为本"的依据,它的发展已经涵盖了人的生理与心理部分。科学人机工程学是由经验人机工程学和现代人机工程学发展而来,今后,它的发展将更关注于人—机—环境的协调发展。如图8.9所示,设计者越来越关注人类的生活中所遇到的问题,根据需求设计出新的使用方式。

8.2.2 产品设计的构成要素

产品设计的构成要素主要包括三个方面,即目的、用途和功能构成的设计内容要素,以形态、色彩、光、运动构成的设计形式要素,以材料和加工技术等构成的设计实质要素。设计者应该明确各种元素之间的关联,掌握产品设计的目标,通过对各种元素的塑造,完成设计工作。

1. 产品设计目的

产品设计首先要满足人的需求,设计师应站在使用者、制造者、销售者的立场,以便满足使用者的要求,以便于生产和便于销售为目的去从事产品设计,所以没有明确目的的设计是毫无价值的。

2. 产品设计的用途与功能

产品的首要功能是实用功能。用途是指产品的作用和功用,即是产品的使用性,或指产品可应用的方面或范围,用途是"体"的外在表现。在强调产品的使用性的同时,一方面应注重应追求物品使用状态的形式美,另一方面物品在不使用状态时也应该不妨碍人们的生活,而能够以美丽形态充实环境,使之融于生活空间之中,这便是设计使用性上应考虑的间接效用,如图8.10的婴儿车,可以延长使用周期。

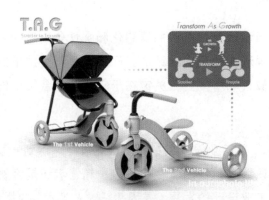

图8.10 多功能婴儿车

功能是指产品的结构性效能,功能存在于合理的结构当中,功能决定了产品形态的创造,具有一定功能的形态是美的。美国雕塑家霍拉修·格林诺斯1793年首次提出形式追随功能的主张。一百年后，芝加哥建筑学大师路易斯·沙利文把这句话作为设计的标准，建立了自己的设计体系和风格。但沙利文的学生美国建筑师佛兰克·赖特首次向形式追随功能提出挑战，他认为形式与功能是统一的，不可分割的，流水别墅诠释了功能与形式的完美结合。经过历史的验证，在设计中的功能是首要的，而形式在符合功能的前提下，直接影响了产品的整体效果。而一个产品即是一个小的系统，本身包含了多个元素，如功能、结构、形态、材料、工艺、人机和环境等。

8.2.3 产品设计的形式要素

1．形态

形态是产品设计的重要因素，是产品与功能的中介，没有形态产品的功能就无法实现。在产品设计中，形态的概念不仅指的是外形，而是一切要素的综合体。

现代造型设计理论从多方面介绍了关于形态、形态认知方法和表现方法，从剖析、透视、错觉到宏观与微观，从具象、抽象、心像、三维、四维到多维，从视觉、感觉、触觉、听觉至嗅觉等，全方位地反映了视觉传达系统的表现范畴。如形态先行的造型设计方法，是在没有任何参考资料的情况下进行的所谓纯形态造型设计，通过将已知材料和形态的切割、分解、反转、插接、移位、叠置、排列等手法重构，可以创造出全新的形态来，将抽象的形态赋予实际的用途和功能。

例如，作一盏灯的设计命题，设计师往往还停留在灯的形态上，而没有转变思维，把实体设计转化为一种方式设计，所以真正的设计应当是对未定型的产品新建立一种样式，新建立一种标准(图 8.11)。

图 8.11　灯具设计

2．色彩

色彩是重要的视觉语言，它传递信息、表达感情、蕴含寓意，所以色彩是消费者确认产品价值的重要因素之一。

色彩设计的基本原则，包括满足产品的功能要求、满足人机协调的要求、满足作业环境的要求、满足"色"与"形"协调统一的要求，符合造型设计的形式美法则、符合时代的审美要求、符合不同国家和地区对色彩的爱忌等。

3．光

任何一个工业产品都是一个立体的形态，它包括形状色彩和质感三个要素，而这些要素都要通过光的照射和反射到人眼，人才能感受到它。因此，我们在产品设计中要特别注意产品的光影效果，在产品设计造型质量评价中，还需加入产品的光影效果质量的评价。光线在一个立体形态上会产生受光面、阴影、反射光、透射光，综合这几种情况受光产品的光效果可以由这几种指标来衡量：受光面亮度分布、光影尺寸比例、光影亮度比例、产品色彩显现、产品表面粗糙度、颗粒分布均匀度、透射率。

4．产品设计与自然、科技和社会

产品设计与自然主要体现为对称的观念及在多领域的渗透；产品设计与科技和社会则体现在当按某种计划或构想进行具体物的造型时绝不能仅仅靠塑造技术，而是技术、形态和时代精神缺一不可。任何造型物都与材料工艺及加工技术密切相关，这些因素都体现了时代的文化和思想。

时代在发展，作为始终以物质的实质性形态而展现的产品从物质形象上不断地表现着时代的活力。开拓产品形态，不仅要从产品的功能上开展，还应体现时代脉搏的跳动。对于设计师来说，只有"师法自然"，不断从大自然吸取营养，用平等的观念对待自然，勇于探索未知世界，才能丰富和充实自己的知识，扩大视野，不断在设计实践中创造出科学合理的产品形态。

思考：对某一国际品牌(如苹果、诺基亚、索尼、三星等)的产品发展历程进行调研，了解并分析该品牌产品的发展策略，体会该品牌的文化哲学。

8.3 产品设计的流程

8.3.1 产品设计的一般流程

产品设计流程是设计师为了实现某一设计目的而对整个设计活动的策划安排。它是依照一定的科学规律合理安排工作步骤，以达到实现整体的目的。由于产品设计所涉及的内容与范围很广，其设计的复杂程度相差也很大，因而其设计流程也有所不同。一一般来说，可以把产品设计的流程大体划分为三个阶段：设计的准备阶段、设计的展开阶段、设计的完成阶段。

1. 设计准备阶段

设计的准备阶段是一个将具体问题转换为明确设计方向的过程，主要完成设计信息收集和分析。它通过信息收集与市场调研，去探询市场上同类产品的竞争态势、销售状况及消费者使用的情形，及潜在需求，在分析完调研资料后进行评估，最终定义出产品的设计方向。

设计人员应进行广泛的调查，全面了解有关产品的基本信息，包括设计对象的目的、功能、用途、规格，设计依据及有关的技术参数等内容，也包括产品的样机、使用方式、工作原理、基本装配、开发意图、目标客户群等。并大量收集有关资料，深入了解现有产品或可借鉴产品的造型、色彩、材质，该产品采用的新工艺、新材料以及不同国家、地区对产品款式的需求等。同时，设计人员还应了解企业自身所具备的条件、生产能力和未来可达到的生产技术能力等信息。

2. 方案设计阶段

方案设计大体经过设计构思、设计深入和设计实施三个过程。

设计构思，通过对设计方向的定位，根据方向进行思维的扩散，做出的许多可能的解决方案的思考。设计构思的过程就是把模糊的、不确定的想法和思维明确化和具体化的过程。即尽可能使概念、创意和设想最大化。

提示：产品设计表达方法

在具体的产品设计活动中，设计方案的表达形式很多，一般可以有以下几种常见的表达方法：

1) 设计草图

绘制设计草图是设计师将自己的想法通过具象的图形表现出来的创作过程。一方面，设计过程是一个思维跳跃和流动动态过程，设计师在设想、分析和优选的过程中会提出大量的设计方案，设计师要通过大量草图对其设计对象进行推敲；另一方面，产品设计开发是个团队性的创造活动，在这个过程中，要通过草图来跟团队其他成员沟通创意，设计草图是在产品设计构思阶段最方便有效的表现技法。

草图有多种类型，常见的几种是概念草图、形态草图和结构草图。

2) 效果图

效果图是基本成熟创意和最终创意的表达方式。它能够将产品的形象以真实的感观表现出来，除了充分表达创意的内涵以外，更重要的是从结构、透视、材质、色彩、光泽等许多元素上加强表现力，从而在视觉上达到完美的境界。

常用的效果图表现技能和方法有钢笔淡彩法、水粉色块平涂法、剪贴法、喷绘法、高光法、粉画笔法、传真法、计算机辅助设计制作等。

3）工程图

若将设计制成成品，则需画出工程图。它是一种交流的语言。这类图要求图形正确、工程图线条明确，尺寸准确严谨，也是设计师与工程师交流的主要手段。为了适应产品开发周期不断缩短的要求，目前工程图主要是借助二维或者三维软件来完成的。

设计深入是设计方案由切实可行走向最终完善的必由之路。在考虑设计方案时，不能只单纯地从形态的角度去设计产品，产品的功能和结构等因素也直接影响产品的造型。所以设计师在构思方案时不能无视结构尺寸、生产工艺、生产成本等因素的存在，要科学地探求设计方案的最优化。

具体来说，设计师需要逐步完成构思草图、二维效果图、二维布置图、三维曲面造型和效果图，以提供给设计评价阶段，进行分析筛选。

在初步方案的基础上，设计还需要更深层次的评价，包括来自客户、目标用户、生产和市场部门的系统评价，最终形成可以实施的设计方案。

4）方案确定和样机试制阶段

确定产品造型设计方案、制作样机，是产品设计的最后阶段。当产品设计方案确定后，可以用二维或者三维软件绘出全部详细的工程图，并分别绘制出总装图、部件图和零件图。接着确定产品的颜色(Color)、材料(Material)、表面质感(Finishing)，即 CMF 提案，以及产品的图形设计方案。各类图绘制完后，一般应试制样机。

8.3.2 具体流程

1．项目来源：

(1) 根据市场调查预测或客户要求。

(2) 根据合同评审所形成的结论。

2．设计立项：

(1) 由营销中心以书面形式或由经营班子会议提出，由开发部根据相关资料作技术可行性的评估，并给出技术上可行的基本意见。

(2) 由总工程师根据公司现有或过程中可以配置、外部可以利用的技术和生产资源等对项目进行审核后，报总经理批准。

3．立项评审

4．设计准备

5．方案设计

6．设计评审

7．技术文件制作

8．样品试制及设计验证

9．设计输出

开发部负责将已整理符合要求的必需的设计图纸和文件复印并以受控文件的方式发放至采控中心、品管部、制造部工程科等相关部门，并协助相关部门完成以下量产前的相关工作。

(1) 协助营销中心将手工样品送给客户以得到对产品设计结果的最终确认。

(2) 协助采控中心对产品所需外协的物料和模具等的加工工艺和要求等进行沟通、跟踪、协调及对价格、质量、交期等的确定。

(3) 协助品管部确立和制定对各种物料和定型产品进行检验、测试的要求、标准等所必需的表格和文件及确定配备相应的仪器、仪表、量具和设施等，并对各种物料的首样进行鉴定确认。

(4) 协助制造部建立完整的产品基础资料、合理的装配作业工艺文件、满足产量要求的装配流程及合理配置生产所需的设备、设施、器材等。

(5) 协助制造部工程科完成产品的各种包装物品的设计。

10．小批量试制

11．设计确认

12．设计更改

(1) 凡涉及产品图纸、设计文件、工艺文件和产品的相关人员均可对设计中存在的缺陷及不足之处提出设计更改申请。

(2) 因工艺调整、检测设备测试能力所限、采购或外协加工困难和用户反馈的有关设计缺陷，由相关部门提出设计更改申请。

(3) 设计更改申请采用《内部工作联络单》的形式提出,由申请部门填写后转送开发部。

13. 设计更改的确定、实施

案例:下面是一款 U 盘的实际设计过程

一、设计准备:设计一款 NBA 官方闪存盘,设计条件是通用型闪存盘,用于数据存储,无特殊软件功能要求。详细的设计需求具体如下。

(1) 使用 NBA 元素:包括 NBA 官方 LOGO 系列、球队 LOGO 系列、球员形象及卡通系列、全明星及季后赛特定事件等元素,Spalding 篮球的设计元素也可以使用。

(2) 产品设计风格要求简洁、运动、时尚。

(3) 产品表面应留出给客户定制 LOGO 的空间。

(4) 结构工艺不能过于复杂,要求能够进行大批量生产。

(5) 产品设计应当具有通用性(模具共用),即可适用于不同的球队或球员。

(6) 设计要求考虑携带方式,如挂绳方式。

根据设计需求,通过调研问卷的形式进行市场调研,统计和分析问卷之后总结出目标人群定位。

根据设计定位,搜索了大量相关方向的意向图,主要从颜色、材质、形式出发,如图 8.12 所示。

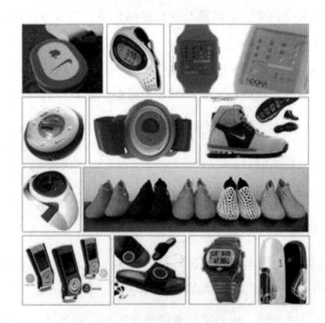

图 8.12 颜色和材质意向图

二、方案设计

产品风格确定后,绘制草图,如图 8.13 所示。

图 8.13　手绘草图

在大量的草图中对草图进行坐标法筛选,坐标方向分别为:NBA 元素、时尚、简单、运动。确定了几种风格和形态,坐标中的方向也就是对此产品的风格定位,最后确定图中圈出的方案,如图 8.14 所示。

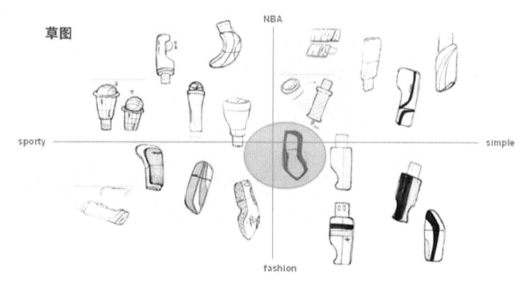

图 8.14　草图方案筛选

草图阶段大体表达清楚后,用二维软件 Illustrator 绘制二维方案。二维的绘制主要是确定造型的线条、比例、尺寸、材料和颜色,如图 8.15 所示。

整体效果图用三维软件 3ds Max 的优秀渲染插件 V-Ray 渲染,表面采用橡胶材质,通过增加噪点获得表面颗粒效果,降低材质表面反射值使橡胶效果更加逼真,如图 8.16 所示。

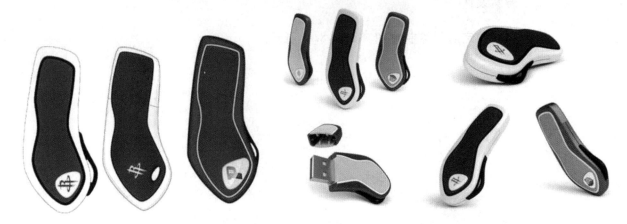

图8.15 二维效果图　　　　　　　　　　　图8.16 整体效果图

三、方案确定和样机试制

经过与设计目标和需求的对比分析评价，确定了最终方案。进一步确定方案的尺寸、颜色、比例、材质之后开始三维建模。三维建模阶段用工程 CAD 软件 Pro/E，最后的模型严格按照零件的尺寸、比例建模，并可以合理地容纳 U 盘元器件，满足后期加工生产的要求，如图 8.17 和图 8.18 所示。

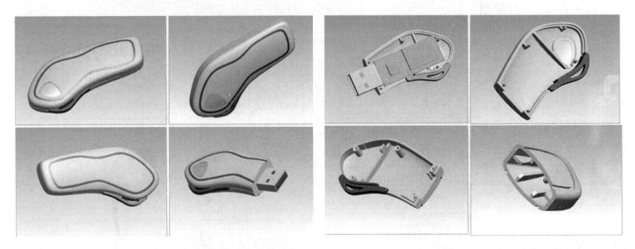

图8.17 Pro/E 建模　　　　　　　　　　　图8.18 Pro/E 建模内部结构

在实际产品设计过程中，一般也要将三维 CAD 模型转换为二维工程图纸输出，以方便现场交流，如图 8.19 所示。

在样机制作阶段，应用 CNC 数控加工技术，导入 Pro/E 模型，制作手板模型，模型采用的材质有：软胶、ABS、亚克力。

闪存盘右下方加一块透明亚克力片，亚克力具有高透明度，且透光率高达 92%，有"塑胶水晶"之美誉。透明亚克力件背面丝网印刷标志后，为突出标志的视觉效果，另喷一层白色，考虑闪存盘在使用过程中指示灯的提示效果，白色涂层为半透明，既突出标志的视觉效果，又具有一定的透光性，如图 8.20 所示。

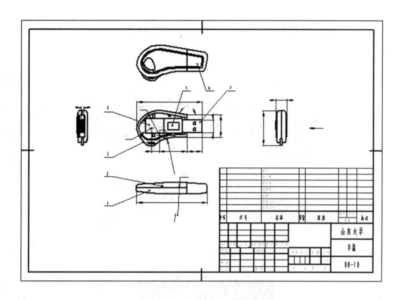

图 8.19　二维工程图

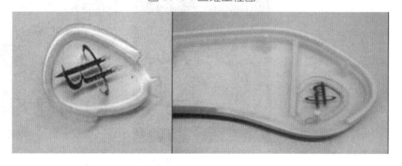

图 8.20　亚克力

软胶材质的特色在于色彩的多样性。经特殊处理后原本低价的塑胶产品的附加值大为提高，这也是选择软胶材质的原因。闪存盘最表面的材质采用软胶，体现运动感、耐磨、防水。

闪存盘内部整体运用 ABS 作为支撑。ABS 一般是不透明的，外观呈浅象牙色、无毒、无味，兼有韧、硬、刚的特性，其特点如下。

(1) 综合性能较好，冲击强度较高，化学稳定性，电性能良好。

(2) 与有机玻璃的熔接性良好，可制成双色塑件。

(3) 高抗冲、高耐热。

最终完成的样机模型如图 8.21～图 8.23 所示。

表面的软胶材质采用注塑成型，中间黑色的装饰条则利用了二次注塑。有些塑胶产品由于外形和工艺的要求需用两种或以上的塑胶原料分多次注塑成型，如电脑的按键等。

ABS 上下壳的连接工艺运用了超声波焊接。热塑性塑料在超声波振动作用下，由于表面分子间摩擦生热而使两块塑料熔接在一起的焊接方法。

图 8.21　模型效果图　　　　　　　　　　　图 8.22　模型拆解图

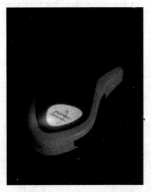

图 8.23　模型照片

本实例是一个小型的电子产品的设计，工艺简单，在产品设计领域还有很多复杂的设计对象，所使用的技术、工艺等千变万化，非常复杂，但是作为产品设计师，只要掌握了基础的设计表达能力，在实际的设计工作中，可以针对自己所从事的产品的方向逐步的提高自己的专业设计能力，从而成长为一名合格的工业设计师。

8.4　工业设计师应该具备的素质

设计师除了具备创造性之外，还应该具有很多方面的知识储备，包含人文、地理、历史、宗教、哲学、自然科学等，而最重要的是能够具有实践能力。1998 年 9 月澳大利亚工业设计顾问委员会就堪培拉大学工业设计系进行的一项调查指出，工业设计专业毕业生应具备十项技能。

(1) 应有优秀的草图和徒手作画的能力。能够快速记录设计创意，能够详细表述想法，并能够通过草图的绘制进行创意的演变及完善。

(2) 有很好的制作模型的技术。能使用泡沫塑料、石膏、树脂、MDF板等塑型，并了解用SLA、SLS、LOM、硅胶等快速模型的技巧。

(3) 掌握一种矢量绘图软件(如Freehand、Illustrator)和一种像素绘图软件(如Photoshop、Photostyler)。

(4) 至少能够使用一种三维造型软件，如高级一些的如Pro/E、Alias、CATIA、I-DEAS或层次较低些的，如SOLIDWORKS98、Form-Z、Rhino、3ds max等。

(5) 二维绘图方面能使用AutoCAD、MICROSTATION和VELLUM。

(6) 具有优秀的表达能力及与人交往的技巧。能站在客户的角度看待问题和理解概念；具备写作设计报告的能力，在设计细节上进行探讨并记录设计方案的决策过程；有制造业方面的工作经验则更好。

(7) 在形态方面具有很好的鉴赏力，对正、负空间的架构有敏锐的感受能力。

(8) 拿出的设计图样从流畅的草图到细致的刻画到三维渲染一应俱全。至少具有细节完备、公差尺寸精细的图稿和制作精良的模型照片。

(9) 对产品从设计制造到走向市场的全过程应有足够的了解。具有工业制造技术方面的知识。

(10) 在设计流程的时间安排上要十分精确。三维渲染、制模、精细图样的绘制等应规定明确的时段。

思 考 题

1．简述工业设计与手工艺传统的关系。

2．谈谈智能化时代，产品设计的发展趋势。

3．预想一下10年后汽车的设计趋势。

4．工业设计师应具有哪些基本素质和能力？

第 9 章 环 境 设 计

教学目标

了解环境设计的范围。

掌握环境设计的要素。

掌握环境设计的内容。

掌握环境设计的原则。

掌握室内设计的内容。

教学要求

知识要点	能力要求	相关知识
环境设计概述	(1) 掌握环境设计的特征； (2) 了解环境设计的起源	环境设计的设计原则
环境设计的要素	(1) 了解环境设计的要素； (2) 掌握各要素在设计中的作用	设计要素
环境设计的分类	(1) 了解环境设计的分类； (2) 掌握各类别的设计内容	公共空间设计、公共设施
室外环境设计	(1) 了解室外环境发展历史； (2) 理解室外环境设计的设计要求； (3) 掌握室外环境设计的设计要原则	园林设计、景观规划、环境绿化
室内环境设计	(1) 了解室内环境发展历史； (2) 理解室内环境设计的设计要求； (3) 掌握室内环境设计的设计要原则	室内装潢、公共环境装饰

基本概念

环境设计：环境艺术作为以建筑为母体，向界面内外两个空间拓展相互影响而形成的综合艺术，是涵盖建筑设计、室内设计、景观设计、公共造型艺术、规划设计各专业知识所构成的综合体。

室内设计：依靠科学的方法，通过合理运用美学要素和空间功能要素，把表面上看彼此相对独立的多个学科统一起来——国际室内设计协会。

著名的环境艺术理论家多伯解释道："环境设计作为一种艺术，它比建筑更巨大，比规划更广泛，比工程更富有情感。这是一种爱管闲事的艺术，无所不包的艺术，早已被传统所瞩目的艺术"。随着现代化建设和城市化的快速发展，环境设计日益引起各界的关注和重视，市场对环境设计师的需求旺盛并显示出高度的生命力。

9.1 环境设计概述

环境设计又称"环境艺术设计",是一个综合性的学科。其专业内容包含室内设计和外部环境设计,即以研究和设定室内空间、光色、家具、陈设诸要素关系为目标的室内设计,和以研究和设定建筑、绿化、公共、公共空间和设施诸要素关系为目标的环境景观设计。

9.1.1 环境设计介绍

环境设计是个新概念。从大范围讲,涉及整个人居环境的系统规划;从小处讲,关注人们生活与工作的不同场所的营造。环境设计是通过艺术设计的方式对我们的生存环境进行规划设计的一门专业。清华大学美术学院环境艺术设计系是这样定义环境艺术设计的:环境艺术设计是时间与空间艺术的综合,设计的对象涉及生活中的各个领域。广义上说环境艺术设计包含现代几乎所有的设计,是一个艺术设计的综合系统,而狭义的环境艺术设计是以建筑的内外部空间环境来界定的。

环境艺术设计是根据建筑及空间环境的使用性质,所处背景及相应标准,运用物质技术手段和美学艺术原理,创造功能合理,舒适优美,满足人们物质及精神生活需要的室内外空间环境的过程;是综合各种艺术手段和工程技术手段,在人与其生存的环境中创造出符合生态原则,具有一定的空间特征和氛围、意境及文化内涵,并保持与周围环境形成有机整体的综合艺术。

9.1.2 环境设计的起源

伴随着人类文明的发展,人们开始逐步重视周围的环境。自原始氏族社会便已开始,随着人类的技术经济条件、社会文化的发展及价值观念的变化,不断的创造出了新的具有美感、群体精神价值美和文化艺术内涵美的空间环境,同时也衍生了各种艺术,比如家具、壁画、雕刻、室内环境设计等。随着社会的发展,环境设计产生了更多的分支,比如风景、园林、景观、建筑等方面。环境设计被单独定义为专业学科是在20世纪80年代,原中央工艺美术学院将室内设计扩展为环境艺术设计,由此,各高校纷纷效仿,使得环境设计的范畴更加宽泛。

9.1.3 环境设计的范畴

环境设计是一个大的范畴，综合性很强，是指环境艺术工程的空间规划，艺术构想方案的综合计划，其中包括了环境与设施计划、空间与装饰计划、造型与构造计划、材料与色彩计划、采光与布光计划、使用功能与审美功能的计划等。环境艺术设计还涉及建筑学、城市规划、园林学、动植物学、光学、场学、环境科学等多个科学门类。环境艺术设计与绘画、雕塑、音乐、书法密不可分。

环境艺术设计分为两大类：外部环境艺术设计、室内环境艺术设计。外部环境艺术设计又分为景观设计、城市规划、园林；室内环境艺术设计分为室内装饰、家具、陈设等。

9.1.4 环境设计的基本观点

环境设计是伴随着人们环境意识的觉醒而诞生的新专业。随着工业化的进程，人类对自然的要求变得越来越多，人们赖以生存的自然环境和生态平衡遭到严重破坏，呼吁设计师们转换观念，从维护和提高人类生存质量的层面来看待环境设计，改变设计，改变环境。

1. 树立生态价值观和绿色设计概念

生态学和绿色设计观念将成为整个设计思维过程中的主导因素，要用与自然和谐的整体观去构思和策划项目，充分考虑人类居住环境的可持续发展要求。目前，我国的生态建筑尚在试验阶段，环境设计工作可以从以下两方面来考虑。

(1) 设计师要树立环境保护意识，在设计中使用环保材料，解决好对自然资源的利用，充分考虑减少对自然资源和能源的消耗，减少对环境的负面影响。

(2) 在技术条件许可的情况下，设计师要积极的创造生态化环境。

在室内环境方面：通过在设计中引入自然要素和户外景致，让人与自然相融合并成为生态系统的有机组成部分；在室外环境方面：用生态学的原理来进行城市规划和城市景观设计，在设计中树立保护自然生态系统和城市文化生态系统的原则。

2. 树立以人为本的环境设计观

环境设计的目的是通过创造室内外环境来提高人的生活质量,并始终把人对环境需求,包括物质与精神两方面的需求放在设计的首位。以人为本的设计思想，就是要在设计中充分考虑人的安全与健康，满足人的心理和生理需要，让使用者的意志得到体现，使用者的情感得到关怀，在此基础上综合解决使用功能、经济效益、舒适美观、环境氛围优美等方面的问题。因此离开了人的使用，环境和景观将失去其意义。

3. 注重时代感、民族性和地域文化相融合

现代环境设计更注重运用现代设计理念与本民族的地域文化相融合，在设计中体现出时代精神和深厚的文化内涵。在人类发展的进程中，物质技术和精神文化都有着历史的延续性，中国有两千多年的历史和灿烂的义化，应该从本民族和丰富的地方文化中吸取精华，并融入与国际接轨的前卫的设计理念，从而探索和创造出个性鲜明的设计作品。

4. 注重科学与艺术相结合

在创造室内外环境时要高度重视科学性，也要高度重视艺术性，更要高度重视这两者的有机结合，环境设计者除了需要在观念上树立环境保护意识，在设计思维和表现手段上也要予以重视。

9.1.5 环境设计的原则

《辞海》里面对环境的注释是"周围的状况"，一般来说，环境是一定范围内的社会状况和自然状况的总和。环境归纳起来可分为三个层次：自然环境、人工环境、社会环境，包括政治、经济、文化、民族和宗教等因素，同时这些因素也作用于环境。

环境设计的目的是为人们创造理想的生存和生活空间，是人们的一种有意识的、有目的的创造活动。环境设计是以客观存在的自然环境为基点，以技术和艺术手段，以满足人的物质需要与精神需求为目的，协调人与自然及人与社会的关系，以便使人的生存生活环境更加理想的艺术创造活动。

既然环境设计的目的是为人们创造理想的生存和生活空间，那么在设计过程中都要考虑到现实的一些原则。

1. "以人为本"的原则

"以人为本"的基本内涵是人类社会的一切活动，经济和社会发展的最终目的都是为了人本身，都是为了满足人的需要、利益和愿望，满足人类的精神需求。

2. 增强生态意识，坚持可持续发展的原则

生态设计主要包含两方面：一是在人工环境的规划、设计、建造、使用和废除过程中，资源和能源的消耗要最小，包括节约使用、重复使用、循环使用资源和能源，用可再生能源和资源代替不可再生能源和资源等。二是减少废气物的排放，包括妥善处理废弃物，减少光污染和声污染。

3. 兼顾社会效益、经济效益和环境效益

应该是求得人与环境、自然的和谐,体现全面、协调、科学的发展观,它不仅仅以服务于个别对象和满足某种物质需求为目的,还要进一步实现技术、艺术、人文、自然的整合,使设计成果符合时代潮流,具有丰富的生态科技含量和深刻的历史文化内涵。

9.2 环境设计的要素

随着人类的技术经济条件、社会文化的发展及价值观念的变化,人类的造物活动也赋予了更高的要求,设计活动的展开也受到了更多的影响。

9.2.1 环境设计中的影响要素

任何的造物行为都会受到一定的限制,这些限制源于所属的社会文化,包含历史、技术、审美、文化思想等。

1. 经济

经济基础决定上层建筑,经济的发展是环境设计的根本,只有具有一定的经济基础,才能更好地推动环境设计的深度发展。

2. 文化

中华民族具有深厚的文化底蕴,造就了独特的民族性格,这种文化思潮的在设计活动中严重影响了创作艺术风格。

1) 儒家思想

中国传统建筑的规模上、体量上、布局上,讲究对称、均衡;造景上,讲究"含而不露",影壁、挡墙;"附庸风雅",讲究"万般皆下品,唯有读书高"的那种思想。

2) 道家思想

中国传统建筑在布局上,讲究自然、协调;造景上,师法自然、尊重自然、从于自然。追求虽由人作,宛若天开的景观效果。达到体现出群体美、环境美及亲和自然之美。

3) 佛教思想

大多数佛教建筑都建于自然景观优美的名山大川之中。佛教思想讲究修为,"远离闹市,修身养性,与世无争""小隐隐于野,大隐隐于市"的理念,体现在建筑环境中便有了禅学的意味。佛教的石窟、寺庙、佛塔等对中国雕塑艺术、建筑样式、景观的影响都比较深远。

4) 风水学的影响

自古至今中国人比较重视风水学,不论是居住空间还是办公环境,风水学是道家"天人合一"思想理论的发展。着眼点主要在于"人、建筑、环境"三者之间的关系,创造出良好的人居环境,从而赢得最佳的天时、地利、人和,最终达到人与自然的和谐统一。

5) 美学方面的影响

美学认识的深度与角度是随着时间、认识主体、认识环境等的变化而变化的,不同人,由于心理、经历、习性、素质等不同,对美的认识也存在本质上的差异。在不同的环境中,对美的感知度与认知度也会存在不同。

9.2.2 环境设计的工作内容

环境设计包含了室内空间和外部空间两大类,环境设计的工作内容根据分类划分为以下两部分。

1. 环境空间组织

空间的总体布局,功能分析,人流动向,结构体系(图9.1)。对空间进行布置,予以完善,调整或再创造。空间界面处理是对室内外空间的各个围合面进行设计处理。

图9.1 设计中的色彩、照明和整个空间的关系

2. 陈设及景观设计

室内陈设包括家具、饰品、构筑物、灯具、艺术方式、室内植株等元素。景观设计是大概念,是外部空间环境设计的总称。

9.2.3 环境设计的目的

1. 满足人的需求

人的需求包含生理和安全的基本需求,以及社会需求、自尊需求及自我实现需求的高层次的需求。

2. 美化环境,提升环境文化水平

3. 让科学与艺术结合

每一次科学的进步都会带来设计上的改革,新型材料的应用,新的手段的参与,新的思潮的影响,都让科学渗透到环境设计的每一个方面。另外,科学与艺术的结合还指设计中,注重设计本身的科学性,不能违背科学。

4. 设计的可持续性

环境设计是一个连续的动态的进程。要求设计师在做设计之前,要有大局观与未来观的思想。对环境的全局及未来的可能发展进行科学的预测与判断,预想到社会的进步与景观的发展,每一次的设计,都应该在可能的条件下为下一层次或今后的发展留有余地。

5. 设计中体现出地域性与历史性

设计在改造环境景观的时候,也不能抹杀掉地域性与时代性的印记。在做外部环境的设计中,要注重对民风民俗、历史街区、名胜古迹等进行有效的保护。

9.2.4 环境设计对设计师的要求

环境设计师从修养上讲应该是一个"通才"。除了应该具备相应专业的技能和知识(城市规划、建筑学、结构与材料等),更需要深厚的文化与艺术修养,因为任何一种健康的审美情趣都是建立在较完整的文化结构(文化史的知识、行为科学的知识)之上。与设计师艺术修养密切相关的还有设计师自身的综合艺术观的培养、新的造型媒介和艺术手段的相互渗透。环境设计使各门艺术在一个共享空间中向公众同时展现。作为设计师,必须具备与各类艺术交流沟通的能力,必须热情的介入不同的设计活动,协调并处理有关人们的生存环境质量的优化问题。与其他艺术和设计门类相比,环境设计师更是一个系统工程的协调者。对环境设计师的要求如下。

(1) 较好的艺术素养。

(2) 了解相关学科,如人体工程学、环境心理学等。

(3) 最好具备一点建筑知识,掌握必要的水电知识。

(4) 具有总体环境组织分析的能力，具有功能分析、平面布局、空间组织、形态设计的必要知识。

(5) 对设计材料有适当了解(景观上对植物有所了解，室内上对装饰材料有所了解)。

案例1：圣地亚哥·卡拉特拉瓦(Santiago Calatrava) 是世界上最著名的创新建筑师之一，也是备受争议的建筑师。Santiago Calatrava 以桥梁结构设计与艺术建筑闻名于世，他设计了威尼斯、都柏林、曼彻斯特及巴塞罗那的桥梁，也设计了里昂、里斯本、苏黎世的火车站。最近的作品就是著名的2004年雅典奥运会主场馆。他设计的桥梁以纯粹结构形成的优雅动态而举世闻名，展现出技术理性所能呈现的逻辑的美，而又仿佛超越了地心引力和结构法则的束缚。有的时候，他的设计难免会让人想起外星来客，极其突兀的技术美似乎全然出乎地球人的常规预料。这当然是得益于他在结构工程专业上的特长。

9.3 室内环境设计

9.3.1 室内设计概述

室内装饰设计是根据室内的使用性质、环境和相应的标准，运用物质手段和建筑美学原理，给人创造一种合理、舒适、优美，能满足人们物质和精神需要的室内环境。室内设计泛指能够实际在室内建立的任何相关物件，包括墙、窗户、窗帘、门、表面处理、材质、灯光、空调、水电、环境控制系统、视听设备、家具与装饰品。

9.3.2 室内设计的研究对象

(1) 包含人居环境室内设计：集合式住宅、公寓式住宅、别墅式住宅、院落式住宅、集体宿舍，包含如图 9.2～图 9.8 所示内容。

图9.2 门厅设计

图9.3 起居室设计

图9.4 书房设计

图9.5 餐厅设计

图9.6　厨房设计　　　　　图9.7　卧室设计　　　　　图9.8　厕浴设计

(2) 限定性公共空间室内设计：学校、幼儿园、办公楼、教堂。限定性的公共空间设计需要考虑到使用人群的公共特点，设计内容如图9.9～图9.15所示。

图9.9　门厅设计　　　　　图9.10　接待休息室(土耳其航空公司CIP休息室)

图9.11　会议室设计　　　　　图9.12　办公室设计

图9.13　食堂餐厅设计　　　图9.14　礼堂设计　　　图9.15　教室设计(伟达艺术装饰有限公司)

(3) 非限定性公共空间室内设计：旅馆饭店、影/剧院、娱乐厅、展览馆、图书馆、体育馆、火车站、航站楼、商店、综合商业设施。

门厅设计、营业厅设计、休息室设计、观众厅设计、饮餐厅设计、游艺厅设计、舞厅设计、办公室设计、会议室设计、过厅设计、中厅设计、多功能厅设计、练习厅设计等。室内设计研究的对象简单地说就是研究建筑内部空间的围合面及内含物。通常习惯把室内设计按以下几种标准进行划分：

按设计深度分：室内方案设计、室内初步设计、室内施工图设计。

按设计内容分：室内装修设计、室内物理设计(声学设计、光学设计)、室内设备设计(室内给排水设计、室内供暖、通风、空调设计、电气、通信设计)、室内软装设计(窗帘设计、饰品选配)、室内风水等。

按设计空间性质分：居住建筑空间设计、公共建筑空间设计、工业建筑空间设计、农业建筑空间设计。

最常见的分类即公装(公共建筑空间设计)、家装(居住建筑空间设计)。

9.3.3 室内设计的风格

在历史文化的发展过程中，室内设计也形成了多种风格，不同的风格特征。

1. 传统风格

传统风格，是指具有历史文化特色的室内风格。强调历史文化的传承，人文特色的延续。传统风格即一般常说的中式风格、欧式风格、伊斯兰风格、地中海风格等。同一种传统风格在不同的时期、地区其特点也不完全相同。如欧式风格也分为哥特风格、巴洛克风格、古典主义风格、法国巴洛克、英国巴洛克等；我国室内的传统风格包括明清风格、隋唐风格、徽派风格、川西风格等。

2. 现代风格

现代风格即现代主义风格，起源于1919年成立的包豪斯(Bauhaus)学派，强调突破旧传统，创造新建筑，重视功能和空间组织，注意发挥结构构成本身的形式美，造型简洁，反对多余装饰，崇尚合理的构成工艺，尊重材料的性能，讲究材料自身的质地和色彩的配置效果，发展了非传统的以功能布局为依据的不对称的构图手法。重视实际的工艺制作操作，强调设计与工业生产的联系。

案例2：现代建筑大师密斯·凡·德·罗有句被无数建筑师奉为经典的名言：少即是多。这一理论在1950年落成的范斯沃斯住宅(图9.16)上体现得最为彻底——这栋深藏于森林深处，满足了所有梦幻想象的玻璃房子，以其极端和纯粹性，成为充满争议和浪漫色彩的不朽之作。范斯沃斯住宅是密斯1945年为美国单身女医师范斯沃斯设计的一栋住宅，1950年落成。住宅坐落在帕拉诺南部的福克斯河右岸，房子四周是一片平坦的牧野，夹杂着丛生茂密的树林。与其他住宅建筑不同的是，范斯沃斯住宅以大片的玻璃取代了阻隔视线的墙面，成为名副其实的"看得见风景的房间"。建筑外观也简洁明净，高雅别致。袒露于外部的钢结构均被漆成白色，与周围的树木草坪相映成趣。由于玻璃墙面的全透明观感，建筑视野开阔，空间构成与周围风景环境一气呵成。

图 9.16　范斯沃斯住宅造型

范斯沃斯住宅是一件体现全面空间的作品，由大小两个矩形构成，小矩形是一个入口平台，由六根工字钢架起。密斯之所以这么设计的主要原因，除了对建筑形式统一的追求以及带给人们的建筑空间的暗示和过渡感外，还有一个重要的实际功能，那就是范斯沃斯住宅旁的福克斯河，在雨季时会涨水，并淹没附近的草地，架起的平台可以高于水位，更方便人们的进出。大矩形由八根工字钢支撑，除了一个有顶的入口门厅，其他就是一个完全开放，只有一个核心筒的封闭整体空间(图 9.17)。

图 9.17　范斯沃斯住宅与外部环境

住宅从入口到房间、室外、半室外再到室内，台阶一步一步地抬起，空间一步一步地过渡，建筑师用他特有的建筑语言，将人的心里很自然地从外部空间引入建筑空间。透明的玻璃幕墙，隔而不离，透而不通，将室外的自然引入室内，达到建筑空间的高潮。虽然密斯的设计与使用者的生活产生了一定的矛盾，使用者也会因自己的喜好改变室内的布置，人就与建筑发生了更深一步的关系，建筑因人的运动而运动，这就是密斯的"流动空间""匀质空间"的思想体现。与沙利文的"形式服从功能"不同，密斯认为人是活的生命，人的需求是会变化的，而建筑形式一旦定型，就难以改变。但是只要有一个的大空间，人们就可以在其内部按自己的喜好随意改造，需求就可以得到满足了，也应验了一句古话"以不变应万变"。范斯沃斯住宅也正是因此而生。

建筑、环境、人，这三者要紧密结合才能创造出有个性的空间和设计。

3. 混合型风格

混合型风格也称为混搭风格，即传统与现代风格的组合搭配。也可以是不同传统风格的组合，如中西结合等。

9.3.4 室内设计的要素

人的一生，绝大部分时间是在室内度过的。因此，人们设计创造的室内环境，必然会直接关系到室内生活、生产活动的质量，关系到人们的安全、健康、效率、舒适等。

室内环境的创造，应该把保障安全和有利于人们的身心健康作为室内设计的首要前提。人们对于室内环境除了有使用安排、冷暖光照等物质功能方面的要求之外，还常有与建筑物的类型、性格相适应的室内环境氛围、风格文脉等精神功能方面的要求。因此，在设计的过程中应注意以下要素。

1. 空间要素

空间的合理化并给人们以美的感受是设计基本的任务。要勇于探索时代感和技术，赋予空间的新形象，不要拘泥于过去形成的空间形象。

2. 色彩要求

室内色彩除对视觉环境产生影响外，还直接影响人们的情绪、心理。科学的用色有利于工作，有助于健康。室内色彩除了必须遵守一般的色彩规律外，还随着时代审美观的变化而有所不同。

3. 光影要求

人类喜爱大自然的美景，常常把阳光直接引入室内，以消除室内的黑暗感和封闭感，特别是顶光和柔和的散射光，使室内空间更为亲切自然。光影的变换，使室内更加丰富多彩，给人以多种感受。

4. 装饰要素

室内整体空间中不可缺少的建筑构件，如柱子、墙面等，结合功能需要加以装饰，可共同构成完美的室内环境。充分利用不同装饰材料的质地特征，可以获得千变万化和不同风格的室内艺术效果，同时还能体现地区的历史文化特征。

5．陈设要素

室内家具、地毯、窗帘等均为生活必需品，其造型往往具有陈设特征，大多数起着装饰作用。实用和装饰二者应互相协调，使功能和形式统一而有变化，使室内空间舒适得体，富有个性。

6．绿化要素

室内设计中绿化以成为改善室内环境的重要手段。室内移花栽木，利用绿化和小品以沟通室内外环境、扩大室内空间感及美化空间均起着积极作用。

9.3.5 室内设计的原则

要想成为一名合格的室内设计师，做好室内设计工作，应该全面考虑室内空间的应用，以及使用者的因素，可根据以下原则进行设计。

1．功能性原则

设计首先保证功能的实现，包括满足与保证使用的要求、保护主体结构不受损害和对建筑的立面、室内空间等进行装饰三个方面。

2．安全性原则

对于室内空间的墙面、地面或顶棚，其构造都要求具有一定强度和刚度，符合计算要求，特别是各部分之间的连接的节点，更要安全可靠。

3．可行性原则

设计是要通过施工把创意变成现实，因此，设计方案一定要具有可行性，力求施工方便，易于操作。

4．经济性原则

任何设计都要求经济实用，要根据建筑的实际性质不同及用途确定设计标准，不要盲目提高标准，单纯追求艺术效果，造成资金浪费，也不要片面降低标准而影响效果，重要的是在同样造价下，通过巧妙的构造设计达到良好的实用与艺术效果。

9.3.6 室内设计的内容

(1) 空间处理：包括在建筑设计的基础上或在改造旧房的过程中，调整空间的形状、大小、比例，决定和解决空间的开敞与封闭的程度，再考虑分割及空间的衔接、过渡、统一、对比、序列等问题(图 9.18)。

(2) 家具陈设：包括设计和选择家具与设施，并按使用要求和艺术要求进行配置。

(3) 界面装修：包括对低界面、侧界面、垂直界面、主要构件和部件进行造型设计和构造设计，决定它们的材料和做法(图 9.19)。

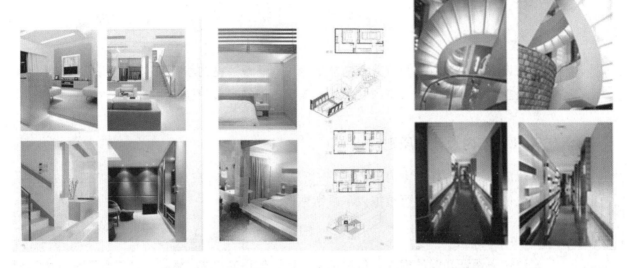

图9.18 空间处理　　　　　　　　　　　　　图9.19 界面装修

(4) 烦饰美化：包括设计或选择壁画、绘画、书法、挂毯、挂饰、雕塑和小品等(图 9.20)。

图9.20 背景墙的美化

(5) 灯具照明：包括确定照明方式，选择或设计灯具，并合理地进行配置(图 9.21)。

(6) 自然景物：包括设计石景、水景和绿化和较大规模的庭院景观(图 9.22)。

图9.21 灯光对不同环境的渲染

图9.22 自然景物的衬托

9.3.7 当代室内设计的主要流派

(1) 白色派(图 9.23)。

(2) 光洁派(图 9.24)。

图9.23 白色调

图9.24 光洁的表面

(3) 高技派(图 9.25)。

(4) 烦琐派(图 9.26)。

图 9.25　高科技的蓬皮杜艺术中心

图 9.26　装饰较繁杂的家居风格

(5) 后现代主义派(图 9.27)。

(6) 历史主义派(图 9.28)。

图 9.27　后现代的家居

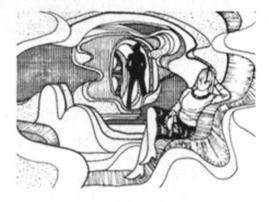

图 9.28　历史主义风格的内部空间处理

9.3.8　室内设计的要求

室内设计是为人们创造理想的居住环境，这就要求室内设计要满足人们各种使用要求。

(1) 要有适用性：适用性即要满足合用、舒适、方便、有效、安全、经济等内涵。

(2) 要有艺术性：艺术性要求室内环境必须美观耐看，给人以美感，体现出一定的氛围，具有一定的风格特征，具有深刻的意境。

(3) 要有文化性：文化性要求室内设计成果一定要体现出国家的、民族的、地域的历史文脉，使整个环境具有深刻的历史文化内涵。

(4) 要有科学性：科学性要求室内设计应该充分体现当代科学技术的发展水平，符合现行规范和标准，具有技术和经济上的合理性。

(5) 要有生态性：在室内设计中，体现生态型原则主要措施主要包括①节约能源，多用可再生能源；②充分利用自然光和自然通风；③利用自然要素，改善室内小气候；④因地制宜地采用新技术。

(6) 要有个性：室内设计应该有个性，应根据不同的年龄、性别、阅历、职业、文化程度和审美趣味等设计居住风格。

9.3.9 室内设计的程序

室内设计的进程(图 9.29)，大体上可以分为四阶段，即设计准备阶段、方案初步设计阶段、施工设计阶段、施工监理阶段。

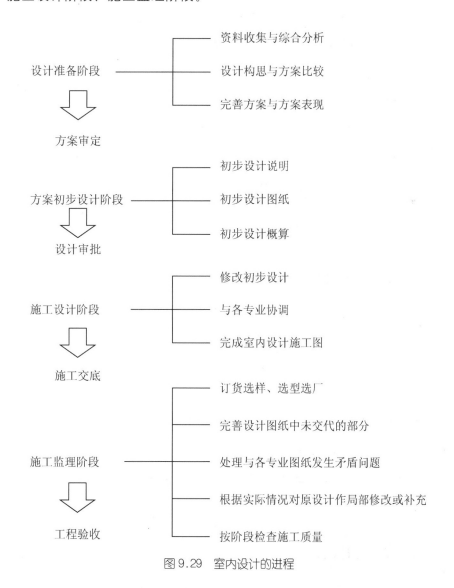

图 9.29 室内设计的进程

9.4 园林设计

园林设计的工作范围可包括庭园、宅园、小游园、花园、公园以及城市街区、机关、厂矿、校园、宾馆饭店等。公园设计内容比较全面,具有园林设计的典型性。

9.4.1 园林设计概述

园林设计是一门研究如何应用艺术和技术手段处理自然、建筑和人类活动之间复杂关系,达到和谐完美、生态良好、景色如画之境界的一门学科。

园林设计就是在一定的地域范围内,运用园林艺术和工程技术手段,通过改造地形(或进一步筑山、叠石、理水),种植树木、花草,营造建筑和布置园路等途径创作而建成美的自然环境和生活、游憩境域的过程。

园林设计的最终目的是要创造出景色如画、环境舒适、健康文明的游憩境域。一方面,园林是反映社会意识形态的空间艺术,园林要满足人们精神文明的需要;另一方面,园林又是社会的物质福利事业,是现实生活的实景,所以,还要满足人们良好休息、娱乐的物质文明的需要。

9.4.2 园林设计的原则

以高起点、高标准设计创造高品位的居家生活环境。

(1) 强调设计与服务意识之间的互动关系。

(2) 设计的职责是创造特性。

(3) 注重研究地域人文及自然特征,并作为景观形式或语言及内容创新的源泉。

(4) 环境和人的舒适感依赖于多样性和统一性的平衡,人性化的需求带来景观的多元化和空间个性化的差异,但它们也不是完全孤立的,设计时尽可能地融入景观的总体次序,整合为一体。

9.4.3 园林设计的理念

园林设计与中国传统文化关系密切,通过造园布置体现了传统文化天人合一的精神内涵，表达了人与自然和谐相处的意蕴。以苏州园林为代表(图 9.30)，园林设计讲究多种技巧，而整体理念始终一贯，即人与环境的和谐。其中，风水学的影响及其重要。

1. 艺术思想

中国的造园艺术与中国的文学有着紧密的关系，园林的景观布置综合体现了造园者的精神世界与文学修养，进而创造了意境深远的园林。

2. 居住条件和生活环境

苏州古典园林宅园合一，即可赏、可游、可居，这种建筑形态的形成，是人类依恋自然，追求与自然和谐相处，美化和完善自身居住环境的一种创造。

3. 社会文化内涵

苏州古典园林的重要特色之一，是它不仅是历史文化的产物，同时也是中国传统思想文化的载体。表现在园林厅堂的命名、匾额、楹联、书条石、雕刻、装饰，以及花木寓意、叠石寄情等，不仅是点缀园林的精美艺术品，同时储存了大量的历史、文化、思想和科学信息、物质内容和精神内容都极其深广。

图 9.30　东方韵味的苏州园林

9.4.4　园林的特色

1. 花窗借景

苏州园林最大的特点便是借景与对景在中式园林设计中的应用。中国园林讲究"步移景异"，对景物的安排和观赏的位置都有很巧妙的设计，这是区别于西方园林的最主要特征。

2. 对景的分类

正对：在视线的终点或轴线的一个端点设景成为正对，这种情况的人流与视线的关系比较单一。

互对：在视点和视线的一端，或者在轴线的两端设景称为互对，此时，互对景物的视点与人流关系强调相互联系，互为对景。

9.4.5　园林设计的忌讳

园林设计八"忌"如下。

(1) 忌追求高档、豪华，远离自然，违背自然。

(2) 忌盲目模仿，照搬照抄，缺乏个性。

(3) 忌缺乏人文关怀，不顾人的需要。

(4) 忌只注重视觉上的宏伟、气派、高贵及堂皇的形式美，而不顾工程的投资及日后的管理成本。

(5) 忌忽视与当地环境的和谐统一，破坏整体的生态环境。

(6) 忌对园林植物随意配置。

(7) 忌只注重一种植物，忽视园林植物配置的多样性。

(8) 忌只注明园林植物的种类，不明确具体品种和规格。

9.5　城市规划设计

城市的发展是人类居住环境不断演变的过程，也是人类自觉和不自觉地对居住环境进行规划安排的过程。研究城市的未来发展、城市的合理布局和综合安排城市各项工程建设的综合部署，是一定时期内城市发展的蓝图，是城市管理的重要组成部分，是城市建设和管理的依据，也是城市规划、城市建设、城市运行三个阶段管理的龙头。

9.5.1　城市规划的作用

要建设好城市，必须有一个统一的、科学的城市规划，并严格按照规划来进行建设（图 9.31）。城市规划是一项系统性、科学性、政策性和区域性很强的工作。它要预见并合理地确定城市的发展方向、规模和布局，作好环境预测和评价，协调各方面在发展中的关系，统筹安排各项建设，使整个城市的建设和发展，达到技术先进，经济合理,"骨、肉"协调,环境优美的综合效果,为城市人民的居住、劳动、学习、交通、休息及各种社会活动创造良好条件。

城市规划是指城市人民政府为了实现一定时期内城市经济社会发展目标,确定城市性质、规模和发展方向,合理利用城市土地,协调城市空间布局和各项建设所作的综合部署和具体安排。城市规划的根本作用是作为建设城市和管理城市的基本依据,是保证城市合理地进行建设和城市土地合理开发利用及正常经营活动的前提和基础,是实现城市社会经济发展目标的综合手段。

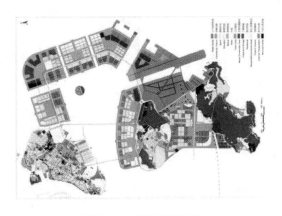

图 9.31　城市规划版图

9.5.2　城市规划工作基本属性

一个城市的规划,决定了城市的精神面貌,体现了城市的文化及发展的前景,因此城市规划的工作具备以下属性。

(1) 技术性。运用合适的技术将城市功能合理化,包含土地资源、空间布局、道路和交通、公共设施和市政基础设施。

(2) 艺术性。规划具有艺术美感,体现城市形态的和谐性,如城市天际轮廓、城市公共空间、街道、公园、广场、滨水地带、城市街区特色、标志性建筑等。

(3) 政策性。城市规划是作为公共政策工程,应具有经济效率和社会公正。

(4) 民主性。城市的规划是社会资源的再分配,代表最广大的人民利益。

(5) 综合性。城市的规划体现了这个城市的经济、社会和环境的协调发展。

9.5.3　城市规划的任务

城市规划的任务是:根据国家城市发展和建设方针、经济技术政策、国民经济和社会发展长远计划、区域规划,以及城市所在地区的自然条件、历史情况、现状特点和建设条件，布置城市体系；确定城市性质、规模和布局；统一规划、合理利用城市土地；综合部署城市经济、文化、基础设施等各项建设，保证城市有秩序地、协调地发展，使城市的发展建设获得良好的经济效益、社会效益和环境效益。

9.5.4 城市规划遵循原则

城市规划的原则包括整合原则、经济原则、安全原则、美学原则和社会原则五项。

1．整合原则

城市规划要坚持从实际出发，正确处理和协调各种关系的整合原则。

(1) 应适应城市的发展规模、各项建设标准、定额指标，计划程序同国家和地方的经济技术发展水平相适应。

(2) 要正确处理好城市局部建设和整体发展的辩证关系，要从全局出发。

(3) 要正确处理好城市规划近期建设与远期发展的辩证关系。

(4) 要处理好城市经济发展和环境建设的辩证关系。

2．经济原则

城市规划要坚持适用、经济的原则，贯彻勤俭建国的方针，这对于中国这样一个发展中国家来说尤其重要。

(1) 要本着合理用地、节约用地的原则，做到精打细算，珍惜城市的每一寸土地，尽量少占农田，不占良田。土地是城市的载体，是不可再生资源。

(2) 要量力而行，科学合理地确定城市各项建设用地和定额指标，对一些重大问题和决策进行经济综合论证，切忌仓促拍板，造成不良后果。

3．安全原则

安全需要是人类最基本的需要之一。因此，城市规划要将城市防灾对策纳入城市规划指标体系。

(1) 编制城市规划应当符合城市防火、防爆、抗震、防洪、防泥石流等要求。

(2) 还要注意城市规划的治安、交通管理、人民防空建设等问题，如城市规划中要有意识地消除那些有利于犯罪的局部环境和防范上的"盲点"。

4．美学原则

规划是一门综合艺术，需要按照美的规律来安排城市的各种物质要素，以构成城市的整体美，给人以美的感受，避免"城市视觉污染"。

(1) 要注意传统与现代的协调，保护好城市中那些有代表性的历史文化设施、名胜古迹的同时，也要注意体现时代精神，包括使用新材料、新工艺，让二者结合"神似"而不是"形似"。

(2) 要自然景观和人文景观的协调，建筑格调与环境风貌的协调。城市规划需要通过对建筑布局、密度。层高、空间和造型等方面的干预，体现城市的精神和气质，满足生态的要求。

5．社会原则

所谓社会原则，就是在城市规划中树立为全体市民服务的指导思想，贯彻有利生产、方便生活、促进流通、繁荣经济、促进科学技术文化教育事业的原则，尽量满足市民的各种需要。

(1) 设计要注重人与环境的和谐。人是环境的主角，让建筑与人对话，引入公园、广场成为市民交流联系的空间，使市民享受充分的阳光、绿地、清新的空气、现代化的公共设施、舒适安全的居住环境。这种富有生活情趣和人情味的城市环境，已成为世界上许多城市规划和建设的目标。

(2) 要大力推广无障碍环境设计。城市设施不仅要为健康成年人提供方便，而且要为老、弱、病、残、幼着想，在建筑出入口、街道商店、娱乐场所设置无障碍通道，体现社会高度文明。我国目前和将来都是老人和残疾人较多的国家，在城市中推广无障碍设计，其意义尤为重要。

9.6 景观设计

"景观设计"(又叫作景观建筑学)是指在建筑设计或规划设计的过程中，对周围环境要素的整体考虑和设计，包括自然要素和人工要素。使得建筑(群)与自然环境产生呼应关系，使其使用更方便、更舒适，提高其整体的艺术价值。包括广场、商业街、标志物、夜景照明、城市雕塑和室外壁画的设计。

9.6.1 景观设计的概述

景观设计学是一门建立在广泛的自然科学和人文与艺术学科基础上的应用学科。尤其强调土地的设计，即通过对有关土地及一切人类户外空间的问题进行科学理性的分析，设计问题的解决方案和解决途径，并监理设计的实现。

景观设计学是关于景观的分析、规划布局、设计、改造、管理、保护和恢复的科学和艺术。景观设计包括会展展览设计、艺术景观设计、空间道具设计、节日气氛设计。

景观设计学与建筑学、城市规划、环境艺术、市政工程设计等学科有紧密的联系，与建筑学的不同的是，景观设计学所关注的问题是土地和人类户外空间的问题，它与现代意义上的城市规划的主要区别在于景观设计学是物质空间的规划和设计，包括城市与区域的物质空间规划设计，而城市规划更主要关注社会经济和城市总体发展计划。

9.6.2 景观设计学的内容

(1) 大面积的河域治理，以及城镇总体规划。

(2) 中等规模的主题公园设计、街道景观设计。

(3) 面积相对较小的城市广场、小区绿地、甚至住宅庭院等。

案例3：景观设计师的称谓由美国景观设计之父奥姆斯特德(Olmsted)于1858年非正式使用，1863年被正式作为职业称号。奥姆斯特德坚持用景观设计师，而不用在当时盛行的风景花园师(或风景园林师，landscape gardener)，这不仅仅是职业称谓上的创新，而且是对该职业内涵和外延的一次意义深远的扩充和革新。

9.6.3 景观设计的特点

(1) 与市政工程设计不同。景观设计学更善于综合地、多目标地解决问题，而不是单一目标的解决工程问题，当然，综合解决问题的过程有赖于各个市政工程设计专业的参与，如图9.32所示。

图9.32 城市景观设计

(2) 与环境艺术(甚至大地艺术)的主要区别。景观设计学的关注点在于用综合的途径解决问题，关注一个物质空间的整体设计，解决问题的途径是建立在科学理性的分析基础上的，而不仅仅依赖设计师的艺术灵感和艺术创造。从规划角度来说，景观设计的目的通常是提供一个舒适的环境，提高该区域的(如商业、文化、生态)价值，因而在设计中应抓住其关键因素，提出基本思路。

9.6.4 景观设计的内在

景观的栖居地含义是体现人的自然属性和真实的生活体验。

(1) 景观是人与人、人与自然关系在大地上的烙印。每一景观都是人类居住的家，中国古代山水画把可居性作为画境和意境的最高标准。

(2) 景观是内在人的生活体验。景观作为人在其中生活的地方，把具体的人与具体的场所联系在一起。

9.6.5 在规划及设计过程中对景观因素的考虑

在规划设计中通常分为硬景观(hardscape)和软景观(softscape)两部分，通过不同要素进行分析设计。

(1) 硬景观是指人工设施，通常包括铺装、雕塑、凉棚、座椅、灯光、果皮箱等。

(2) 软景观是指人工植被、河流等仿自然景观，如喷泉、水池、抗压草皮、修剪过的树木等。

景观设计除应当具有一定功能满足外，更应当注重整个环境带给人们的精神满足，反映更多的是景观作为人生存和向往的人文关怀。

9.7 室内外装修设计的未来趋势

未来装修设计新趋势表现在人们将更加重视生态环境和个性化表现，并充分体现整体艺术性、高度现代化、民族文化性、方便功能性和人性情感的表达。当前新手法、新理论层出不穷，呈现五彩缤纷，不断探索创新的局面。

科学技术的发展,将为建筑活动提供改变其自我形象的机会。由此,给装修提出了新的要求和带来了新的机遇。首先是建筑形式的改变,促使装修内容和方式的变化,然后是装修材料的种类和式样的更加多样化,装修行业要能恰到好处的给予运用。今后,由于人们渴望回归自然,许多天然材料会大量出现在装饰行业。

由于装修业的难度越来越高,新材料、新技术、新设备、新工艺都向装修行业发出了信号,那就是一定要提高行业的整体素质,包括文化水平、科技水平。未来的装饰公司,不可能像现在这样每个城市都有几百家、上千家,而应被几个大的公司所取代。这些大公司技术力量雄厚,设备齐全,材料配套,施工人员均有高等文化和掌握多种技艺,有较强的责任感和事业心。

随着建筑业的改进,人类居住环境的变化,一场大的装修业的变革,即将到来,一切关心装修业的人士都应密切关注,并积极投入和促进这场变革的早日到来。

思 考 题

1. 环境设计的定义是什么?
2. 简述环境设计的范畴与分类。
3. 简述环境设计的原则。
4. 简述环境设计的要素。
5. 简述室内设计的原则。
6. 园林设计的特点是什么?
7. 城市规划设计的作用是什么?
8. 景观设计包括哪些内容?
9. 室内外装修设计的未来趋势如何?

第 10 章　视觉传达设计

教学目标

了解视觉传达设计的概念及发展历程。

理解视觉传达的过程。

了解视觉传达设计的特征和原则。

了解视觉传达设计的要素。

了解视觉传达的主要领域。

教学要求

知识要点	能力要求	相关知识
视觉传达设计的概念及发展历程	(1) 了解视觉传达设计的概念； (2) 了解视觉传达设计的发展历程	
视觉传达的过程，视觉传达设计的特征及原则	(1) 理解视觉传达的过程； (2) 了解视觉传达设计的特征； (3) 了解视觉传达设计的原则	交互设计
视觉传达设计的要素	了解图形、色彩、文字、编排等视觉传达设计要素及其应用	图形、色彩、文字
视觉传达设计的领域	(1) 了解标志设计、广告设计； (2) 了解包装设计、CI 设计	标志设计、广告设计、包装设计、CI 设计

基本概念

视觉传达设计：通过视觉语言进行表达传播的方式，是一种处理视觉信息传递或沟通的设计。

构成视觉传达设计的基本要素：图形、色彩、文字和编排。

10.1 视觉传达设计概述

视觉传达设计是一种处理视觉信息传递或沟通的设计。一个正常人的知觉 65%～70% 由视觉而获得，由此可知，视觉对人类知识文化具有非常大的影响力。在这个资讯快速流通的新时代中，视觉传达设计在各种信息的交流、互动中，扮演着极为重要的角色，它像一座桥梁，结合人与人、人与社会、人与自然界之间的关系，让设计者利用文字、符号、造型来创造具有美感、意象、意念的一种视觉效果,透过这个视觉效果,达到沟通传达的目的。

10.1.1　视觉传达设计的概念

视觉传达是人与人之间利用"看"的形式所进行的交流,是通过视觉语言进行表达传播的方式,是一种非语言传达。它可以是一段影片,也可以是一个图案或是一种情景,可弥补语言传达的不足,其视觉影像本身更具意义及机能。不同的地域、肤色、年龄、性别和语言的人们,通过视觉及媒介进行信息的传达、情感的沟通、文化的交流。视觉的观察及体验可以跨越彼此语言不通的障碍,可以消除文字不同的阻隔,凭借对"图"——图像、图形、图案、图画、图法、图式的视觉共识获得理解与互动。

视觉传达包括"视觉符号"和"传达"这两个基本概念。所谓"视觉符号"顾名思义就是指人类的视觉器官——眼睛所能看到的能表现事物一定性质的符号,如摄影、电视、电影、造型艺术、建筑物、各类设计、城市建筑,以及各种科学、文字,也包括舞台设计、音乐、古钱币等都是用眼睛能看到的,它们都属于视觉符号。

传达(communication)在拉丁语中是"沟通""给予"的意思,即是指人与人沟通中交换某种共同的东西,此种共同的东西便是情报、知识、构想、意见与态度等。它反映了传达或者沟通的基本内涵。传达应包括发送一方和接受一方,发送一方发出传达的内容并成为接受一方的内容;接受一方在收受的过程中产生某种理解和反应,这就是所谓传达的过程。设计中的传达不是为"传"而"传",应该为使对方接受、同情、理解而传达。只有站在这种立场上,才能完成传达的真正目的。

所谓"传达",是指信息发送者利用符号向接受者传递信息的过程,它可以是个体内的传达,也可能是个体之间的传达,如所有的生物之间、人与自然、人与环境及人体内的信息传达等。它包括"谁""把什么""向谁传达""效果、影响如何"这四个方面。

视觉传达设计是以印刷或计算机信息技术为基础,将所要表达的信息通过创造具有形式美感的视觉信息,借助媒介传播,并能对受众产生一定影响的构思、行动过程。视觉传达设计的宗旨是以科学为基础,以技术为手段,以艺术为形式。

不同的国家对视觉传达设计的定义不同,美国对视觉传达设计的定义是对人与人之间实现信息传播的信号、符号的设计,是借助视觉来传达设计者所要表达的信息内容的设计,是一种以平面为主的造型活动。我国对视觉传达的解释为经过设计完成的图像符号(包括文字、色彩及版面)作用于人的视觉,由视知觉所获得的效应激发人的心理反应,来实现信息传播的目的。日本词典对其解释为给人看的设计,告知的设计。从以上定义，我们可以看出，视觉传达设计包含了以下几方面的内容：和信息有关、和表现有关、和传达有关，并对观察者的心理产生影响。

视觉传达设计通过视觉符号向人们传达各种信息。信息是用来传送、交换、存储且具有一定意义的抽象内容。信息可分为商业信息和非商业信息。在视觉传达设计中，商业信息是为现代商业服务的，用于传达设计委托方的商业意图、产品信息、情感等，最终实现其利润的最大化，同时也是企业——商品——消费者沟通的桥梁之一。如广告设计(图 10.1)、包装设计、企业形象设计等。非商业信息是为了传达社会公德、设计师的自我情感、非商业组织的理念及公共信息等，如公益海报设计(图 10.2)、城市导向识别设计、政府宣传活动等。

图10.1　索尼随身听广告设计

图10.2　保护环境公益海报设计

10.1.2　视觉传达设计的发展历程

在人类社会漫长的发展过程中，我们的祖先创造了各种交流的方式，其中包括文字、图画、符号等视觉语言。一直以来，符号在信息传播过程中有着不可替代的作用。当然，要作为一种视觉语言存在，符号必须是"经过协议作为某种目的的有效手段而为各方面所接受的"，即符号本身所代表的内在含义是可以被多数人所认同的。尽管符号本身并不是语言，但是"一个特殊符号体系一旦加以实用并被人掌握，它就重新获得了专门化语言的情感表现力"。虽然我们并不确切知道人类使用视觉符号来传递信息的最早时间，但是那些出土的石器、陶器、岩壁上及洞穴上留下的大量刻画符号和手绘图形已经告诉我们，早在人类史前时期这种语言已经存在(图 10.3、图 10.4)。

经过漫长的历史时期，人类又发明了文字。中国、巴比伦、苏美尔、埃及的文字都是直接从图形演变而来的(图 10.5)。而中国的造纸术和印刷术对文字的保存和传播又起到了重要作用，打开了更为宽广的文字传播之门。若阿内斯·古腾堡于1445年改进了金属活字印刷术，从此视觉传达设计走进了印刷传达时代。

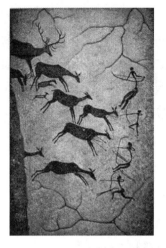
图10.3 西班牙史前洞穴壁画

图10.4 古埃及壁画

图10.5 中国的象形文字

兴起于19世纪中叶欧美的印刷美术设计，是平面设计、图形设计的扩展和延伸。近代以来，以各种招贴画为中心的设计流派发展起来，20世纪初又发生了现代艺术运动，如立体派(图10.6)、未来派、达达派、风格派(图10.7)及超现实主义、至上主义和构成主义等对视觉传达设计产生了直接影响。

图10.6 立体派——坐着的多拉玛尔图

图10.7 风格派——蒙德里安作品

由于信息传播媒介的日益扩大，1960年世界设计会议在日本东京举行。与会者一致认识到有必要综合不同媒介，如电视、报纸、杂志等技术特点，将各种信息传播的方式进行归纳。他们把有关内容传达给眼睛从而进行造型的表现性设计统称为视觉传达设计。至此视觉传达设计作为一门设计学科逐步确立起来。视觉传达设计经历了商业美术设计、工艺美术设计、印刷美术设计、装潢设计、平面设计等几大阶段的演变，最终成为以视觉媒介为载体，利用视觉符号表现并传达信息的设计(图10.8)。

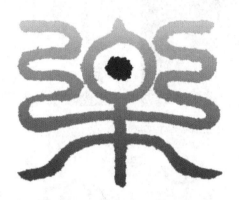

图10.8　音像博览会标志

随着计算机软硬件技术的发展，使视觉传达设计迈向了数字化设计时代。各种信息如图形、文字、声音等，以数字的形式存储、编辑、复制、传播。视觉传达设计的主要平台也转向了计算机技术。计算机技术模糊了传统媒体使各类媒体相互融合，视觉符号形式也由以平面为主扩大到三维、四维。传达的方式由单向信息传达向交互式信息传达发展。在未来更高级的信息社会，视觉传达设计将有更大的发展空间，会发挥更大的作用。

10.2　视觉传达设计的特征及原则

视觉传达设计极为广泛而且其特性也都不相同。无论是单独企业策划的情况，或者是宣传广告及经过规划具有组织性的广告活动，我们都可将设计分为思考阶段和视觉化阶段。所谓思考阶段是指考虑设计的目的是什么、背景如何、设计计划的效果和目标要达到何种情况的过程。而视觉化阶段，就是把设定好的概念透过图案或文字，转换成视觉性图像及传达信息的过程，与构图、色彩、造型技巧有很大的关系。例如，图表、字体、印刷设计、底纹、摄影、电脑绘图、影像处理、版面编排、动画等都是视觉化的过程。

10.2.1 视觉传达的过程

现今传达的定义是信息发送者利用符号向信息接受者传递特定信息的过程。运用到设计中，就是设计师利用视觉符号向浏览者传递信息，浏览者则通过对视觉对信息作出反映，并以此决定自己的思考和进一步行动的过程(图10.9)。这个过程由"设计师""浏览者""特定信息"及"传达效果"四个因素共同构成。

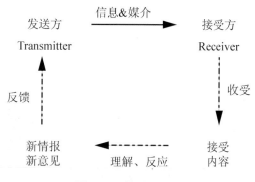

图10.9 传达的过程

视觉传达的基础应建立在发送者(transmitter)、媒体(media)、接受者(receiver)的观念上。视觉传达的过程，对于信息发送者来说，是根据不同的传达目标，将设计思想和设计概念转变为视觉符号的过程，即概念视觉化的过程。对信息接收者来说，是相反的过程，即视觉概念化的过程。贯穿和联结两个过程的是信息，即发送者与接收者之间的载体和媒介。

10.2.2 视觉传达设计的特征

设计是一门科学，因为设计的过程不可避免地含有理性的和技术性的因素；设计也是一门艺术，因为设计的过程就是一种有目的的审美创造的过程，它不仅具有实用价值，更具有不可忽视的审美价值。所以，视觉传达设计的本质就是科学技术与艺术相统一的，以满足人类的物质与精神方面各种需求为目的的创造性活动。

1. 经济性特征

无论是对于制造者还是设计者，视觉传达设计的实用目的都表现在经济利益上。作为参与市场竞争、提高经济效益的有效途径，设计已成为一个企业，乃至一个国家谋求发展的重要手段。从人类的历史来看，设计尽管贯穿了人类的整个发展史，但是真正把经济效益作为设计的主要目的却是在工业革命之后。工业革命以后，随着机器大批量生产、中产阶级的崛起，设计开始逐渐走向大众化，此时设计的经济性特征才得以凸显。商品流通是经济活动的一种形态，市场是商品流通的渠道，任何一个企业都必须通过市场销售使其产品实现一定的经济效益，完成经济积累，才能不断地扩大再生产。为了占领市场，设计必须满足市场需求，而视觉形式无疑是促销商品的主要手段之一(图 10.10、图 10.11)。可以说赢得市场的关键就是设计，反过来，设计的发展也必须依靠市场的不断完善而实现。

图10.10　麦当劳标志

图10.11　地产广告

2．科技性特征

就像我们所看到的，科学技术对于人类社会的发展以及人类生活的影响就是通过产品的形式得以实现的，不同时代的产品都与不同时代的科技紧密相连。科学技术也是视觉传达设计的重要基础，印刷技术、摄影、电脑、多媒体等都带来了设计的一次次变革。在设计伊始，技术与艺术尚未剥离，从设计、装饰到制作往往由一人承担。在机器大生产的工业时代，科技是生产的主要动力，产品的艺术形式也被烙上机器大生产的印记。信息时代，数码技术已渗透到设计的各个阶段，带动着视觉传达设计的发展。计算机是设计的主要工具，计算机也为信息的传达建构了一个虚拟的电子空间。当代设计师在进行设计前期的素材收集时已离不开数码相机、摄像机、扫描仪，以及网络上丰富的素材库；在设计的中期阶段，在计算机提供的这种以数字化方式构成的虚拟空间中，设计师不仅要使用设计软件来创作视觉形象(图 10.12)，还要借助网络这一最具时效的虚拟空间来将这最终的信息产品传递出去，进而物化为具有实体特征的产品形式(图 10.13)。可以毫不夸张地说，科学技术是视觉传达设计的重要工具，它不仅改变了设计的方式，提供了新的设计材料，影响着设计的风格，也提供着新的设计课题，并指导着设计发展的方向。

图10.12 数码图片素材

图10.13 网购广告

3. 艺术性特征

视觉传达设计的目的在于信息的传达。要达到这一目的，设计师必须对设计专题有科学、合理而准确地把握，必须有卓尔不凡的创意，还必须借助打动人心的艺术表现形式来实现信息的沟通。虽然艺术对于设计而言并非与生俱来的品质，但艺术对于任何设计都有着不容忽视的作用。首先信息的传达必须借助艺术的视觉化的语言。就像格罗庇乌斯在《包豪斯宣言》中所明确提出的那样："艺术家的感觉与技术人员的知识必须结合，以创造出建筑与设计的新形式"，艺术的形态与造型、形式美的规律、艺术风格与流派的影响、对传统艺术的借鉴等贯穿了整个现代设计的发展史。其次，视觉传达设计的目的在于向既定的消费群体有效地传递信息，所以如何满足消费者的审美需求是视觉传达设计师无法回避的问题。

当然，视觉传达设计的艺术性特征并不仅限于简单的装饰或单纯的形式美感，更为重要的是设计形式与内容的有机统一(图10.14)。正如有些学者所说："设计中的审美性不是与物理的机能相背离而存在的。真正的设计必须是追求审美性和物理机能两者的融合，即必须是追求结合机能美的形态。"就视觉传达设计而言，除了点、线、面、色彩、材质、空间等基本视觉语言符号外，对比与统一、节奏与韵律、比例与尺度、视幻、变异、隐喻等视觉语言的语法结构都是构成视觉传达设计美感的重要因素。同时，这些设计要素还要结合传达的目的才能最终实现信息的有效传播。

图10.14 iPod广告图片

4. 交互性特征

交互是指受众和传达者之间的互动通信并交换信息的过程，需要双方参与。现在很多视觉传达的设计都将选择权交给了受众，引发受众自发的关注与参与，使受众参与到视觉传达的过程中。如网络游戏，一些商家甚至把广告所传达的信息隐含在游戏的环节中，受众的参与将加深对品牌或产品的认知度，从而达到理想的传达效果。换句话说就是，受众不再被动的接受传播的信息，而是根据自己的意愿和接受程度对整个视觉传达的展示形式、视觉效果以及过程进行选择性的接受。作为一种新的视觉传达表现形式，交互性极大地丰富了视觉传达的领域与内涵。因此，注重视觉传达的交互性，是提高视觉传达效果、增加视觉传达表现形式的新手段。

5. 文化性特征

视觉传达设计作为一种人类活动，其本身就是人类文化的一个重要组成部分。英国人类学家马林诺夫斯基根据文化的功能将文化现象分为：物质文化、精神文化、语言和社会组织。而与之相对应的文化形态就是：物质文化、智能文化、制度文化和观念文化。

物质文化也称器物文化，是以物质为载体的文化，包括人的物质生产资料、生产方式、生产能力及产品。智能文化是人类在社会实践活动和意识活动中形成的思维方式、价值观、审美意识、生产经验等。制度文化则反映在人与人之间的各种社会关系中，是人类在社会实践中建立的各种社会规范的总和，包括社会组织、社会制度、法律制度、经济制度、政治制度、民族习俗、道德和语言规范等。观念文化则是在器物文化和制度文化基础上形成的，表现为人的意识形态中的思维方式、价值观念、审美观念、文化艺术、宗教、道德等。视觉传达设计与这四种文化形态均有着密切的关联，它是依托于智能文化、制度文化和观念文化的共同作用，以对物质文化的创造为最终表现形式来构建设计文化自身的特征。

历史的设计就是设计的历史。人类的一切文化都始于造物，尽管人类第一件工具的诞生充满了偶发性，但是却为设计意义上的造物活动奠定了基础。视觉传达设计本身的文化内涵主要表现在：设计师在开展设计活动时，必须充分研究、考虑设计对象的文化环境，因为不同国家、不同地区、不同民族表现在文化内涵上有诸多差异(图10.15)。而设计师也无法回避本民族传统文化的影响和前辈设计风格的影响，这些因素的影响最终都必然会从物质形态的设计产品中得到充分的体现(图10.16)。此外，设计过程也是一个调和物与人、物与物、物与社会、物与环境等关系的过程，所以设计也必然会将各种文化形态加以整合而构成风格独特的设计文化形态。

图10.15　上岛咖啡标志

图10.16　茶叶包装设计

10.2.3　视觉传达设计的原则

21世纪是知识经济的时代，人类迈入了以信息设计为主的虚拟化、数字化设计时代，与此同时，设计理念、设计功能、存在方式等也发生着深刻的变化。在这个社会中，知识、信息和服务等无形的产品将在社会经济中占有越来越大的比重，人们将直接享用产品所提供的服务，而忽略产品的物质化存在。

现在，视觉传达设计的概念已经超出了平面的范围，多媒体、影视、动画等都是视觉传达所涉及的新领域。设计语言更加丰富，设计表达的形式也更广泛。因此在现代视觉传达设计中准确把握时代特征，掌握现代设计的基本原则与表现形式，将设计理念与设计形式法则相互结合是至关重要的。为增强作品的信息传达效果，在视觉传达设计中要遵循以下几个方面的原则。

1．审美性原则

视觉传达设计是一种实用艺术，是有目的的审美创造活动。因此，除了传达信息的功能之外，还要具有精神层面的美学特征和丰富的美学内涵。它要通过富有感染力的图形图像，给人以视觉上、心理上的审美享受，以达到传达信息的目的。因此，缺乏创意性、缺少视觉美感和艺术感染力的设计不能称之为成功的设计。

利用独特的表现方式，将商品或服务信息以夸张、独特、集中等诉求方式呈现在消费者面前，将商业信息巧妙地转化为视觉体验过程，创造出富有情趣和审美意味的视觉在作品，从而产生共鸣和互通的效果，这是视觉传达设计独有的特征。通过图形的透视、造型、重叠、夸张等手段增强创意之美；通过文字编排与构图变化增强形式之美；通过颜色、肌理、材质变化制造色彩之美，以增强审美性与愉悦性。

2. 人性化原则

人性化是现代设计的主要特征。设计的目的是为人而不是设计本身,因此设计必须以"人性化"为核心和宗旨,建立在"为人服务"的观点之上。

人性化设计主要包括四个方面:第一,以人体工程学和功能主义为基石。设计首先要建立在满足人们心理需求之上,必须关注使用者的需求动机,符合生理与心理特点。好的视觉传达设计作品能够更有效地传达设计者的思想,更加符合接受者的心理需求,让观察者产生强烈的共鸣,如图10.17奔驰广告设计。第二,科学的人本主义观念。在以科学手段满足人的生理需求之外,更要关注人的安全、归属和爱的需求及更高层次的精神需求。第三,平等与尊重的全面关注。尊重不同年龄、身份、文化、性别、生理条件使用者的需求。第四,对全人类的命运具有责任感和关怀精神。关注人类未来发展,提倡绿色设计与适度消费。尤其在商业的视觉传达设计方面,设计师必须以强烈的社会责任感,人性化设计为原则,来规范自己的设计。比如月饼的包装设计如图10.18所示,已经大大超越了月饼本身存储及保护的要求。这种过渡的包装,必然导致资源的严重浪费。要通过人性化设计唤醒人的本性,回归自然,提倡真实自然的生活方式。

图10.17 奔驰广告

图10.18 月饼包装

总之,视觉传达设计应树立人性化理念,提倡健康的生活方式,提高视觉审美观念,为消费者提供视觉审美和心理需求、"赏心悦目"的作品。

3. 创新性原则

创新是设计的基本原则。视觉传达设计的艺术感染力来自设计创新,创新从根本上来说是作品的差异化、个性化策略的体现。设计师要敢于突破固有的传统模式,富有创造性与开拓性,独具风格,标新立异;要在创意、图形、色彩等方面加强个性化因素,创造全新的视觉感受;在设计理念、制作形式等方面有独特的见解与创意手段,增强作品的表现力和感染力,给观察者留下深刻的印象(图10.19)。

4. 综合性原则

任何设计都不是完全独立的形式,形式美法则也是在长期设计实践中总结的经验,它不是僵化的规律,也没有绝对的模式和规则。在设计中不能割裂各个元素之间的关系,要善于捕捉视觉元素之间的关联性,使用中要灵活掌握、综合运用。例如,原始社会的彩陶装饰性纹样在创造的时候并没有一定的设计理论与法则,而是根据对自然的法则与经验所进行的创作,但也符合形式美法

图10.19 反战广告

则。如泥塑(图10.20)、剪纸(图10.21)等民间艺术是在历史传承与长期探索中自然形成的形式,同样符合现代设计审美标准。因此,在视觉传达设计中要不断总结经验,从多方面吸收创作元素,利用各种设计手段和经验,只有这样,设计才能朝着更加宽广、更加富有创新精神的方向发展。

图10.20 大阿福——惠山泥人图

图10.21 鲁南张范剪纸

10.3 视觉传达设计的要素

构成视觉传达设计的基本要素是图形、色彩、文字和编排,这是视觉传达设计中最重要的构成要素,这也决定了视觉传达设计的主要功能就是通过这四个要素,把设计者想要表达的东西通过这些要素传递给每一个接受到这个信息的接受者,它的主要功能就是起到信息传播的作用。

10.3.1 图形

图形是整体的、有内涵的、有意识地创造出来的视觉符号。在视觉传达设计的四个基本要素中,图形最具有直观性,它给人的刺激都是比较直接的。在已经进入读图时代的今天,图形在视觉传达中已经起到了主导作用,是引起观者注意和记忆的最佳手段之一,而且它可以不受地域和民族的限制,更具有国际性。

图形在旧石器时代就已经出现,那时图形主要是模仿自然形态的,具有写实风格的绘画或者雕塑。在新时期时代,人类就开始有意识地通过一些图形来传达信息,图形也具有了图腾崇拜的意义(图10.22)。到了青铜时代,产生了牛角、兽面等构成的饕餮图形,此时的图形一般铸在青铜器上(图10.23),开始象征权利。到了工业文明社会以后,图形开始由具象转向抽象几何图形……

图10.22　彩陶图

图10.23　青铜器

在视觉传达设计中,图形有几种分类方法,从空间形式来分,主要有平面图形、立体图形和动态图形等;从表现形式来分,主要有具象图形、抽象图形、异形图形等。这里我们采用第一种分类方法。

1．平面图形

平面图形是指在二维空间内形成的图形,是水平抽象化了的几何元素形成的图形,是最简单的空间形式。平面图形的基本元素是点、线、面。

(1) 点:视觉形态中最小的元素,是最基本的形态之一。点的内部具有膨胀和扩散的潜能,它的特性是在特定的环境中实现的,环境的不同会影响点的视觉感受。点的独立运用或配合运用都可以产生很好的效果(图10.24)。

(2) 线:线可以被看作是点运动的轨迹,它有直线和曲线两种类型。直线在心理上可以产生明确、简洁的印象(图10.25);曲线则富有动感,更具感情色彩。

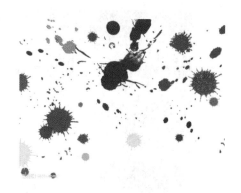 

图 10.24　点的作品　　　　　　　　　图 10.25　线的作品

(3) 面：面本身具有长度和宽度，是视觉中的完整形态。在二维空间里它比点和线更具有表现力(图 10.26)。

图 10.26　面的作品

2．立体图形

立体图形是指在三维空间内形成的图形。从它的形成方式上来看，它是面的移动轨迹。在立体图形中，点、线、面依然是最基本的元素，但是与平面中的性质已经有了不同。平面图形中的点、线、面只有位置上的意义，只能产生视觉上的空间效果，但是立体图形中的点、线、面可以产生空间全方位的视觉变化，除了点、线、面外，体是立体图形形成的主体(图 10.27)。

3．动态图形

动态图形是指在四维空间内形成的图形，也就是运动变化状态的视觉图形。它主要包含了四个基本因素：第一，空间位移，就是描述质点变化的物理量。第二，参照框架，它是人的视觉感官感觉运动图形的参照物，也就是说人的眼是依据图形和参照物之间的关系变化产生了动态的视觉感受。第三，方向，就是指动态图形运动的轨迹。第四，速度，也就是动态图形运动变化的快慢程度。如图 10.28 所示为多媒体的展示设计，通过起伏不平的缦纱使后面的多媒体产生了一种立体浮雕的效果。

图10.27 米其林轮胎吉祥物

图10.28 多媒体展示设计

10.3.2 色彩

1. 视觉传达设计中色彩的重要性

色彩由于其独特的作用及艺术功效在生产生活中应用广泛,在视觉传达设计中,人们尤为关注和重视的是色彩的人性化设计,以便更好地服务于人类。色彩和人们的日常生活联系紧密,无处不在,它对人们的精神及感情体验的主要领域具有十分重要的影响。由于艺术的不断发展和人们审美素质的逐渐提高,色彩的设计越来越多样化,受众的审美心理会直接影响到色彩的设计。受众的审美心理多是由文化因素和人的心理作用产生的,一个时期大多数人的审美心理会直接影响到该时期色彩的设计方向。人性化的色彩设计,通常能够增加受众的感官在视觉传达作品上的刺激,吸引受众的眼球,满足受众的审美需求。在视觉传达设计中,色彩的设计是为了使产品给人们带来强烈的视觉冲击,让人赏心悦目,有利于产品的销售和经济的流通。

2. 色彩在视觉传达设计中的应用

众所周知,色彩是一种视觉语言,在实际生活中和文字、图形一起传达着宣传内容,表现出设计者的思想和受众的审美心理,在视觉传达的表现中具有十分重要的作用。艺术设计者应该准确掌握色彩的应用规律,具备科学的、准确的色彩运用技巧,不断进行色彩理论知识的补充,以培养自己对色彩细致敏锐的洞察力,在视觉传达设计的过程中,接受受众的审美心理,从而合理运用色彩。色彩在视觉传达设计中的应用具体体现在以下几方面。

(1) 准确传达出对象的属性。视觉传达设计中色彩的运用是否合理,首先体现在传达对象内容的属性方面是否准确,二者之间紧密相连。一般来说,每一类商品的色彩都在消费者的脑海中根深蒂固,即商品的惯用色彩。在长期的情感积累过程中,人们通常会根据产品的视觉传达设计色彩对产品属性进行判断,色彩成为人们判断商品属性的一个视觉信号,因此,色彩的运用对视觉传达效果起着决定性的作用。在对产品进行视觉传达设计的过程中,在产品的包装设计上使用产品的惯用色,能够给消费者更直观的感受,准确判断出商品的属性(图10.29)。在产品包装色彩设计上选择产品本身的色彩,能有效增强产品的视觉传达效果和消费者的购物欲。就拿果味饮料的包装来说,现在商场中销售的大部分饮料的包装色彩设计都采用了相应的水果色彩,有的厂商直接将饮料包装制作成相应的水果外形(图10.30),无论是从产品外观上还是产品包装色彩上都能给消费者带来更直观的视觉感受,便于消费者找到自己喜欢的果味饮料。

图10.29 不同口味的茶饮料包装设计

图10.30 饮料包装设计

(2) 符合企业的整体策划。随着社会经济的快速发展和国民生产水平的不断提高,现代化的市场竞争越来越激烈,色彩设计合理能够有效提升宣传对象的识别度和附加价值,突出企业的自身形象。在企业形象的整体策划过程中,多将色彩作为视觉传达设计中的基本元素,在不同媒介的传达过程中使用统一的画面色彩,能使得消费者对产品的色彩记忆深刻,更容易通过色彩识别出企业的形象,良好的企业形象能够增强产品的品质感和可信度。如百事可乐和可口可乐这两大世界知名品牌的可乐饮料,它们的标志色就体现在产品的视觉传达设计中,可口可乐包装设计以红色为主色调(图10.31);百事可乐的包装设计以蓝色为主色调(图10.32),消费者在购买这两款饮料的过程中,通过观察产品主题色彩就能辨认出相应的品牌。

图10.31 可口可乐包装图

图10.32 百事可乐包装图

(3) 依据地域特征进行色彩设计。由于各民族和地区人民的宗教信仰和风俗习惯不同,人们对色彩的理解也不同。不同地域的人对色彩的习惯性联想和爱憎情感不同，对与商品色彩的选择喜好也大相径庭。艺术设计者应该充分了解各领域人们的审美心理，在对物品进行视觉传达设计的过程中，要着重考虑当地的风俗习惯和在此习惯下人们产生的色彩审美倾向，不能只按照自己的艺术想法进行不合理的视觉传达色彩设计，物品视觉传达的效果必须遵循当地人的色彩审美习惯。中国是一个传统的国家，千百年来中国人民都以红色作为喜庆的象征，表现我国人们的光明正大和坚强刚毅的特性，我国传统的十字绣和中国结也大多使用红色作为主色调，象征着喜庆和人们幸福美好的生活。

(4) 对"主题色"和"背景色"进行合理的安排。在视觉传达设计中，主体和背景通常表现的是对比关系，背景的主要作用是用作突出主体，在对主体和背景进行色彩设计和处理的过程中一定要考虑二者是否搭配合理，通过色彩的合理搭配和效果的强烈表达，突出事物的主题形象。一般来说，对比色之间都具有鲜明、饱和、强烈的感情特点，通过对色彩进行对比和合理搭配能够给受众带来强烈的视觉冲击力。通常情况下，视觉传达设计中进行色彩对比搭配能给人带来完美、强烈、丰富的视觉感受，进行色彩纯度对比搭配能增强产品的艳丽度，吸引人们的眼球。

(5) 实现整体统一，局部突出的目标。视觉传达作品的色彩色调设计能够给消费者带来最直接的视觉感受，一般来说作品上面积最大的颜色就是其主色彩，其对整体色彩的特性具有决定性作用。艺术设计者可以根据需要对色彩进行调和，这样能使得作品色彩更优雅、更柔和、更协调。但是调和色在色彩搭配的过程中也具有缺点，其相似色因素较强，容易产生同化作用，不能形成鲜明的对比，容易造成色彩平淡单调，缺乏视觉冲击力等后果。因此，为了使作品的视觉传达设计达到既调和又醒目的效果，在对色彩进行布局时，必须采用面积悬殊较大的布局形式，使得色彩更醒目、更直观。在视觉传达设计中，不能只强调整体色彩的统一，还要根据需要对组合色彩的面积进行适当的调剂，这样才能达到画面突出的目的，即实现了整体统一，局部突出的目标(图 10.33)。

图 10.33　冰激凌宣传海报

色彩能够带给人们最常见的视觉感，视觉传达色彩反应的是人们的不同情感、精神及心理。在视觉传达设计中色彩的运用得当,不仅能促进宣传对象的销售,还能有效缓解人体和心理疲劳,充分满足人们的审美需求,为人们的生活增添美感。因此将色彩合理地运用到视觉传达设计中,才能使视觉传达设计更饱满,更具有人性化。

10.3.3 文字

文字是人们思想感情的图画形式,是记录语言信息的视觉符号。从视觉角度上讲,任何形式的文字都具有图形含义。文字设计不仅仅是字体造型的设计,还是以文字的内容为依据进行艺术处理,使之表现出丰富的艺术内容和情感气质。视觉传达设计中字体设计的原则如下。

1. 文字视觉传达要具有准确性

文字的主要功能是在视觉传达中向大众传达作者的意图和各种信息,要达到这一目的必须考虑文字的整体诉求效果,给人以清晰的视觉印象,并能准确的传达字义(图10.34)。因此,设计中的文字应避免繁杂零乱,应使人易认、易懂。尤其在商品广告的文字设计上,更应该注意任何一条标题、一个字体标志、一个商品品牌都是有其自身内涵的,将它正确无误地传达给消费者,是文字设计的目的,否则将失去了它的功能。抽象的笔画通过设计后所形成的文字形式,往往具有明确的倾向,这一文字的形式感应与传达内容是一致的。如设计女性用品的字体(图10.35),必须具有柔美秀丽的风格;手工艺品广告字体则多采用不同感觉的手写文字,以体现手工艺品的艺术风格和情趣。所以说,无论字形多么地富于美感,如果失去了文字的准确性,设计无疑是失败的。

图10.34 准确表达主题的文字设计

图10.35 女性用品字体设计

2. 文字在风格上要具有个性

根据广告主题的要求，极力突出文字设计的个性色彩，创造与众不同的独具特色的字体，给人以别开生面的视觉感受，将有利于企业和产品良好形象的建立。在设计时要避免与已有的一些设计作品的字体相同或相似，更不能有意模仿或抄袭。在设计特定字体时，一定要从字的形态特征与组合编排上进行探求，不断修改，反复琢磨，这样才能创造富有个性的文字，使其外部形态和设计格调都能唤起人们的审美愉悦感受(图10.36)。一般来说，文字的个性大约可以分为以下几种：①端庄秀丽。这一类字体优美清新，格调高雅，华丽高贵；②坚固挺拔。字体造型富于力度，简洁爽朗，现代感强，有很强的视觉冲击力；③深沉厚重。字体造型规整，具有重量感，庄严雄伟，不可动摇；④欢快轻盈。字体生动活泼，跳跃明快，节奏感和韵律感都很强，给人一种生机盎然的感受；⑤苍劲古朴。这类字体朴素无华，饱含古韵，能给人一种对逝去时光的回味体验；⑥新颖独特。字体的造型奇妙，不同一般，个性非常突出，给人的印象独特而新颖。

3. 文字在视觉上应给人以美感

在视觉传达的过程中，文字作为画面的形象要素之一，具有传达感情的功能，因而它必须具有视觉上的美感，能够给人以美的感受。字形设计良好且组合巧妙的文字能使人感到愉快，留下美好的印象，从而获得良好的心理反应。反之，则使人看后心里不愉快，视觉上难以产生美感，甚至会让观众拒而不看，这样势必难以传达出作者想表现出的意图和构想。在文字设计中，美不仅仅体现在局部，而是对笔形、结构以及整个设计的把握。文字是由横、竖、点和圆弧等线条组合成的形态，在结构的安排和线条的搭配上，怎样协调笔画与笔画、字与字之间的关系，强调节奏与韵律，创造出更富表现力和感染力的设计，把内容准确、鲜明地传达给观众，是文字设计的重要课题。优秀的字体设计能让人过目不忘，既起着传递信息的功效，又能达到视觉审美的目的(图10.37)。相反，字形设计丑陋粗俗、组合零乱的文字，使人心里感到不愉快，视觉上也难以产生美感。

图10.36　"酒"字的艺术表达　　　　图10.37　日本Maniackers字体设计

4. 文字在表现上要具有装饰性

创意字体区别于其他字体最大的特征就是具有装饰性。汉字以其装饰美，自古以来被用在钟、鼎、碑、玺、印、砖等器物上，也被用于民间的陶、瓷器、剪纸、刺绣等工艺品上。古代的宫殿、亭堂、园林、楼阁的建筑上，无不用字匾做装饰。字体在传达上具有准确性和易识性，在此基础上进一步展开想象的翅膀进行艺术创造，同时要选择适宜的表现形式进行装饰和艺术加工，使之具有装饰美的特征，符合装饰美的特点(图10.38)。通过装饰上的表现使字词有新的生命力。此外，还要遵循艺术美的法则，对字体的间架结构、笔画形式、整体视觉效果进行设计。

图10.38　商场海报

10.3.4　编排

编排设计是依照视觉信息的既有要素与媒体介质要素进行的一种组织构造性设计。根据文字、图像、图形、符号、色彩、尺度、空间等元素和特定的信息需要，按照美感原则和人的视认阅读特性进行组织、构成和排版，使版面具有一定的视觉美感，适合阅读习惯，引起人的阅读兴趣。

编排是以传达的主体思想为依据，将各种视觉要素进行科学的安排和组织，使各个组成部分结构平衡协调。视觉传达设计各构成要素的编排，是在突出重点的基础上达到浑然一体的效果。编排自始至终要抓住人们的视线，主题明确、比例恰当、主次分明，使视觉焦点处于最佳的视域，使观者能在瞬间感受主体形象的视觉穿透力。

人在观察或者阅读的时候，视线有一种自然的流动习惯称之为"视觉流程"。一般来说，都是从左到右，从上到下，从左上到右下沿顺时针流动。在流动过程中，人的视觉注意力会逐渐减弱。人的最佳视域一般在画面的左上部和中上部，而画面上部占整个面积的三分之一处是最为引人注目的视觉区域。

理想的视觉流程符合人的认识思维发展的逻辑顺序，自然、合理，在编排设计中，也要依据人的这一视觉生理特点，使传达要素尽量按照人的视觉流程流动，并且可以利用各视觉元素之间产生的节奏增强阅读的趣味性。

10.4 视觉传达设计的主要领域

视觉传达设计的领域包括基础设计领域和应用设计领域。基础设计领域主要包括图形设计、字体设计、编排设计；应用设计领域主要包括标志设计、广告设计、包装设计、企业形象设计、书籍装帧设计等。我们主要介绍视觉传达设计的应用领域。

10.4.1 标志设计

标志(英文为：LOGO)，是表明事物特征的记号。它以单纯、显著、易识别的物象、图形或文字符号为直观语言，除表示什么，代替什么之外，还具有表达意义、情感和指令行动等作用。标志设计不仅是实用物的设计，也是一种图形艺术的设计。它与其他图形艺术表现手段既有相同之处，又有自己的艺术规律。必须体现前述的特点，才能更好地发挥其功能。由于对其简练、概括、完美的要求十分苛刻，要完美到几乎找不至更好的替代方案，其难度比之其他任何图形艺术设计都要大得多。

标志、徽标、商标是现代经济的产物，它不同于古代的印记，现代标志承载着企业的无形资产，是企业或机构综合信息传递的媒介(图 10.39)。商标、标志作为企业 CIS 战略的最主要部分，在企业形象传递过程中，是应用最广泛、出现频率最高，同时也是最关键的元素。企业强大的整体实力、完善的管理机制、优质的产品和服务，都被涵盖于标志中，通过不断的刺激和反复刻画，深深地留在受众心中。

图 10.39　中国石油标志

设计师将具体的事物、事件、场景和抽象的精神、理念、方向通过特殊的图形固定下来，使人们在看到标志的同时，产生联想，从而对企业产生认同。标志与企业的经营紧密相关，标志、商标是企业日常经营活动、广告宣传、文化建设、对外交流必不可少的元素，随着企业成长，其价值也不断增长。曾有人断言："即使一把火把可口可乐的所有资产烧光，可口可乐凭着其商标，就能重新起来"，可想而知，标志对于企业的重要性。因此，具有长远眼光的企业，十分重视标志设计。在企业建立初期，好的设计无疑是日后无形资产积累的重要载体，如果没有能客观反映企业精神、产业特点，造型科学优美的标志，当企业发展起来后，再做变化调整，将会造成不必要的浪费和损失。中国银行进行标志变更后，仅全国拆除更换的户外媒体，就造成了 2000 万的损失。

10.4.2 广告设计

广告设计，通俗地说就是广而告之或普遍告之的经过思维考量的想法或构思，用具体的图像表达出来，使人周知共晓。所谓广而告之，就是以报刊杂志、海报招贴、电影电视、路牌灯箱、广播、展示等为媒介，为受众提供关于产品或服务的优点、性能及应用等信息，从而促进销售和服务。一般来说，从广义上讲，广告就是告知受众某种信息的宣传活动，是指商业行为以外并非以盈利为目的的广告；从狭义上讲是指营利性的经济广告，也称商业广告，它是随着商品交换领域的不断扩大而逐步产生的。

现代广告设计一般来说属于平面设计的范畴，"平面设计"这个术语已经有悠久的历史，应该说已经基本上取得了国际性的共识，在国际上基本得到统一。平面设计所指的是在平面空间中的设计活动，其涉及的内容主要包括版面编排、字体设计、图形制作、摄影插图等，都是在二维空间中对各个元素的设计和各个元素组合的布局设计，而所有这些内容的核心就在于传达信息、塑造形象、诱导说服、刺激劝说等，这也是广告的基本功能，而它的表现方式基本是以现代印刷技术来实现的。

日本永井一正在《广告即情报》一书中，列出了广告设计的原则：①意义性——除了商品本身外，消费者同时倾向于购买商品的形象；②人性——广告能引起人们的共鸣或强烈感动，产生"人性共感"；③创造性——不断产生新价值、新领域；④说服性——广告通过视觉、听觉传达的直觉性能说服大众；⑤美感——在不违背传达功能的原则下，要考虑广告本身的美感；⑥现代性——能反映多元化、信息化时代的特点；⑦Idea——融入幽默感；⑧情念——深植于潜意识世界中的人类本能；⑨一贯性——广告表现被视为企业形象之一，使经营理念和设计策略具有一贯性；⑩造型性——在设计造型中寻求原始时代的力量，考虑人类本能的感觉，思考诉求方向的问题点。

广告设计涵盖的范围是较为广泛的，但基本属于平面设计的范畴，其分类方式有许多，但实际上又相互交叉。例如，按目的划分可以分为：产品广告，用于促进产品销售的广告(图 10.40)；公益广告，针对某一项公益活动或事业所制作的广告(图 10.41)；认知广告，目的在于树立产品或机构形象，用于扩大知名度，是大众熟悉企业特征和产品特性的广告(图 10.42)。还有按媒介划分可以分为：报纸广告，指刊登于各类报纸上的广告；杂志广告，指刊登在各类杂志上的广告；传单广告，指印刷成单页的广告；电子广告，指通过电视、网络等宣传的广告；直邮广告；其他广告牌、广告板类。

图 10.40　化妆品广告　　　　图 10.41　反腐公益广告　　　　图 10.42　城市宣传广告

10.4.3　包装设计

在现代社会中，包装已经成为企业经营战略和市场销售的重要内容。包装不仅具有保护功能，而且还有促销和美化商品的功能。美国的一个市场研究所通过调查指出：商品推销不仅仅依靠广告，80%的顾客不再借助店员对商品的解说，而是凭借对商品的感觉来行使购买权。包装本身就是一种传达媒介，通过视觉回答顾客的大部分疑问。

包装作为产品的附属品，既是产品的特殊符号，又是实现产品价值和实用价值所采取的一种重要手段。包装是品牌理念、产品特性和消费心理的综合反映，是商品策划、营销及树立企业品牌形象的重要环节，而且包装设计作为包装工业发展的灵魂，是沟通设计艺术、现代科技和市场营销的桥梁。因此包装设计方案的优劣，直接影响到包装的生产加工、质量性能、产品的销售方式、市场经济效果及社会环境。

所谓包装设计就是根据特定产品的形态、性质和流通意图，通过策划构思形成相应概念，以艺术与技术相结合的方式，选用适当的材料、造型、结构、文字、图形、色彩及防护技术等，综合创造新型包装实体的科学处理过程。其目的是为了保护商品的安全流通、方便消费、促进产品销售。它是实现包装自然功能和社会功能优化结合的一种整体系统设计概念。包装的材料、容器造型、结构设计、视觉艺术设计等都是包装整体设计中的重要组成部分。

包装设计主要包括包装容器设计、包装结构设计和包装艺术设计。包装容器设计是对商品流通、运输和销售环节中的器皿进行设计，其设计过程应考虑到容器的强度、刚度、稳定度等。包装结构设计是依据科学原理，采用不同材料、不同成型方式，结合包装各部分结构需求而进行的设计。通过包装结构设计，可以体现包装结构各部分之间的相互关系与作用。包装艺术设计是利用造型、色彩、文字、图形、肌理等各种设计原理，对商品信息进行有效传达的设计(图 10.43)。

图 10.43　乐 pad 包装设计

10.4.4　企业形象识别系统设计

企业形象识别系统是英文"Corporate Identity System"的中文翻译，简称 CIS，其理论的发源地一般认为是在美国。20 世纪 50 年代中期，美国 IBM 公司首先推行了 CI 设计。

现代企业形象设计 CI 是英文 Corporate Identity 的英文缩写，直译为"企业形象规范体系"。这是指一个企业为了获得社会的理解与信任，将其企业的宗旨和产品所包含的文化内涵传达给公众，而建立自己的视觉体系形象系统。CIS 它包括 MI(理念识别)、BI(行为识别)、VI(视觉识别)。

其中核心是 MI，它是整个 CIS 的最高决策层，给整个系统奠定了理论基础和行为准则，其内涵主要包括：确立企业的发展战略目标、规范员工的市场行为基本准则、企业独特形象形成的基础与原动力。MI 通过 BI(行为识别)、VI(视觉识别)表达出来。所有的行为活动与视觉设计都是围绕着 MI 这个中心展开的，成功的 BI 与 VI 就是将企业富有个性的独特的精神准确地表达出来。

BI 直接反映企业理念的个性和特殊性，包括对内的组织管理和教育、对外的公共关系、促销活动、资助社会性的文化活动等。行为识别主要包括：企业内部识别系统(包括企业内部环境的营造、员工教育及员工行为规范化)、企业外部识别系统(包括市场调查、产品规则、服务水平、广告活动、公共关系、促销活动、文化性活动等)。

VI是企业的视觉识别系统,是CI系统中最具传播力和感染力的部分,是将CI的非可视化内容转化为静态的是视觉识别符号,以传达企业精神与经营理念等内容。包括基本要素(企业名称、企业标志、标准字、标准色、企业造型等)和应用要素(产品造型、办公用品、服装、招牌、交通工具等),通过具体符号的视觉传达设计,直接进入人脑,从而使消费者留下对企业的视觉印象(图10.44)。

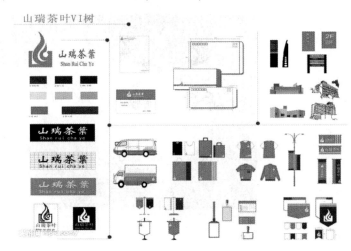

图10.44 山瑞茶叶VI树

企业形象是企业自身的一项重要无形资产,因为它代表着企业的信誉、产品质量、人员素质等。塑造企业形象虽然不一定马上给企业带来经济效益,但它能创造良好的社会效益,获得社会的认同感、价值观,最终会收到由社会效益转化来的经济效益。它是一笔重大而长远的无形资产的投资。未来的企业竞争不仅仅是产品品质、品种之战,更重要的还是企业形象之战,因此,塑造企业形象便逐渐成为有长远眼光企业的长期战略。

思 考 题

1. 以某一户外广告为例,分析视觉传达的过程。

2. 搜寻3~5个视觉传达设计优秀作品,分析图形、色彩、文字、编排在其中的运用。

3. 搜寻标志设计作品20件,优秀广告设计作品20件,并进行创意及组成要素分析。

4. 搜寻实物包装作品5件,并进行结构和视觉要素分析。

5. 搜寻CI作品2件,通过分析增加对CI的了解。

参 考 文 献

[1] 程能林. 工业设计概论[M]. 北京：机械工业出版社，2011.
[2] 何人可. 工业设计史[M]. 北京：北京理工大学出版社，2000.
[3] 李砚祖. 艺术设计概论[M]. 武汉：湖北美术出版社，2002.
[4] 吴国荣. 设计造型基础教程——色彩基础[M]. 杭州：浙江人民美术出版社，2007.
[5] 江杉. 产品设计程序与方法[M]. 北京：北京理工大学出版社，2009.
[6] 韩巍. 形态[M]. 南京：东南大学出版社，2006.
[7] 吴海红，朱仁洲，周小儒. 产品形态设计基础[M]. 北京：化学工业出版社，2005.
[8] 吴永健，王秉鉴. 工业产品形态设计[M]. 北京：北京理工大学出版社，2003.
[9] 郑筱莹. 色彩设计基础[M]. 哈尔滨：黑龙江美术出版社，2006.
[10] 吴振韩. 色彩设计：色彩构成的原理与设计[M]. 南京：南京师范大学出版社，2009.
[11] 毛德宝. 色彩设计[M]. 南京：东南大学出版社，2011.
[12] 王彦发. 视觉传达设计原理[M]. 北京：高等教育出版社，2008.
[13] 潘尔慧，孟光伟. 视觉传达设计形式原理[M]. 北京：中国轻工业出版社，2007.
[14] 刘明来. 字体设计[M]. 合肥：安徽美术出版社，2011.
[15] 王受之. 世界现代设计史[M]. 北京：中国青年出版社，2002.
[16] 薛澄岐，裴文开，钱志峰，陈为. 工业设计基础[M]. 南京：东南大学出版社，2004.
[17] 徐人平. 工业设计工程基础[M]. 北京：机械工业出版社，2008.
[18] 苏春. 数字化设计与制造[M]. 北京：机械工业出版社，2009.
[19] 朱宏轩，于心亭，赵博. 产品设计手绘表达[M]. 北京：海洋出版社，2010.
[20] 李若岩，王国强. 产品造型设计高级实例教程[M]. 北京：中国青年出版社，2003.
[21] 方兴，桂宇晖，熊文飞，吕文键. 数字化表现[M]. 武汉：武汉理工大学出版社，2003.
[22] 郑建启，汤军. 模型制作[M]. 北京：高等教育出版社，2010.
[23] 周忠龙. 工业设计模型制作工艺[M]. 北京：北京理工大学出版社，1995.
[24] 刘传凯. 产品创意设计[M]. 北京：中国青年出版社，2005.
[25] 俞伟江. 产品设计快速表现[M]. 福州：福建美术出版社，2004.
[26] 胡仁喜. UG NX5.0 工业设计实用详解完全手册[M]. 北京：电子工业出版社，2008.
[27] 王继成. 产品设计中的人机工程学[M]. 北京：化学工业出版社，2004.
[28] 丁玉兰. 人机工程学[M]. 北京：北京理工大学出版社，2000.
[29] 王保国. 安全人机工程学[M]. 北京：机械工业出版社，2007.
[30] 李彬彬. 设计心理学[M]. 北京：中国轻工业出版社，2005.
[31] 柳沙. 设计艺术心理学[M]. 北京：清华大学出版社，2006.